特進

最高水準問題集

中2理科

文英堂

なタイプの問題集が存在する中で，トップ層に特化した問題集は意
かといわれます。本書はこの要望に応えて，難関高校をめざす皆さん
のための良問・難問をそろえました。

いに活用して，どんな問題にぶつかっても対応できる最高レベルの
につけてください。

国立・私立難関高校をめざす皆さんのための問題集です。実
力強化にふさわしい，質の高い良問・難問を集めました。

を高水準の問題を解いていくことによって，各章の内容を確実に理
に最高レベルの実力が身につくようにしてあります。

されないような奇問は除いたので，日常学習と並行して，学習で
ちろん，入試直前期に，ある章を深く掘り下げて学習するために本
も可能です。

イトル]をつけて，どんな内容の問題であるかがひと目でわか
ります。

の「実力テスト」で，これまでに学んだ知識の確認と
断ができます。

テストで，実力がついたかどうかが点検できます。50分
を目標としましょう。

ろやまちがえたところは，教科書や参考書を見て確認し

時間やレベルに応じて，学習しやすいようにさまざまな工夫をしています。

▶重要な問題には < 頻出 マークをつけました。時間のないときには，この問題だけ学習すれば短期間での学習も可能です。

▶各問題には1～3個の★をつけてレベルを表示しました。★の数が多いほどレベルは高くなります。学習初期の段階では★1個の問題だけを，学習後期では★3個の問題だけを選んで学習するということも可能です。

▶とくに難しい問題については難→マークをつけました。果敢にチャレンジしてください。

▶欄外にヒントとして着眼を設けました。どうしても解き方がわからないとき，これらを頼りに方針を練ってください。

 くわしい解説つきの別冊「解答と解説」。どんな難しい問題でも解き方が必ずわかります。

▶別冊の解答と解説には，各問題の考え方や解き方がわかりやすく解説されています。わからない問題は，一度解答を見て方針をつかんでから，もう一度自分1人で解いてみるといった学習をお勧めします。

▶必要に応じて *トップコーチ* を設け，知っているとためになる知識や，高校入試に関する情報をのせました。

▶問題を考えるために必ず覚えておかなければならないことや，とくに重要なことについては，最重要のマークをつけたまとめをのせたので，テスト前に見直すのに便利です。

もくじ

1 物質のなりたち

解答 別冊 *p.2*

★1 ［化学式と単体・化合物・混合物］ ◁頻出

次の問いに答えなさい。

(1) 次の物質の化学式を答えよ。

① 銀　　　　　② カルシウム

③ マグネシウム　④ 酸化銅

⑤ 硫化鉄　　　⑥ 塩化ナトリウム

(2) 次の物質は単体，化合物，混合物のどれか。単体ならタ，化合物ならカ，混合物ならコ，と答えよ。

① 空気　　　　　　　　② 水

③ 塩化ナトリウム水溶液　④ 水銀

⑤ 鉄　　　　　　　　　⑥ ドライアイス

（大阪・帝塚山学院高）

★2 ［分子モデル］ ◁頻出

下の図は分子のモデルである。これら5つの物質の名前をすべて正しく表している組み合わせはどれか。あとのア～オのうちから1つ選びなさい。

ア　水，二酸化炭素，窒素，水素，酸化銅

イ　水，アンモニア，窒素，酸素，水素

ウ　水，アンモニア，水素，酸素，二酸化炭素

エ　水，二酸化炭素，窒素，酸素，酸化銅

オ　水，二酸化炭素，水素，窒素，酸素

（三重高）

着眼

1 (2)単体は1種類の元素からできた物質，化合物は2種類以上の元素からできた物質である。

2 酸化銅の化学式は CuO，アンモニアの化学式は NH_3 である。

[★]**3** ［酸化銀の分解①］ ◁ 頻出

酸化銀を加熱したときに発生する気体と，同じ気体が発生する操作はどれか。ア～オのうちから適当なものを1つ選んで，記号で答えなさい。

ア　酸化銅と炭素粉末の混合物を加熱する。

イ　炭酸水素ナトリウムを加熱する。

ウ　過酸化水素水に二酸化マンガンを加える。

エ　うすい塩酸に亜鉛を加える。

オ　塩化アンモニウムと水酸化ナトリウムの混合物に水を加える。

（長崎・青雲高）

[★]**4** ［物質の変化］ ◁ 頻出

次の(1)，(2)の各問いに答えなさい。

(1)　酸化銀を加熱すると酸素と銀に分かれる。一方，食塩水を加熱すると食塩と水に分かれる。したがって，酸化銀も食塩水と同じように分類されると思われるが，酸化銀は化合物であり，食塩水は混合物である。次の記述から，化合物の性質と混合物の性質を最も適切に示しているものをそれぞれ選べ。

ア　取り出した銀は電気を通すが，酸化銀は電気を通さない。

イ　食塩水は電気を通すが，取り出した食塩の結晶は電気を通さない。

ウ　酸化銀からとれる銀と酸素の質量の割合は決まっている。

エ　食塩水からとれる食塩と水の質量の割合は決まっていない。

オ　酸化銀や食塩水を加熱したときの変化を分解という。

(2)　炭酸水素ナトリウムを加熱しても，見た目は同じような白色粉末のままである。そこで，加熱前の炭酸水素ナトリウムと加熱後の物質をそれぞれ水に溶かし，フェノールフタレイン溶液を加えてみた。このときの変化として適するものを選べ。

ア　加熱前の溶液の無色が，加熱後の溶液では赤色になる。

イ　加熱前の溶液の赤色が，加熱後の溶液では無色になる。

ウ　加熱前の溶液のうすい赤色が，加熱後の溶液では濃い赤色になる。

エ　加熱前の溶液の濃い赤色が，加熱後の溶液ではうすい赤色になる。

オ　加熱前の溶液は白色ににごるが，加熱後の溶液では赤色になる。

（東京学芸大附高）

 着眼

　3 アの反応は還元という反応で，この場合は二酸化炭素が発生する。

　4 (1)すべての化合物や，すべての混合物に共通する性質を選ぶ。

★★5 ［酸化銀と酸化水銀の分解］

　18世紀，イギリスの化学者プリーストリーは，酸化水銀を加熱すると気体が発生し，その気体の中では物が激しく燃焼したり，ネズミが同じ体積の空気の中よりも長生きすることを発見した。この気体は，現在よく知られている酸素であるが，その当時はあまりよくわかっていなかった。

　気体の性質や気体の発生の実験について，次の問いに答えなさい。

(1)　酸素の性質として適当なものを，次の**ア～カ**からすべて選び，記号で答えよ。

　　ア　水に溶けにくい。

　　イ　空気中で燃焼する。

　　ウ　特有のにおいがある。

　　エ　無色である。

　　オ　水溶液は酸性を示す。

　　カ　空気より軽い。

(2)　2本の試験管を用意し，一方には酸化銀（化学式 Ag_2O）を，もう一方には酸化水銀（化学式 HgO）をそれぞれ 23.2g ずつ入れ，加熱して酸素を発生させ，試験管内に残った物質の質量を一定時間ごとに測定して下図のようなグラフを得た。あとの①，②に答えよ。

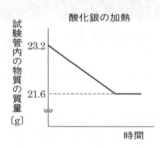
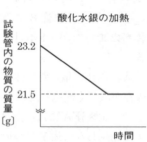

　①　酸化銀と酸化水銀を加熱して，それぞれで酸素分子1個ができるとき，銀原子および水銀原子はそれぞれ何個できるか。

　②　酸素原子1個の質量を1とするとき，銀原子と水銀原子1個の質量はそれぞれいくらか。小数第2位を四捨五入して，小数第1位まで求めよ。

（京都・洛南高囻）

　　5 酸素分子を化学式で表すと O_2，銀原子は Ag，水銀原子は Hg である。化学変化が起こる前後で，原子の種類と数は変化しない。

★**6** [実験の注意事項] <頻出

炭酸水素ナトリウムから二酸化炭素を得るには，図のような装置を使う。これについて，(1)，(2)の問いに答えなさい。

(1) 試験管の口元を少し下げて加熱する必要がある。その理由を 40 字以内で書け。

(2) ガスバーナーの火を消すとき，ガラス管の先を水に入れたまま消してはいけない。その理由を 20 字以内で書け。

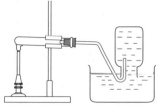

(高知学芸高)

★★**7** [酸化銀の分解②] <頻出

右の写真のような実験器具を組み，酸化銀を用いて次のような実験を行った。これらについて，以下の(1)～(4)に答えなさい。

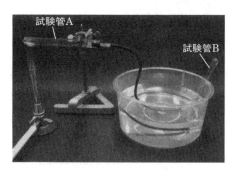

試験管A
試験管B

【実験Ⅰ】 試験管 A に，黒色の酸化銀を入れて加熱した。

結果 試験管 A には白色の固体 X が残った。試験管 B には気体がたまったが，1 本目は捨て 2 本目を集めた。この気体を気体 Y とする。

【実験Ⅱ】 試験管 B に集めた気体 Y に，火がついた線香を近づけた。

結果 線香が激しく燃焼した。

(1) 実験Ⅰで，試験管 A に残った白色の固体 X は何か。化学式を書け。

(2) 実験Ⅰで発生した気体 Y について，ア～オから正しい文章を 1 つ選べ。

ア 気体 Y を石灰水に通すと，石灰水が白くにごる。

イ さらし粉に塩酸を加えると気体 Y が発生する。

ウ 二酸化マンガンにうすい過酸化水素水を加えると気体 Y が発生する。

エ 金属の亜鉛に塩酸を加えると気体 Y が発生する。

オ 気体 Y の水溶液は酸性を示す。

(3) 実験Ⅰで，気体 Y を水上置換法で集めてよい理由を 15 字以内で述べよ。

着眼

6 (1)炭酸水素ナトリウムを加熱すると，二酸化炭素のほかに水も生じる。

7 (2)実験Ⅱの結果から，実験Ⅰで発生した気体が何であるか考える。

(4) 実験 I で，試験管 B にたまった気体のうち 1 本目を捨てた理由を 20 字以内で述べよ。

（東京・開成高改）

$\overset{\star\star}{8}$ ［電気による分解］

右の表は，物質 A ～ D がどのような原子でできているか，また室温ではどのような状態かを示したものである。

	a 原子	b 原子
塩素原子	物質 A（気体）	物質 B（固体）
酸素原子	物質 C（液体）	物質 D（固体）

たとえば，物質 A は塩素原子と a 原子が結びついてできていることを示し，室温での状態は気体であることを示している。

また，物質 A の水溶液は無色透明で酸性であり，物質 B の水溶液の色は青色である。

(1) 表に示した原子からできている単体には，室温で固体のものがある。その化学式を答えよ。

(2) 物質 B の水溶液を右図に示した装置に入れ電流を流すと，一方の電極から気体が発生した。発生した気体の化学式を答えよ。また，この気体が発生したのは，アとイのどちらの電極か，記号で答えよ。

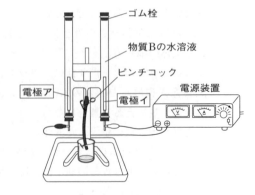

(3) (2)の場合のように，電流のはたらきによって，1 種類の物質から 2 種類以上の物質が生じる反応を一般的に何とよぶか。漢字 4 字で答えよ。

(4) 物質 C を(2)で行った方法で反応させるためには，物質 C に別の物質を加える必要がある。加える物質として適切なものを次のア～エから 1 つ選び，記号で答えよ。

ア　エタノール　　イ　活性炭　　ウ　水酸化ナトリウム　　エ　硫黄

（広島大附高）

着眼

8 塩素の化合物で，常温では気体で，水に溶けると無色透明で酸性の水溶液となるのは塩化水素である。塩素の化合物で，水に溶けると青色の水溶液となるのは塩化銅である。

★★ **9** ［炭酸水素ナトリウムの分解］

図のように，炭酸水素ナトリウムを試験管Aの中に入れてガスバーナーで加熱し，ガラス管の口から出てきた気体を試験管Bの中に集めた。その後，気体が出なくなったのを確かめてガスバーナーの火を消したが，このとき試験管Aの内側には液体が生成していた。

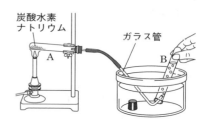

(1) この実験に関係する記述で，内容が正しい場合には○を書き，内容が誤っている場合には下の例にならって訂正せよ。

例：酸素分子は酸素原子1個からできている。 ［1 → 2］

① ガスバーナーの炎を調節する場合は，まずガス調節ねじをゆるめて適当な大きさの炎にし，次に空気調節ねじを少しずつ開いて安定した赤色の炎にする。

② 試験管Aの口を少し下に向けるのは，生成した液体により試験管Aが割れないようにするためである。

③ 試験管Bに気体を集めるときに，最初に出る気体は捨てる必要がある。

④ この気体の捕集方法を上方置換という。

⑤ ガスバーナーの火を消す前に，ガラス管を水の中から出す必要がある。

⑥ 試験管Aに残った物質の水溶液をつくり，それにフェノールフタレイン溶液を少量加えると無色になる。

⑦ 塩化コバルト紙に生成した液体をつけると，青色から黄色に変わる。

(2) 炭酸水素ナトリウムは，われわれの生活の中で，さまざまに利用されている。炭酸水素ナトリウムの利用法に関して誤っているものを，次のア～エから1つ選び，記号で答えよ。

ア ホットケーキをふくらませるために用いられている。

イ 過剰な胃酸をおさえる胃薬に用いられている。

ウ ガラスを製造するときに，原料として用いられている。

エ 発泡性の入浴剤として用いられている。

(3) この実験における炭酸水素ナトリウムの変化を化学反応式で書け。

（愛媛・愛光高）

9 炭酸水素ナトリウムを加熱すると，二酸化炭素・水・炭酸ナトリウムに分解される。また，炭酸ナトリウムは水に溶けやすく，その水溶液は強いアルカリ性を示す。

★★★ *10* ［塩化銅水溶液と水の電気分解］

塩化銅 13.5g をすべて水に溶かし，質量パーセント濃度 15％の塩化銅水溶液（水溶液ア）をつくった。この水溶液と，水酸化ナトリウム水溶液（水溶液イ）を使って，以下のような電気分解の実験を行った。これについて，あとの問いに答えなさい。ただし，電気分解によって得られる気体の体積や固体の質量は，それぞれの電極に流れた電流と電気分解を行った時間との積に比例するものとする。

【実験1】 炭素を電極とした2つのH字管に，それぞれ水溶液ア，イを満たした。これらを図1のように電源装置に直列につなぎ，2.0A の電流を t 分間流した。電極Aの質量と時間との関係を図2に，電極Cから生じた気体ウの体積と時間との関係を図3に示す。また，電極Bから生じた気体エの体積と時間との関係を表したグラフは直線にならなかった。

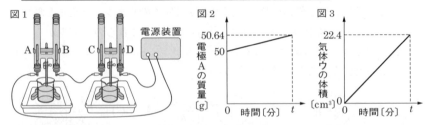

図1　　電源装置　　図2　　図3

【実験2】 次に2つのH字管にそれぞれ水溶液ア，イを満たした。これらを図4のように電源装置に並列につなぎ，2.0A の電流を $\frac{t}{2}$ 分間流した。その結果，電極Eの質量が 0.08g 増加した。

なお，水素原子1個の質量を1とするとき，他の原子1個の質量は次のように表される。

炭素 12, 窒素 14, 酸素 16
硫黄 32, 塩素 35.5, 銅 64

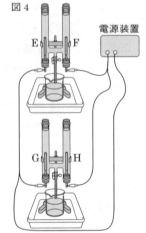

図4　　電源装置

(1) 水溶液アの質量は何 g か。
(2) 気体ウ，気体エは，それぞれ何か。
(3) 下線部のように，グラフが直線にならない理由として考えられる気体エの性質は何か。
(4) 電極A，Bで生成する物質の質量比を最も簡単な整数比で答えよ。
(5) 電極C，Dで生成する物質の質量比を最も簡単な整数比で答えよ。
難-(6) 電極E，Gに流れた電流の比を最も簡単な整数比で答えよ。

(愛知・滝高🈔)

★★★ *11* ［周期表と当量・原子量］

水素と酸素と炭素の原子の質量比は 1：16：12 であり，この数値 1，16，12 はそれぞれの元素の原子量とよばれる。しかし，これらの原子が互いに結合して化合物をつくるときの質量の比は原子量の比になるとは限らない。たとえば，水 9g は水素 1g と酸素 8g から，二酸化炭素 11g は炭素 3g と酸素 8g から，メタン 4g は水素 1g と炭素 3g からできている。したがって，水素と酸素と炭素は互いに質量比 1：8：3 で化合物をつくり合うことがわかり，この数値 1，8，3 はそれぞれの元素の当量とよばれる。

また，原子はその種類によって決まった数の結合の手をもっており，その手の 1 本ずつで 1 つの結合をつくる。さらに，原子 1 個の手の数は，水素原子は 1 本，酸素原子は 2 本，炭素原子は 4 本のように決まっており，その数値 1，2，4 はそれらの原子の原子価とよばれる。

当量と原子量と原子価の関係は，図のように分子のモデルで考えると理解しやすい。ただし，図中の ―― は 1 つの結合を表す。これらのモデルから，原子価は 1 原子がつくる結合の数であり，当量比 1：8：3 は，原子価 1 あたりの原子量の比になることが確認できる。

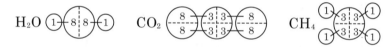

(1) 次の関係式 X ～ Z から正しいものを選べ。

X．(当量)×(原子価)=(原子量)　　　Y．(当量)×(原子量)=(原子価)

Z．(原子量)×(原子価)=(当量)

1869 年にメンデレーエフは，世界で初めて原子量の順に元素を並べた周期表をつくった。しかし重要なのは「当時は原子価や原子量を測定する方法は知られておらず，当量が測定されていただけであった」ということである。他の学者が決められずにいた原子価や原子量をメンデレーエフがどのように決定したのかを見てみよう。彼の考え方の基本は次の I ～ V のようなものであった。

I　化学的な性質が似ている元素(同族元素)を同じ縦の列に並べる。

II　同族元素の原子は同じ原子価で他の原子と結合し，その原子価は族番号と等しいと考える。

III　原子量は(1)の式を用いて求める。ただし，原子価は，原子量が IV の順になるように各元素に割り当てる。

IV　原子量の小さな元素から順に左から並べる。周期の左端の元素の原子量はその上の周期の右端の元素の原子量よりも大きい。

Ⅴ　元素はすべて発見されているとは限らないので，空欄をつくったほうがよい場合は，そこに未発見元素があると考える。

　さて，現実の世界と異なる仮想の世界で，まず最初に8つの元素ア〜クのみが発見され，そのうち2元素ずつの4組の元素はそれぞれ互いに性質がよく似た同族元素であった。これら8元素の当量は実験から下の上表のように測定され，メンデレーエフと同じ考え方で，下の下表のような(4つの族)×(2つの周期)の周期表がつくられた。表の①〜⑧には，元素ア〜クのどれかがあてはまる。

<当量>

A 族	B 族	C 族	D 族
ア. 1.9	ウ. 2.0	オ. 2.1	キ. 2.4
イ. 4.1	エ. 6.2	カ. 5.2	ク. 11.3

<周期表>

族番号	1 族	2 族	3 族	4 族
第1周期	①	②	③	④
第2周期	⑤	⑥	⑦	⑧

- **(2)**　A〜D族はそれぞれ，1族〜4族のいずれか。
- **(3)**　位置番号①〜④にあてはまる元素の原子量を順に書け。
- **(4)**　後になって，第3周期と第4周期の範囲に含まれる4つの元素ケ・コ・サ・シが発見され，それらの性質は順にA〜D族の元素とよく似ており，順にA〜D族元素と確認できた。さらに，これら新発見元素の当量を実験から求めるとケ. 6.9，コ. 16.0，サ. 8.3，シ. 18.4であった。次の文中の空所あ〜うに適する位置番号を書け。ただし，第3周期と第4周期の位置番号は左から順に⑨〜⑫と⑬〜⑯とする。

　『当量から求めた原子量の値から，元素コの位置番号は（　あ　）になるので，元素は12種類ではなく，少なくとも位置番号（　あ　）と同じ数の種類の元素があると考えられ，その中の第3周期の位置番号（　い　）の元素と第4周期の位置番号（　う　）の元素は存在するが未発見元素なのだろう。』

（兵庫・灘高）

着眼

11 (1)酸素の原子量は16，当量は8，原子価は2である。また，炭素の原子量は12，当量は3，原子価は4である。

2　物質が結びつく変化と化学反応式

解答 別冊 *p.6*

*12 ［化学反応式①］ ◀頻出

次の化学反応式のうち，正しいものはどれか。記号で答えなさい。

ア　$H_2O \longrightarrow H_2 + O_2$

イ　$2CuCl_2 \longrightarrow Cu_2 + 2Cl_2$

ウ　$2NaHCO_3 \longrightarrow NaCO_3 + H_2O + CO_2$

エ　$2Ag_2O \longrightarrow 4Ag + O_2$

オ　$CH_4 + 2O_2 \longrightarrow CO_2 + H_2O$

（長崎・青雲高）

*13 ［化学反応式とモデル図］ ◀頻出

アンモニアは，窒素と水素が反応してできる。このときの反応式を右の例にしたがって書きなさい。なお，それぞれの分子のモデルは右図のように表せる。

（例）

図

水素分子　　窒素分子　　アンモニア分子

（東京・開成高）

*14 ［鉄と硫黄が結びつく変化］ ◀頻出

図のように，鉄粉と硫黄の粉の混合物を加熱した。次の問いに答えなさい。

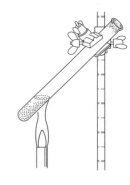

(1) 混合物の上部を加熱し，赤くなってから加熱をやめた。その後反応はア，イのどちらになるか。記号で答えよ。

　ア　反応は進まない。　　イ　反応は進む。

(2) (1)の理由として適するものを，次のア〜エから選び，記号で答えよ。

　ア　熱が外部に吸収されるから。

　イ　2つの物質が1つの物質に結合する反応だから。

　ウ　物質が結合するとき多量の熱が発生するから。

着眼

　12 反応の前後で，原子の種類と数は変化しない。

　13 モデル図より，水素分子は H_2，窒素分子は N_2，アンモニア分子は NH_3 とわかる。

(3) 加熱前の混合物に塩酸を入れると気体が発生する。この気体は何か。

(4) 加熱後の物質は何色か。次のア〜オから選び，記号で答えよ。

　　ア　赤色　　　イ　赤かっ色　　　ウ　紫色　　　エ　黄色　　　オ　黒色

(5) 加熱後の物質に塩酸を入れると，においのある気体が発生する。この気体は何か。

(6) 加熱後の物質と同じものを含んでいるのは何か。次のア〜エから適するものを選び，記号で答えよ。

　　ア　ゆで卵　　イ　マッチ　　　ウ　写真フィルム　　　エ　宝石のルビー

（大阪女学院高）

15 [酸素と結びつく変化と化学反応式]

　次の化学実験Ⅰ，Ⅱを行った。下の各問いに答えなさい。

【実験Ⅰ】　マグネシウム(Mg)に点火すると，まぶしい光とともに白い粉末ができた。

〔実験Ⅰ〕　　〔実験Ⅱ〕

【実験Ⅱ】　水素を発生させて試験管に集め，ある程度水素が入った状態でマッチの火を近づけると，ポンという音とともに燃焼し，試験管内に液体ができた。

(1) 次の実験Ⅰ，Ⅱについての化学反応式を完成させたとき，あ〜えに入る数字の合計の数値をあとのア〜カから1つ選び，記号で答えよ。

　　実験Ⅰ　（　あ　）Mg + O$_2$ ⟶ （　い　）MgO

　　実験Ⅱ　（　う　）H$_2$ + O$_2$ ⟶ （　え　）H$_2$O

　　ア　6　　　イ　7　　　ウ　8　　　エ　9　　　オ　10　　　カ　11

(2) 下線部の液体には，どのような性質があるか。次のア〜オから1つ選び，記号で答えよ。

　　ア　塩化コバルト紙を変色させる。

　　イ　リトマス試験紙を変色させる。

　　ウ　ヨウ素液を変色させる。

　　エ　エタノールの水溶液を変色させる。

　　オ　炭酸水素ナトリウム水溶液を変色させる。

（三重・高田高）

着眼

　14 反応前の混合物には鉄粉が含まれており，反応後の物質は硫化鉄である。

　15 水素が燃焼すると，酸素と結びついて水ができる。

★★16 ［酸素と水素が結びつく変化］

次の文章を読み，あとの問いに答えなさい。

図1に示したゴム栓と導線を取り付けたプラスチックの筒の中に，酸素と水素を水上置換で集めて混合し，導線に点火装置をつないで点火できるようにした。この装置を用いて，次のような実験を行った。

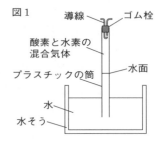

図1

酸素と水素の混合気体の体積が 15cm³ になるように，酸素と水素の体積をさまざまに変えながらプラスチックの筒の中に集めて点火したところ，プラスチックの筒の中で酸素と水素の混合気体が反応して一瞬明るく光り，水面が上昇した。反応後の水面の高さは，酸素と水素を混合した割合によってさまざまに変化していた。

点火後，反応しないで残った気体の体積を記録したのち，残った気体に図2のように火のついた線香を入れたときの燃え方を調べて，残った気体の種類を確認した。表1はプラスチックの筒に集めた酸素と水素の体積と反応しないで残った気体の体積を示している。

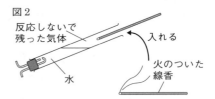

図2

表1

	1回目	2回目	3回目	4回目	5回目	6回目
プラスチックの筒の中に集めた酸素の体積〔cm³〕	2	4	6	8	10	12
プラスチックの筒の中に集めた水素の体積〔cm³〕	13	11	9	7	5	3
反応しないで残った気体の体積〔cm³〕	9	3	1.5	4.5	7.5	10.5

(1) 酸素および水素を発生させるために必要な薬品を，次のア～クからそれぞれ2つずつ選び，記号で答えよ。

ア　亜鉛　　　　　　イ　硫黄　　　　　　ウ　二酸化マンガン
エ　石灰石　　　　　オ　オキシドール　　カ　うすい塩酸
キ　アンモニア水　　ク　水酸化ナトリウム水溶液

(2) 点火したときに起こった反応を化学反応式で示せ。

(3) 反応しないで残った気体が何かを調べるために火のついた線香を近づけたとき，線香の火はどのようになったか。酸素が残った場合について，簡潔に述べよ。

(4) 表1の2回目と4回目において，反応しないで残った気体は何か。それぞれ物質名を答えよ。

(5) 表1をもとに，集めた酸素の体積と反応しないで残った気体の体積の関係を，右にグラフで表せ。

(6) 点火によって反応に使われた酸素と水素の体積の比を，最も簡単な整数の比で表せ。

(7) 反応後，水素が6cm³残るのは，酸素と水素をそれぞれ何cm³混合したときか。

(広島大附高)

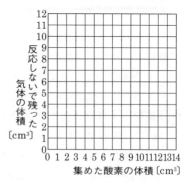

★17 ［化学反応式②］

次のA，B，Cの化学反応式について，あとの問いに答えなさい。

A. $2CuO + C \longrightarrow 2Cu + [\quad ア \quad]$

B. $イ H_2 + ウ O_2 \longrightarrow エ H_2O$

C. $オ Al + カ O_2 \longrightarrow キ Al_2O_3$

(1) Aの［　ア　］に適する化学式を入れ，化学反応式を完成せよ。

(2) BとCのイ～キに適する数字を入れて化学反応式を完成させたとき，イ，エ，オ，キにあてはまる数字を記せ。

(3) Bの反応において，水素4分子と反応する酸素分子は何分子か。

(4) Bの反応において，水素6分子と酸素2分子から水分子は何分子できるか。

(5) Bの反応において，反応した水素と酸素の質量の比は1：8であった。いま，水素0.6gと酸素5.2gを反応させると，水は何g生成するか。

(6) Aの反応において，酸化銅と炭素の混合物43gがすべて反応すると，［　ア　］は何gできるか。ただし，酸化銅中の銅と酸素の質量の比は4：1，化合物［　ア　］中の酸素と炭素の質量の比は8：3とする。

(7) A，B，Cの化学反応式中の単体で塩酸にもうすい水酸化ナトリウム水溶液にも反応するものがある。その単体の名称を答えよ。

(大阪・清風高)

着眼

16 (6)(5)で作図したグラフで，反応しないで残った気体が0になるとき，酸素と水素が過不足なく反応したと考えられる。

17 反応の前後で，原子の種類と数は変化しない。

☆☆ *18* ［ナトリウムの化合物］

さまざまなナトリウムの化合物の性質や反応について，次の問いに答えなさい。

(1) ナトリウム(Na)は金属である。ナトリウムと水が反応すると，水素と水酸化ナトリウムができる。このときの変化を化学反応式で書け。

(2) 炭酸水素ナトリウム($NaHCO_3$)に塩酸を加えると気体が発生する。このときの変化を化学反応式で書け。

(3) 炭酸ナトリウムと炭酸水素ナトリウムについて述べた以下の2つの文について，両方が正しい場合には○を，両方とも誤りの場合には×を，一方が正しい場合にはその正しい文の記号を答えよ。

  (a) 炭酸ナトリウムより，炭酸水素ナトリウムのほうが水に溶けやすい。

  (b) 炭酸ナトリウム水溶液より，炭酸水素ナトリウム水溶液のほうが強いアルカリ性を示す。

（愛知・滝高）

☆☆ *19* ［物質が結びつく変化と分解］

学校の校門に，銅板を使ったプレートがはめ込まれているのを見たことがないだろうか。太郎君は，金属板に簡単に文字を書くことができないかと考え，先生と相談して，次のような実験を行った。あとの各問いに答えなさい。

【実験1】 銅板の上に硫黄で文字を書き，しばらく放置した後，硫黄を取り除き，変化を確認する。

【実験2】 数 g の硫黄を試験管に入れ，ガスバーナーで加熱する。しばらくして，銅線を硫黄の蒸気の中に入れて，銅線の変化を確認する。

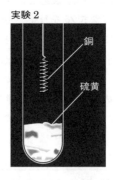

実験1　銅板　硫黄

しばらくして硫黄を取り除く

実験2　銅　硫黄

着眼

18 各物質の化学式を示すと，水酸化ナトリウムは NaOH，硫酸は H_2SO_4，水は H_2O，水素は H_2，塩酸(塩化水素)は HCl，炭酸ナトリウムは Na_2CO_3 となる。

これらの実験で興味をもった太郎君は，さらに次のような実験を行った。

【実験3】　乾いた集気びんに塩素を封入し，　①　銅線を入れて，銅線の変化を確認する。

【実験4】　実験3で得られた粉末を取り出し，ビーカーに入れて水で溶かすと，水溶液は　②　色になった。この水溶液中に電極として2本の炭素棒を立て，直流電源に接続して電流を流し，水溶液および電極付近の変化を確認する。

(1)　実験1の結果，硫黄の文字の周辺部分は何色になったか，答えよ。

(2)　本文中の空欄①にあてはまる適語を下から選び，記号で答えよ。

　　ア　よく冷やした　　　　イ　よく熱した

　　ウ　よく磨いた　　　　　エ　水でぬらした

　　オ　室温に放置しておいた

(3)　実験2の銅に起こった変化を化学反応式で表せ。

(4)　実験3で起こった変化の結果生成した物質の名称を記せ。また，その物質の色を答えよ。

(5)　実験4の空欄②に入る色は何色か，答えよ。

(6)　実験4の下線部の操作を何というか，漢字4文字で答えよ。

(7)　実験4で，電源の＋側に接続した電極付近に得られた物質を化学式で答えよ。

(8)　実験4で，電源の－側に接続した電極の変化を簡単に述べよ。

(9)　実験4で，ビーカーの中の水溶液の色は，実験が進むにつれて，どのように変化すると考えられるか，簡単に述べよ。

（広島・如水館高國）

19 実験1，2は銅と硫黄が結びつく変化，実験3は銅と塩素が結びつく変化，実験4は銅と塩素の化合物を電気によって分解する実験である。

⭐⭐**20** [鉄・銅が他の物質と結びつく変化]

鉄および銅に関する実験を行った。これらについて次の(1)～(4)に答えなさい。

【実験1】 鉄と硫黄の反応

鉄と硫黄を乳ばちでよく混ぜ合わせてから試験管に入れた。図1のように混合物の上部を加熱し，色が赤色に変わり始めたころ加熱をやめ，その後ゆっくり温度を下げた。

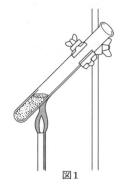

図1

(1) この実験について，次の文章中の空欄①～③に最も適当なことばを入れよ。

鉄と硫黄を混ぜ合わせて熱すると激しい反応が起こり，その結果（ ① ）という物質ができる。この実験のように2種類以上の原子が結びついてできた物質を（ ② ）という。①の物質にうすい（ ③ ）を入れるとにおいの強い気体が出てくる。ただし，③に水酸化ナトリウム水溶液を加えると，塩化ナトリウムと水ができる。

(2) 実験1で起こっている化学変化を反応式で表せ。

【実験2】 銅と酸素の反応

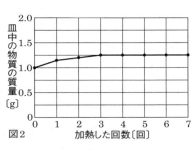

ステンレス皿の質量をはかったあとに，この皿に銅の粉末を1.0g入れた。次に銅の粉末を皿に広げ，ガスバーナー上でときどきかき混ぜながら5分間加熱し，よく冷えてから全体の質量をはかった。そして，下線部分の操作をくり返して，図2のような結果を得た。

図2

この後，銅の質量を2.0g，3.0g，4.0g，および5.0gと変えて同様の実験をくり返した。なお，皿の中に何も入れないで加熱したときは，ステンレス皿の質量には変化は見られなかった。

(3) これらの実験結果を，「銅の質量〔g〕」と「結びついた酸素の質量〔g〕」の関係を示すグラフ（図3）にまとめたい。図3には銅の質量が1.0gの結果だけ示してある。図中に，0g，2.0g，3.0g，4.0g，および5.0gについて考えられる結果を・でかき入れ，それらの・を線で結んでグラフを完成させよ。

――――――――――――――――――――――――――――――
着眼

20 (3)結びついた酸素の質量＝加熱後の物質の質量－加熱前の銅の質量。
　　(4)銅と酸素の反応を化学反応式で表すと，$2Cu + O_2 \longrightarrow 2CuO$ となる。

　　また，縦軸の「結びついた酸素の質量〔g〕」の空欄①〜③には適切な数値を入れよ。

(4)　実験2で，銅原子すべてが酸素分子と反応して酸化銅になったとすると，銅原子20個は何個の酸素分子と反応したことになるか，その個数を書け。

(国立高専)

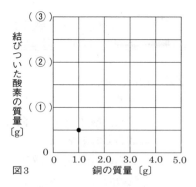

図3

★★21 ［鉄および銅と硫黄が結びつく変化］

　　次の文を読み，以下の問いに答えなさい。(3)，(4)，(5)は割り切れない場合は小数第2位を四捨五入して小数第1位まで答えること。

【実験1】　銅粉と硫黄粉末それぞれ10gずつを混ぜ加熱したら，硫化銅が15g生成した。このとき銅粉は残っていなかった。銅が硫黄と反応するときの化学反応式は次の通りである。　　$Cu + S \longrightarrow CuS$

【実験2】　鉄粉と銅粉の混ざったもの10gに硫黄粉末10gを混ぜ，加熱したら，硫化銅と硫化鉄の混合物が15.5g生成し，銅粉も鉄粉も残っていなかった。

(1)　硫化鉄の化学式を書け。

(2)　鉄と硫黄との反応は最初だけ加熱すれば，後は加熱を止めても反応は進行する。これはなぜか。15字以内(句読点はつけなくてよい)で説明せよ。

●(3)　銅原子と鉄原子の質量の比は8：7である。実験2の銅粉と鉄粉の混合物10gの中に銅は何gあったか。

●(4)　鉄5gと反応する硫黄は何gか。

●(5)　鉄粉と銅粉の混合物10gの銅と鉄の割合がいくらであっても銅粉と鉄粉が残らないようにするためには，硫黄は少なくとも何gあればよいか。

●(6)　硫化鉄についてあてはまる文を選べ。

　ア　黒色の固体で，水に溶けない。

　イ　硫酸を加えると青色の水溶液になる。

　ウ　塩酸を加えると無色，無臭の気体が発生する。

　エ　磁石につく。

　オ　黄色の固体で，燃やすと刺激臭のある気体が発生する。

(鹿児島・ラ・サール高)

（着眼）

21 実験1より，銅10gと硫黄5gが結びついて硫化銅15gが生成することがわかる。また，鉄原子と硫黄原子，銅原子と硫黄原子の数は，ともに1：1の割合で結びつく。

3 酸化と還元

解答 別冊 *p.10*

*22 ［酸化と還元］ ◀頻出

　物質が酸素と結びつくことを酸化といい，酸化によって生じた物質を酸化物
という。また，酸化のうち，激しく光や熱を出す反応を燃焼という。次の(1)
〜(4)の各問いに答えなさい。

(1) 次の反応の中から，下線部の物質が酸化されているものはどれか。

　ア　黒色の<u>酸化銀</u>を加熱すると，銀白色の固体が得られる。

　イ　<u>石灰石</u>にうすい塩酸を加えると，二酸化炭素が発生する。

　ウ　<u>塩化アンモニウム</u>と水酸化カルシウムを混ぜて加熱すると，アンモニア
　　が発生する。

　エ　<u>銅板</u>をガスバーナーで加熱すると，銅は光沢を失い，黒色の物質に変化
　　する。

　オ　水に<u>濃硫酸</u>を加えてうすめていくと，水温の上昇が観察できる。

(2) アルミニウムや鉄は酸化されやすい金属である。金属の酸化を防ぐのに，
まったく効果がない方法はどれか。

　ア　できるだけ細かい粉末にして保存する。

　イ　空気との接触を避けるために石油中で保存する。

　ウ　真空にした容器の中で保存する。

　エ　金属の表面に塗料などを塗って保存する。

　オ　表面に酸化膜をつくって保存する。

(3) 水素を燃焼させると，光や熱などのエネルギーが出る。化学変化より光
や熱ではなく，直接電気エネルギーを取り出しているものはどれか。

　ア　コイルに棒磁石を出し入れすると電流が流れる。

　イ　異なる2種類の物質を摩擦すると静電気が発生する。

　ウ　水を分解したあとの電極に，電子オルゴールをつなげると鳴り出す。

　エ　スチールウールに電流を流すと赤熱して燃え出す。

　オ　自動車はエンジンをかけているとき，バッテリーを充電している。

(4) 次の中で，酸化された物質をもとに戻す方法として適しているものはど
れか。

　ア　マグネシウムを入れた塩酸に，水酸化ナトリウムを加える。

　イ　ミョウバンの飽和水溶液に，ミョウバンの小さな結晶をつるす。

　ウ　水とエタノールの混合物を熱し，はじめに出てきた気体を冷却する。

エ　使用済みのアルミ缶をリサイクルする。

オ　鉄鉱石とコークス（炭素を多く含んでいる）を混ぜて加熱する。

（東京学芸大附高）

23 ［酸化銅と炭素の反応］ ◀頻出

酸化銅と X〔g〕の炭素の粉末を混ぜ合わせて試験管 A に入れ，右図のように，ゴム管つきガラス管を試験管 A に取りつけた。ガラス管の先を（Y）液を入れた試験管 B の中に入れ，試験管 A をガスバーナーで加熱した。試験管 B に導かれた気体は（Y）液と反応し，（Y）液の色は無色から白色に変化した。

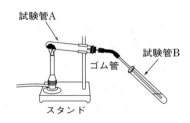

反応終了後，試験管 A の物質を取り出し，銅の質量を測定した。以上の実験を，酸化銅の質量を変えてくり返し行った。ただし，いずれの実験でも酸化銅と混ぜ合わせた炭素の粉末の質量は X〔g〕であった。

この実験の結果は下の表のとおりである。あとの問いに答えなさい。

酸化銅〔g〕	1.0	1.5	2.0	2.5	3.0
銅の質量〔g〕	0.8	1.2	1.6	1.6	1.6

(1)　酸化銅は炭素と反応することにより酸素を失っている。このような化学変化を何というか。

(2)　酸化銅は炭素と反応することにより酸素を失い，銅となる。このときの色の変化として最も適するものを，次のア～カから 1 つ選び，記号で答えよ。

　　ア　黄色から白色に変化する。　　イ　白色から黒色に変化する。

　　ウ　黒色から赤色に変化する。　　エ　赤色から黒色に変化する。

　　オ　黒色から白色に変化する。　　カ　白色から黄色に変化する。

(3)　酸化銅は銅と酸素が一定の質量比で反応している。この質量比を最も簡単な整数比で答えよ。

(4)　文中の（Y）液は何か。

(5)　酸素原子 1 個の質量は炭素原子 1 個の質量の $\frac{4}{3}$ 倍である。

　　①　本文中の下線で示した質量 X〔g〕の値を答えよ。

　　②　6.0g の酸化銅に，ある量の炭素の粉末を加えて加熱したところ，2.4g の銅が得られた。このとき，反応せずに残った酸化銅の質量は何 g か。

（福岡大附大濠高園）

★*24* ［酸化銅と炭素や水素との反応］

　黒色の酸化銅の粉末 4.0g に，十分な量の炭素の粉末を混合し，試験管に入れ加熱しながら完全に反応させた。酸化銅は赤色の物質になり 0.8g の質量が減少し，二酸化炭素が 1.1g 生じた。この反応について，次の(1)～(4)に答えなさい。

(1)　この反応で，酸化銅は炭素によって（　ア　）され，炭素は酸化銅によって（　イ　）された。この文中のア，イにあてはまる反応名を漢字で答えよ。

(2)　この反応で，炭素は何 g 反応したか。また，これを求めるもとになる法則名と計算式も書け。

(3)　この結果から，酸化銅中に含まれる銅の質量の割合は何％か。

(4)　この酸化銅に水素を通しながら，加熱したとき起こる変化を化学反応式で書け。

（高知学芸高）

★*25* ［化学カイロ］

　雪中運動会が近づいてきた。直樹君は寒がりなので，「使い捨てカイロ」をポケットに入れて参加するつもりである。ポケットに入れておくと，一日中温かさを保つという「使い捨てカイロ」に興味をもち，いろいろな実験を行って調べてみることにした。実験に関する記述を読み，あとの問いに答えなさい。

【実験1】　カイロの包装を開いたのち，10秒ほど本体（内袋）をよく振って，発泡ポリスチレンの上に置き，15分ごとに質量を調べた。その結果は図1のグラフのようになり，質量が増加していくことから，直樹君は「カイロに含まれる物質が空気中の気体と結びついているのではないか」と思った。そこで，直樹君は底を切ったペットボトルの内側に図2のようにカイロを貼りつけ，水槽に立てて一晩放置した。翌日見ると，ペットボトル内の水面が上がっていて，ペットボトルの口から針金につけたろうそくを入れたところ，すぐに火が消えた。このことから，カイロに含まれる物質が空気中の（　①　）と結びついたことがわかった。

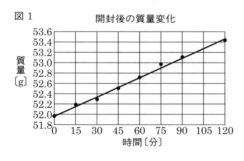

図1　開封後の質量変化

図2

(1) 文中の(①)にあてはまる物質を答えよ。

(2) 空気中の(①)がカイロに含まれる物質と完全に結びついたとすると，ペットボトル内の空気の体積はおよそ何%減少したことになるか。次のア〜オから１つ選び，記号で答えよ。

ア 10%　　イ 20%　　ウ 30%　　エ 40%　　オ 50%

【実験2】　新しいカイロを開封し，すぐに本体(内袋)を開いて中身を取り出したところ，細かい黒い粉と，軽石のような少し大きめの粒が入っていた。そこで，(a)塩化コバルト紙を触れさせてみると赤色に変化した。これらをふるいにかけて大きめの粒をとりのぞき，細かい黒い粉だけにした。この黒い粉を調べてみると，磁石にくっつく粉Aと，くっつかない粉が混じっていることがわかった。ふるいにかけた黒い粉をビーカーにとり，水を加えてかき混ぜ，ろ過して無色の溶液をつくった。(b)この溶液は中性であり，硝酸銀溶液を加えたところ白色の沈殿ができた。また，この溶液は黄色の炎色反応を示した。次に，ろ紙の上に残った黒い粉をビーカーにとり，うすい硫酸を加えたところ，一部は盛んに泡Bを出して溶け，一部は溶けずに残った。これをもう一度ろ過し，得られた溶液に水酸化ナトリウム水溶液を加えると緑白色の沈殿ができた。この沈殿はやがて黒っぽく変化し，空気に触れている部分は赤褐色に変わっていった。これらの沈殿を取り出し，るつぼに入れてしばらく強熱したところ，すべて赤色の酸化物Cになった。最後にろ紙に残っていた黒い粉Dは磁石にくっつかなかった。これをるつぼに入れて強熱すると，何も残らなかった。

(3) 下線部(a)および下線部(b)から，カイロに含まれていると考えられる物質を，それぞれ化学式で答えよ。

(4) A〜Dの物質を，それぞれ化学式で答えよ。

【実験3】　ふるいにかけた黒い粉をステンレス皿に入れ，しばらく加熱した。加熱後の全体の質量は，直樹君の予想に反して減少していた。このとき，粉の一部は黒いまま，一部は赤くなっていた。

(5) 直樹君が予想した反応式を，次のア〜オから１つ選び，記号で答えよ。

ア　$C + O_2 \longrightarrow CO_2$　　　　　　イ　$2Cu + O_2 \longrightarrow 2CuO$

ウ　$C + 2CuO \longrightarrow 2Cu + CO_2$　　　エ　$4Fe + 3O_2 \longrightarrow 2Fe_2O_3$

オ　$3C + 2Fe_2O_3 \longrightarrow 4Fe + 3CO_2$

(6) 予想に反して質量が減少した原因と考えられる反応を，(5)のア〜オから２つ選び，記号で答えよ。ただし，(5)の反応も同時に起こっている。

(北海道・函館ラ・サール高⊠)

☆**26** ［いろいろな酸化と還元］

　次のような3つの実験について，あとの問いに答えなさい。ただし，次の化学変化はすべて完全に反応するものとする。

【実験1】　図1のように酸化銅(CuO)8.0gを試験管に入れて，加熱しながら十分な量の水素ガス(H_2)を流していくと，金属の銅粉(Cu)6.4gが得られる。この化学反応は，水素原子によって酸化銅の中の酸素原子が奪われる化学変化で，　A　という。

【実験2】　また図2のように二酸化マンガン(MnO_2)の粉末52.2gにアルミニウム(Al)の粉末21.6gを混ぜて，紙でつくった容器に入れる。次に，マグネシウムテープに火をつけて点火する(マグネシウムテープは反応を開始させる働きをするだけで，直接この反応とは関係ない)と，アルミニウム原子が二酸化マンガンの中の酸素原子を奪って酸化アルミニウム(Al_2O_3)40.8gになり，二酸化マンガンは金属のマンガン(Mn)33.0gに変化する。

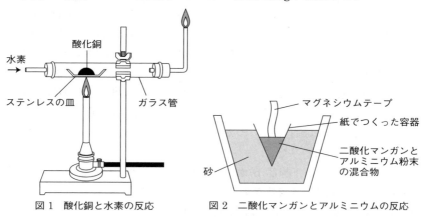

水素

酸化銅

ステンレスの皿　　　ガラス管

図1　酸化銅と水素の反応

マグネシウムテープ

紙でつくった容器

二酸化マンガンとアルミニウム粉末の混合物

砂

図2　二酸化マンガンとアルミニウムの反応

　このとき，二酸化マンガンは　B　されたといい，アルミニウムは　C　されたという。

【実験3】　図2と同様にして，砂鉄の主成分である黒色の四酸化三鉄(Fe_3O_4)の粉末69.6gにアルミニウム(Al)の粉末21.6gを混ぜて，マグネシウムテープに火をつけて点火すると，アルミニウム原子が四酸化三鉄の中の酸素原子を奪って酸化アルミニウム(Al_2O_3)40.8gになり，四酸化三鉄は金属の鉄(Fe)50.4gに変化する。

(1)　次の化学反応式は，上の実験1～3の化学変化を表したものである。（あ）～（し）にあてはまる係数を答えよ。ただし，係数1の場合でも1と答えよ。

実験 1 : (あ)CuO + (い)H_2 ⟶ (う)H_2O + (え)Cu

実験 2 : (お)MnO_2 + (か)Al ⟶ (き)Al_2O_3 + (く)Mn

実験 3 : (け)Fe_3O_4 + (こ)Al ⟶ (さ)Al_2O_3 + (し)Fe

(2) 文章中の ☐A☐ ～ ☐C☐ にあてはまる語句を答えよ。ただし，同じ語句を用いてもよい。

(3) 実験 1 を参考にして，銅原子 1 個と酸素原子 1 個の質量比を最も簡単な整数比で表せ。

(4) 実験 3 を参考にして，鉄原子 1 個と酸素原子 1 個の質量比を最も簡単な整数比で表せ。

(5) 実験 2 と実験 3 を参考にして，二酸化マンガン(MnO_2)1 個と四酸化三鉄(Fe_3O_4)1 個の質量比を最も簡単な整数比で表せ。

(6) 実験 1 と実験 3 を参考にして，鉄原子 1 個と銅原子 1 個の質量比を最も簡単な整数比で表せ。

(京都・立命館高)

★★27 ［金属の利用］

次の文章の(①)～(⑦)内に適当な語句を書きなさい。

物質を構成する成分を元素という。地表付近の物質を元素ごとに，その総質量の大きい順から並べると，(①)，ケイ素，アルミニウム，鉄の順になっている。(②)などの金属は自然の中で，単体の形で存在しているが，アルミニウムや鉄は，(①)と結合した(③)の形で存在している。そのため，アルミニウムや鉄はそれらの鉱石を(④)して，単体を取り出して利用してきた。たとえば，鉄は，溶鉱炉に鉄鉱石と(⑤)を混ぜ合わせたものを加熱することで，単体として取り出すことができる。ただし，このようにして得られた鉄は，多量の炭素を不純物として含み，かたくてもろい性質をもつ。また，アルミニウムはボーキサイトという鉱石から得られるが，その製錬には多くの(⑥)エネルギーを必要とする。鉄やアルミニウムは，現在のくらしを支える物質として広く利用されてきたが，それらの資源にも限りがある。資源を有効に利用し，消費するエネルギーを少なくするために，スチール缶やアルミニウム缶の(⑦)などが広く行われている。

(大阪星光学院高)

着眼

26 (1)反応の前後で，原子の種類と数は変化しない。

(2)☐A☐は酸化銅が酸素を奪われた化学変化のことを答えればよい。

27 自然界で，鉄やアルミニウムは，酸化鉄(鉄鉱石など)や酸化アルミニウム(ボーキサイトなど)として存在している。

★★ *28* ［マグネシウムの燃焼］

ₐ空気中でマグネシウムを加熱したときの質量の変化を測定した。2.4gのマグネシウムを用いて実験したところ，A君は加熱後の質量が3.2gになり，B君は加熱後の質量が3.6gになった。A君，B君とも加熱が不十分であったため，ᵦ加熱後の物質を十分な量の試薬Xにとかしたところ，A君の実験では1.2L，B君の実験では0.6Lの気体Yが発生した。気体Yは，未反応のマグネシウムが残っていた場合に発生する。また，試薬Xと水酸化ナトリウム水溶液を反応させると塩化ナトリウムと化合物Zが生成する。空気中ではマグネシウムを加熱すると酸素とのみ結びつくものとして，次の問いに答えなさい。

(1) 下線部ａについて，このときの化学反応式を書け。

(2) A君がマグネシウムを完全に加熱していたとすると，加熱後の質量は何gになるか。

(3) 下線部ｂについて試薬Xと気体Yは何か。いずれも化学式で書け。

(4) 上の実験からマグネシウムと酸素の原子の質量比を整数で書け。

(5) 酸素と結びついたマグネシウムは試薬Xと反応してとけるが，気体Yは発生しない。これは，気体Yのかわりに化合物Zが生成するからである。このことをふまえ，酸素と結びついたマグネシウムと試薬Xの反応の化学反応式を書け。

（奈良・東大寺学園高）

★★ *29* ［酸化銅の還元］

黒色の酸化銅を炭素の粉末と混ぜ合わせて加熱すると，酸化銅は赤褐色の金属光沢をもつ銅になり，二酸化炭素が生成する。これは，銅と結びついている酸素が，銅よりも炭素と結びつきやすいために，酸化銅は炭素に酸素を奪われて銅になり，炭素は酸素と結びついて二酸化炭素になるからである。この化学変化は，次の式①となる。物質が酸素を奪われる化学変化を還元という。

$$2CuO + C \longrightarrow 2Cu + CO_2 \quad \cdots\cdots ①$$

酸化銅を還元するもう1つの方法として，気体の水素を用いる方法がある。ガラス管内で水素を通じながら酸化銅を加熱すると，酸化銅が還元されて銅になり，ガラス管内には水滴が生じるのが観察される。これは，銅と結びついている酸素が，銅よりも水素と結びつきやすいために，酸化銅は水素に酸素を奪われて銅になり，水素は酸素と結びついて水になるからである。

金属利用の歴史は，還元の歴史ともいえる。酸化されにくい金は自然金とし

て早くから利用されてきたが，鉄が広く利用されるようになったのは酸化鉄を還元できるようになってからのことである。日本では古来，砂鉄を木炭で還元する「たたら製鉄」が行われてきた。現在では，製鉄所の溶鉱炉で鉄鉱石（主成分は Fe_2O_3 に（　B　）などを混ぜて加熱し，単体の鉄をとり出している。（　B　）は石炭を蒸し焼きにしたもので，成分は炭素である。溶鉱炉内では，いくつかの反応がおきているが，おもに（　B　）が酸化されて生じた一酸化炭素（CO）が鉄鉱石を還元することによって，鉄が生成している。化学反応式は次の式②となる。

$$Fe_2O_3 + 3CO \longrightarrow 2Fe + 3CO_2 \quad \cdots\cdots ②$$

(1)　文章中の下線部の化学変化を化学反応式で答えよ。

(2)　十分に多い水素を通じながら酸化銅 8.0g を加熱すると，何 g の銅が得られるか。答えは小数第 1 位まで求めよ。ただし，水素原子，酸素原子，銅原子の質量比は，1：16：64 とする。

(3)　文章中の（　B　）に適当な語句を答えよ。

(4)　鉄鉱石が Fe_2O_3 だけからできているものとし，溶鉱炉内で式②の化学変化のみによって鉄が生成し，鉄鉱石がすべて反応して鉄になったものとする。このとき，鉄鉱石 100kg から何 kg の鉄が生成するか。整数で答えよ。ただし，炭素原子，酸素原子，鉄原子の質量比は，12：16：56 とする。

（東京・開成高）

★★★ 30 ［メタンの燃焼］

炭素と水素からなる化合物を炭化水素といい，例としてメタン（CH_4）がある。メタン 4g を完全燃焼させたところ二酸化炭素 11g と水 9g が生じた。次の各問いに答えなさい。

(1)　メタンが完全燃焼するときの反応式を記せ。

(2)　メタンを完全燃焼させるのに 80g の酸素を必要とした。このとき燃焼したメタンは何 g か。整数で答えよ。

(3)　メタンとは異なる炭化水素を完全燃焼させたところ，二酸化炭素 8.8g と水 4.8g が生じた。燃焼させた炭化水素の化学式として適当なものを次から 1 つ選び，記号で答えよ。

ア　C_2H_4　　　イ　C_2H_6　　　ウ　C_3H_4　　　エ　C_3H_8

オ　C_4H_6　　　カ　C_4H_{10}　　　キ　C_6H_6　　　ク　$C_{10}H_8$

（愛知・東海高）

☆☆☆***31*** ［いろいろな酸化］

次のⅠ〜Ⅳの文を読んで，下の問いに答えなさい。

Ⅰ．1774年，フランスのラボアジェによって提唱された「質量保存の法則」は，化学反応において反応の前後で総質量は変化しないというものであったが，これは反応の前後で原子の種類や個数が変化しないことを示している。

Ⅱ．物質が酸素と結びつく反応を酸化反応という。酸素は銅やカルシウムのような金属や，炭素，水素など，多くの物質と結びつく。いま，8.0gの酸素(気体)を用いて銅を酸化すると，40gの酸化銅が生成した。なお，この酸化銅は，酸素原子と銅原子が個数比1：1で結合していることがわかっている。

Ⅲ．いま，同量の酸素(気体)を用いて銅とカルシウムを別々に酸化したところ，生成物質の質量の比は，酸化銅：カルシウムの酸化物＝10：7であった。また，銅とカルシウムは塩素と結びつくとき，どちらも原子1個に対して塩素原子2個が結合することがわかっている。

Ⅳ．水素と酸素の化合物のうち，水と過酸化水素の化学式はそれぞれH_2O，H_2O_2である。過酸化水素は分解されやすい物質で，水と酸素(気体)に分解される。いま，ある質量の過酸化水素を分解し，得られた酸素をすべて用いて銅を酸化させたところ，10gの酸化銅が得られた。

(1) ブタンC_4H_{10}は使い捨てライターなどに用いられる燃料である。Ⅰの内容を用いて，次のブタンの完全燃焼を表した化学反応式の係数$a \sim d$の値を求めよ。ただし，係数が1のときは「1」を記入せよ。

$$aC_4H_{10} + bO_2 \longrightarrow cCO_2 + dH_2O$$

(2) Ⅱの酸素(気体)と銅の反応を化学反応式で表せ。

(3) Ⅱより，酸素原子と銅原子各1個の質量比を，最も簡単な整数比で求めよ。

(4) Ⅲより，銅原子とカルシウム原子各1個の質量比を，最も簡単な整数比で求めよ。

(5) Ⅳの結果より，最初に分解した過酸化水素の質量は何gであったか。四捨五入により小数第1位まで求めよ。ただし，水素原子と酸素原子各1個の質量比は1：16である。

(愛媛・愛光高)

☆☆☆***32*** ［プロパンガスの燃焼］

次の〔A〕，〔B〕を読んで，あとの問いに答えなさい。ただし，実験〔A〕はすべて同一の温度t〔℃〕で行った。なお，〔B〕では水の蒸発はなく，また，反応で発生する熱による容器の体積変化もないものとする。

〔A〕プロパンガス（分子式 C_3H_8）と水が図 1 のようにピストンつきの容器に入っている。水面上の空間 1L 中には n 個の C_3H_8 だけが存在し，水 1L 中には m 個の C_3H_8 が溶けていて，もはやこれ以上は C_3H_8 が溶けない状態（飽和状態という）になっている。このとき，m は空間 1L あたりに存在する C_3H_8 の個数に比例することがわかっている。

いま，図 1 の状態からピストンを引き上げて図 2 のように空間の体積が 2L になるところで固定しておくと，水に溶けていた C_3H_8 の一部が空間に出てきて，水中の C_3H_8 は新たに飽和状態になった。

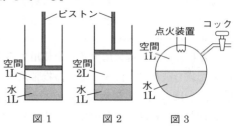

図 1　　　図 2　　　図 3

(1) 図 2 において，水中に溶けている C_3H_8 の個数を求める式を m と n を用いて表せ。

〔B〕図 3 のようにコックと点火装置つきの 2L の容器に水 1L を入れ，つづいて a 個の C_3H_8 と十分な個数の酸素を入れ，温度を t〔℃〕に保ち，①水中の C_3H_8 が飽和状態に達するまで放置した。次に，図 3 で②空間中に存在する C_3H_8 のすべてを燃焼させたのち，③容器を反応前の温度 t〔℃〕にもどし，水中の C_3H_8 が飽和状態に達するまで放置した。ただし，空間中の C_3H_8 の燃焼は瞬時に起こるので，水中の C_3H_8 は燃焼しない。また，空間中の C_3H_8 の燃焼によって生じた水の量は無視する。さらに，このときも，水中に溶ける C_3H_8 の個数は，空間 1L あたりに存在する C_3H_8 の個数のみによって決まり，空間中の他の気体にはまったく影響されない。

(2) C_3H_8 を完全に燃焼させたときの反応を，化学反応式で表せ。

(難)-(3) 下線部①について，水中に溶けている C_3H_8 の個数を求める式を a, m, n を用いて表せ。

(難)-(4) 下線部②について，燃焼に必要な酸素の最低個数を a, m, n を用いて表せ。

(難)-(5) 下線部③について，水中に溶けている C_3H_8 の個数を求める式を a, m, n を用いて表せ。

(兵庫・灘高)

(着)(眼)
31 (1)まず，炭素と水素の原子の個数をそろえたあと，酸素の原子の個数をそろえる。
(2)それぞれを化学式で表すと，酸素は O_2，銅は Cu，酸化銅は CuO である。
32 (1)ピストンを引き上げたときに水中から空間に出てくる C_3H_8 の個数を x 個として方程式をつくり，x を求める。さらに，求めた x を表す式を，$m-x$ に代入する。

4 化学変化と熱

解答 別冊 p.15

*33 [鉄粉の酸化と熱] ◀頻出

携帯用カイロ(使い捨てカイロ)に関する次の文章中の(a)～(c)に
あてはまる語句を,あとのア～クから選び,それぞれ記号で答えなさい。

> 冬になると,携帯用カイロを使用する人が多くなってくる。密閉されて
> いた袋を破り,中に入っている携帯用カイロを取り出し,何度か軽く振る
> と,しばらくして発熱し,温かさが何時間も持続する。携帯用カイロは,
> 気体が通りぬけることのできる袋でできていて,中の主成分は鉄粉である。
> 　1976年,ある会社で,お菓子の袋の中に入れる(a)をつくっていた。
> そのしくみは,鉄粉を(b)させてお菓子の袋の中の(c)をとり除き,
> お菓子の(b)を防ぐというものであった。あるとき,通常の大きさの
> 3倍以上の(a)をつくったところ,(a)が少し温かくなった。この
> 現象を何かに利用できないかと考えたことによって,携帯用カイロが生み
> 出されたという。

ア 中和	イ 分解	ウ 酸化	エ 還元
オ 脱硫剤	カ 脱酸素剤	キ 酸素	ク 窒素

(東京・筑波大附高改)

*34 [化学変化と熱] ◀頻出

酸素と水素を混合した気体に点火して反応させると,水ができるとともに熱
が放出される。このように,化学変化が起こるときに熱が放出されることが多
いが,これにあてはまらない化学変化を次のア～エから1つ選びなさい。
ア　鉄と酸素が反応して酸化鉄ができる。
イ　塩酸と水酸化ナトリウム水溶液が中和して食塩水ができる。
ウ　硝酸アンモニウムが水に溶けて水溶液になる。
エ　硫黄と鉄が反応して硫化鉄ができる。

(兵庫・灘高改)

着眼
　33 (a)は,袋の中の菓子が酸化しないようにするためのものである。
　　　(b)は,鉄粉が酸素と結びつく反応である。
　34 熱が放出される発熱反応ではまわりの温度が上がる。

★★35 ［鉄と硫黄の反応］

科学部員のあきら君は，授業で行った実験がおもしろかったので，もう一度放課後に次の実験1～3をやってみた。あとの問いに答えなさい。

【実験1】 鉄粉約10g，硫黄約4gをよく混ぜてから2本の試験管A，Bに分けて入れた。試験管Aは混合物の上部だけを赤くなるまで加熱し，上部が赤くなったところで加熱するのをやめた。試験管Bは何もしなかった。

（結果） 試験管Aでは，加熱をやめたあと，　　　　　。

【実験2】 加熱した試験管Aが冷えてから，試験管A，Bの両方に磁石を近づけた。

（結果） 試験管Bは磁石を強く引きつけた。試験管Aも磁石を引きつけたが，その力はBより弱かった。

【実験3】 実験2のあとで，両方の試験管にうすい塩酸を入れた。

（結果） 一方の試験管からは強いにおいのある気体が発生した。もう一方の試験管からはにおいのない気体が発生した。

(1) 実験1の結果で，「試験管Aでは，加熱をやめたあと，」に続く文として，最も適切なものを次から1つ選び，記号で答えよ。

　ア　赤くなった部分は，すぐにもとの色にもどった。

　イ　赤くなった部分は，広がらずにずっと赤かった。

　ウ　赤くなった部分は，試験管の底のほうへ広がり，全体が赤くなった。

　エ　赤くなった部分は，試験管の口のほうへと膨張し，底のほうは何の変化もなかった。

(2) 実験3で，においのある気体が発生したのは試験管A，Bのどちらか。また，そのときに塩酸と反応した物質の名前を答えよ。

(3) 実験2で，試験管Aも磁石を引きつけたのはなぜか。15字以内で答えよ。

（東京・筑波大附駒場高）

着眼

35 (1)鉄と硫黄が結びつくときは，熱を放出する。

(2)水素は無臭の気体であるが，硫化水素は卵の腐ったようなにおいのする有毒な気体である。

★★**36** ［炭酸水素ナトリウムと塩酸の反応］

塩酸に炭酸水素ナトリウムを加えたところ，気体Xが発生し，化合物Aと水が生じた。これについて，次の問いに答えなさい。

(1) 気体Xは，炭酸水素ナトリウムを加熱したときにも発生する無色の気体である。色以外の性質としてあてはまるものを次の表中のア～オから選び，記号で答えよ。

	におい	空気を1としたときの重さ	水に対する溶けやすさ	水溶液の性質
ア	ない	0.97	溶けにくい	
イ	ない	1.11	溶けにくい	
ウ	刺激臭	0.60	溶けやすい	アルカリ性
エ	ない	0.07	溶けにくい	
オ	ない	1.53	少し溶ける	酸性

(2) 気体Xが何であるかを確認するための実験方法と結果を答えよ。

(3) ある濃度の塩酸と水酸化ナトリウム水溶液を混合し，ちょうど中和させたところ，化合物Aの水溶液ができた。化合物Aの名称を答えよ。

(4) 三角フラスコ内で炭酸水素ナトリウムと塩酸を反応させると，反応後の三角フラスコ内の温度は反応前と比べて低下していた。この場合の化学変化を「熱」という言葉を用いて説明せよ。

(5) 炭酸水素ナトリウムと塩酸が反応するときと同じような熱の出入りがある反応を，次から1つ選び，記号で答えよ。

ア　有機物の燃焼　　　　イ　うすい塩酸とマグネシウムリボンの反応
ウ　水素と酸素の反応　　エ　塩化アンモニウムと水酸化バリウムの反応

(6) 炭酸水素ナトリウムと塩酸の反応を表した化学反応式として正しいものを，次から1つ選び，記号で答えよ。

ア　$NaHCO_2 + HCl \longrightarrow NaCl + CO_2 + H_2O$

イ　$NaHCO_3 + HCl \longrightarrow NaCl + CO_2 + H_2O$

ウ　$2NaHCO_2 + HCl \longrightarrow 2NaCl + 2CO_2 + H_2O$

エ　$2NaHCO_3 + HCl \longrightarrow 2NaCl + 2CO_2 + H_2O$

(東京・お茶の水女子大附高図)

着眼
36 (4)三角フラスコの中は熱をうばわれたために温度が下がったのである。このことから，炭酸水素ナトリウムと塩酸の反応が発熱反応か，吸熱反応かということがわかる。

★★*37* ［発熱反応と吸熱反応］

次の文を読んで，あとの問いに答えなさい。

水素と酸素の混合気体にマッチの火を近づけると，大きな音を立てて爆発する。これは，水素や酸素が化学反応を起こして水に変化するときに，水素や酸素がもっていた化学エネルギーが熱エネルギーや光エネルギーなどに移り変わったからである。このことは，水素と酸素のもつ化学エネルギーは，水のもつ化学エネルギーよりも大きいことを示している。

水素を燃やすのと同様に，熱エネルギーを取り出すことができる化学反応は多い。たとえば，鉄粉と活性炭を混ぜたものに　①　を加えてかき混ぜたり，うすい水酸化ナトリウム水溶液に　②　を入れてかき混ぜたりしても熱エネルギーを取り出すことができる。

しかし，すべての化学反応で熱エネルギーが取り出せるわけではなく，まわりからエネルギーを吸収する化学反応もある。たとえば，塩化アンモニウムに水酸化バリウムを加えてかき混ぜると，気体が発生してその温度は下がる。この場合，反応前の塩化アンモニウムと水酸化バリウムのもつ化学エネルギーは，反応後にできた物質の化学エネルギーと比べると　③　。

(1) 文中の　①　，　②　に入る最も適当な液体を，次の中からそれぞれ選べ。

　　ア　水　　　　イ　うすい塩酸　　　ウ　食塩水
　　エ　砂糖水　　オ　石灰水

(2) 水素と酸素から水が生じるときに，熱エネルギーや光エネルギーではなく，電気エネルギーを取り出す装置が開発され，自動車などで活用されている。この装置の名前を漢字四字で書け。

(3) 文中の　③　に入る最も適当なものを選べ。

　　ア　大きい　　　イ　小さい
　　ウ　等しい　　　エ　大きくなったり小さくなったりする

(4) 下線部で発生する気体として最も適当なものを選べ。

　　ア　塩化水素　　　　イ　水素　　　　　　ウ　酸素
　　エ　アンモニア　　　オ　二酸化炭素

（東京学芸大附高）

---

　37 (3)反応後の物質がまわりから熱を吸収するので，まわりの温度は下がる。

5 化学変化と物質の質量

解答 別冊 p.16

*38 [反応前後の質量] <頻出>

気体の発生について，次の実験をした。

① 丈夫なプラスチック容器a〜dを用意した。

② 図1のように，石灰石1.0gとうすい塩酸
10cm³ を入れた試験管をプラスチック容器a
に入れ，栓で密閉して反応前の全体の質量を
電子てんびんで測定した。(測定値1)

③ 次にプラスチック容器を傾け，うすい塩酸
と石灰石を混ぜ合わせて気体を発生させた。

④ 気体の発生が見られなくなってから，反応
後の全体の質量を測定した。(測定値2)

⑤ 図2のように，閉じてあった栓を開けて
しばらくしてから，全体の質量を測定した。
(測定値3)

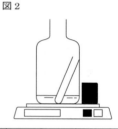

⑥ プラスチック容器b〜d
のそれぞれに異なる質量の
石灰石を入れて同様の実験
を行い，すべての測定結果
を表にまとめた。

プラスチック容器	a	b	c	d
石灰石の質量〔g〕	1.0	2.0	3.0	4.0
測定値1〔g〕	225.1	226.1	227.1	228.1
測定値2〔g〕	W	X	Y	Z
測定値3〔g〕	224.7	225.3	226.1	227.1

(1) この実験で発生した気体は何か。次のア〜オから1つ選べ。

　ア 水素　　イ 酸素　　ウ 二酸化炭素　　エ アンモニア　　オ 窒素

(2) 表の X にあてはまる値は何か。次のア〜カから1つ選べ。

　ア　224.7　　　イ　225.1　　　ウ　225.3

　エ　226.1　　　オ　227.1　　　カ　228.1

(3) うすい塩酸10cm³ とちょうど反応する石灰石の質量は何gか。次のア〜
カから1つ選べ。

　ア　1.5g　　　イ　2.0g　　　ウ　2.5g

　エ　3.0g　　　オ　3.5g　　　カ　4.0g

着眼
38 化学変化の前後で，物質の総量は変化しない。

(4) プラスチック容器 d について，⑥の操作・測定を終えた後，うすい塩酸をさらに 10cm³ 加えた。このとき発生する気体は何 g か。次のア〜カから1つ選べ。

ア　0.4g　　　イ　0.6g　　　ウ　0.8g
エ　1.0g　　　オ　1.2g　　　カ　2.0g

（三重・高田高）

★39 [金属の燃焼] ＜頻出

次のグラフは，粉末銅およびマグネシウムをそれぞれ 2.0g ステンレス皿にのせ，ガスバーナーで皿ごと加熱したときの加熱の回数と，加熱後の質量の関係を示している。以下の問いに答えなさい。

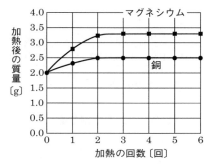

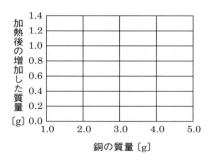

(1) 加熱後に質量が増えたのはなぜか。その理由を簡単に説明せよ。

(2) この実験の結果をふまえて，銅の質量を 1.0g，2.0g，3.0g，4.0g，5.0g として同じようにじゅうぶん加熱したときのもとの銅の質量と加熱後の増加した質量の関係を，右上のグラフに表せ。

(3) 粉末銅を加熱したときの反応を，化学反応式で表せ。

(4) 6回加熱終了時において，マグネシウム，銅の加熱後の質量はそれぞれ 3.33g と 2.50g であった。マグネシウム原子と銅原子の1個あたりの質量の比を最も簡単な整数値で表せ。

（石川・星稜高）

39 物質 A と物質 B が結びつくとき，一定の質量の割合で結びつく。これは，結びつく物質の原子が同じ割合で結びついて化合物をつくるためである。

★*40* ［炭酸カルシウム含有率の推定］

炭酸カルシウム 10.0g にじゅうぶんな量のうすい塩酸を加えて，完全に反応させると 4.4g の二酸化炭素が発生する。この事実を利用して，未知物質の粉末（以後 X とする）中の炭酸カルシウムの割合を，次の実験で調べた。あとの(1)，(2)に答えなさい。ただし，X 中には，うすい塩酸を加えたとき，二酸化炭素などの気体が発生する成分は炭酸カルシウム以外に含まれていないものとする。

【実験】

① 100mL ビーカーの質量を電子てんびんで測定すると 63.30g であった。

② X 2g を上皿てんびんではかり取り，①のビーカーに移して再び電子てんびんで測定すると，65.26g であった。

③ うすい塩酸を 5.00g ずつ加えて，反応後の全体の質量を測定する。それをまとめたものが，次の表である。

うすい塩酸の質量〔g〕	0	5.00	10.00	15.00	20.00	25.00	30.00	35.00
反応後の全体の質量〔g〕	65.26	70.15	75.04	79.93	84.82	89.71	94.60	99.60

(1) 実験に使用した X の正確な質量は何 g か。また，それと過不足なく反応したうすい塩酸の質量は何 g か。

(2) X 中に炭酸カルシウムは何％含まれているか。ただし，割り切れないときは小数第 1 位を四捨五入して整数で答えよ。

（京都・洛南高）

★*41* ［炭酸水素ナトリウムの含有量の推定］

次の文章を読んで下の問いに答えなさい。

A 君は自由研究で炭酸水素ナトリウムについて調べることにした。学校の授業で炭酸水素ナトリウムに興味をもったからである。まず炭酸水素ナトリウムが含まれる製品を集めた。ベーキングパウダー，発泡入浴剤，消化剤などに炭酸水素ナトリウムが含まれていることがわかった。そこで，ベーキングパウダーに炭酸水素ナトリウムがどれくらい含まれているか調べることにした。次は，実験方法を計画するため，先生と相談した内容である。

着眼

40 この実験で，加えるうすい塩酸の質量が 30.00g となるまでは，うすい塩酸を 5gずつふやしても全体の質量は 4.89g ずつしかふえない。

A君:「ベーキングパウダーに炭酸水素ナトリウムがどれくらい含まれている
か調べたいのですが、その方法を思いつきません。」

先生:「炭酸水素ナトリウムは加熱しても二酸化炭素を発生しますが、塩酸や
硫酸を加えても二酸化炭素を発生します。発生した二酸化炭素はどうなるで
しょうか。」

A君:「気体だから容器から逃げると思います。」

先生:「では、反応する前の全体の質量と、反応した後の全体の質量を調べた
らどうですか。」

A君:「反応前の全体の質量と反応後の全体の質量の差を、発生した二酸化炭
素の質量と考えるのですね。」

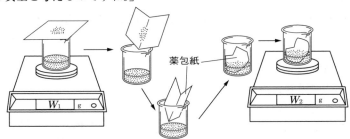

A君は、1.00g の炭酸水素ナトリウムを薬包紙にのせ、ビーカーには塩酸を
3mL 入れ(この塩酸は、2mL で 1.00g の炭酸水素ナトリウムとちょうど反応
すると先生から聞いていた。)、上の図のような実験をした。反応前の全体の質
量を W_1〔g〕、反応後の全体の質量を W_2〔g〕とすると、結果1のようになった。

次に、1.00g のベーキングパウダーを薬包紙にのせ、ビーカーに塩酸を 3mL
入れ、同様の実験をすると、結果2のようになった。

【結果1】
① $W_1 = 67.27$　$W_2 = 66.76$
② $W_1 = 75.50$　$W_2 = 74.97$
③ $W_1 = 68.50$　$W_2 = 67.98$

【結果2】
① $W_1 = 68.69$　$W_2 = 68.54$
② $W_1 = 75.99$　$W_2 = 75.86$
③ $W_1 = 67.67$　$W_2 = 67.53$

(1) 結果1の $W_1 - W_2$ の値の平均値を求めよ。

(2) 結果2の $W_1 - W_2$ の値の平均値を求めよ。

(3) 結果2より、1.00g のベーキングパウダーには何 g の炭酸水素ナトリウム
が含まれていることになるか。結果1も使って答えよ。答は小数第3位を
四捨五入せよ。

（大阪教育大附高天王寺）

41 (3)結果2の $W_1 - W_2$ の値は、1.00g のベーキングパウダーに含まれていた炭酸水
素ナトリウムが分解されて生じた二酸化炭素の質量である。

★★*42* [銅の酸化]

銅粉末の質量をはかったあと，ステンレス皿に広げガスバーナーで加熱した。冷却後薬さじで，こぼさないよう注意してかき混ぜ，再び加熱して完全に反応させた。冷却後酸化銅の質量をはかった。その結果をグラフにすると右図のようになった。グラフを参考に，次の問いに答えなさい。

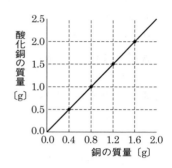

(1) 反応する銅と酸素の質量比を簡単な整数比で求めよ。

(2) 銅粉末 6.0g が酸素と完全に反応すると，何 g の酸化銅ができるか。

（高知学芸高）

★★*43* [酸化銀の分解]

右の図のように，試験管 A に酸化銀をとり，ガスバーナーで加熱し，発生した気体を試験管 B で集めた。気体の発生が続いたあと，発生が止まると，試験管 A には酸化銀とは異なる物質が固体として残った。この実験を異なる質量の酸化銀についても行った。右の表は，異なる質量の酸化銀について得られた結果を示したものである。これに関して次の問いに答えなさい。

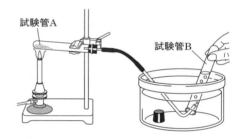

酸化銀の質量〔g〕	固体として残った物質の質量〔g〕
1.00	0.93
2.00	1.86
3.00	2.79

(1) この結果から，2.40g の酸化銀からは何 g の固体と何 g の気体が得られると考えられるか。答は小数第 3 位を四捨五入して小数第 2 位まで書け。

(2) この結果から，1.00g の酸化銀から発生すると考えられる気体の体積は，何 cm³ か。ただし，この気体 1cm³ の質量は 0.00133g とする。答は小数第 1 位を四捨五入して整数で書け。

（国立高専）

着眼

42 (1)結びついた酸素の質量＝生成した酸化銅の質量－反応した銅の質量

43 酸化銀の質量－固体として残った物質の質量＝酸化銀に含まれていた酸素

★*44* ［化学変化と物質の質量・体積］

次の実験について，以下の問いに答えなさい。ただし，気体の体積はすべて同じ温度，同じ圧力で測定したものとする。また，炭素，窒素，酸素の原子の質量比は C：N：O ＝ 6：7：8 とし，小数第 3 位以下の端数は，四捨五入して小数第 2 位まで書くこと。

【実験1】 亜硝酸アンモニウム (NH_4NO_2) 1.6g を加熱すると，窒素が 600mL，水が 0.90g 生成した。

【実験2】 炭酸カルシウム $(CaCO_3)$ 2.5g にじゅうぶんな量の塩酸を加えた。発生した二酸化炭素を 500mL の水にじゅうぶん溶かしたあと，溶け残った気体を乾燥させ，その体積を測定すると 135mL であった。

(1) 実験 1，2 では次のような反応が起こる。a～h に適する係数を，X～Z に適する化学式を答えよ。ただし，係数が 1 の場合も省略せずに記入すること。

実験 1. $(a)NH_4NO_2 \longrightarrow (b)H_2O + (c)\boxed{\quad X \quad}$

実験 2. $(d)CaCO_3 + (e)\boxed{\quad Y \quad} \longrightarrow (f)\boxed{\quad Z \quad} + (g)H_2O + (h)CO_2$

(2) 実験 1 で発生した窒素は何 g か。

(3) 実験 1 で発生した窒素の密度は何 g/L か。

(4) 実験 1，2 の結果から，次の文章で示す手順で二酸化炭素の水に対する溶解度（水 1L に溶ける二酸化炭素の質量）を計算することができる。ア～カに適する数値を記入せよ。

実験 1 で発生した窒素と実験 2 で発生した二酸化炭素の体積は等しいことがわかっている。したがって，実験 2 で水に溶けた二酸化炭素の体積は（ **ア** ）mL である。

一方，炭素，窒素，酸素の原子の質量比より，窒素分子と二酸化炭素分子の質量比を最も簡単な整数比で表すと，（ **イ** ）：（ **ウ** ）となる。

気体はその種類に関係なく，同じ体積に同じ個数の分子が入っているので，窒素の密度を用いて，二酸化炭素の密度を計算すると（ **エ** ）g/L となり，水に溶けた二酸化炭素（ **ア** ）mL の質量は（ **オ** ）g となる。

以上のことから，二酸化炭素の溶解度は（ **カ** ）g/L と求められる。

(長崎・青雲高)

44 (1)反応の前後で，原子の種類と数は変化しない。

(2)発生した窒素の質量＝亜硝酸アンモニウムの質量－生成した水の質量

★★★45 ［炭素と酸素が結びつく変化］

次の実験について，下の問いに答えなさい。

【実験】 密閉容器に炭素の粉末とじゅうぶんな量の酸素を入れ，ガスバーナー
で加熱して炭素の粉末がすべてなくなるまで反応させる。この反応によって
1種類の気体のみが生成し，この気体は石灰水を白くにごらせる。炭素の
量を変えて実験を行い，反応によって生成した気体の質量を測定した結果，
次の表のようになった。

炭素の質量〔g〕	0.36	0.69	1.05
生成した気体の質量〔g〕	1.32	2.53	3.85

(1) この反応を表すモデル図はどれか。次のア〜エから1つ選び，記号で答
えよ。（●は炭素原子1個，○は酸素原子1個を表す）

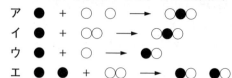

(2) 酸素原子1個の質量は，炭素原子1個の質量の何倍か。四捨五入して小
数第2位まで求めよ。

(3) 炭素2.70gとじゅうぶんな量の酸素，合わせて15.0gを密閉容器に入れ，
上と同様の実験を行った。このとき密閉容器に残った酸素の質量は何gか。

●難 (4) 酸素のかわりに空気を用いて炭素と反応させ，上の実験で生成した気体
7.15gを得るためには何gの炭素と何Lの空気が必要か。ただし，空気の質
量の25％が酸素で，空気1Lの質量は1.30gとし，炭素は酸素のみと反応
するものとする。

（愛媛・愛光高）

★★46 ［気体の燃焼①］

次の問いに答えなさい。

(1) プロパン C_3H_8 の完全燃焼の化学反応式を答えよ。

(2) メタン CH_4 1.0gを完全燃焼させると水2.25gが生じる。メタン1.0gに含
まれる炭素は何gか。小数第2位まで求めよ。ただし，水に含まれる水素
と酸素の質量比は1:8とする。

着眼
45 炭素と結びついた酸素の質量＝生成した気体の質量－炭素の質量
炭素原子1個の質量：酸素原子2個の質量 ＝ 0.36：(1.32 － 0.36)

(3) メタン(CH₄)，エタン(C₂H₆)，プロパン(C₃H₈)それぞれ 1.0g に含まれる 炭素の質量が多い順に並べたものとして最も適切なものはどれか。次のア〜 カから 1 つ選び，記号で答えよ。

　ア　メタン＞エタン＞プロパン　　　イ　メタン＞プロパン＞エタン

　ウ　エタン＞メタン＞プロパン　　　エ　エタン＞プロパン＞メタン

　オ　プロパン＞メタン＞エタン　　　カ　プロパン＞エタン＞メタン

（千葉・東邦大付東邦高）

47 ［気体の燃焼②］

　1811 年，イタリアのアボガドロは，どんな気体においても同じ温度・同じ 圧力のもとで，同じ体積には同じ数の分子を含むという法則を発表した。これ を参考にして，次の文を読んで，下の問いに答えなさい。

　酸素分子と二酸化炭素分子を比べると，0℃，1013hPa で，酸素 88g の体積 は 61.6L，二酸化炭素 88g の体積は 44.8L である。よって酸素分子 1 個と二 酸化炭素分子 1 個の質量の比は［ Ａ ］であり，酸素原子 1 個と炭素原子 1 個 の質量の比は［ Ｂ ］である。水素分子と酸素分子を比べると，水素分子 1 個 と酸素分子 1 個の質量の比は 1：16 であり，0℃，1013hPa で水素 50g の体 積は［ Ｃ ］L である。

(1)　［ Ａ ］，［ Ｂ ］に入る最も簡単な整数比を答えよ。

(2)　［ Ｃ ］に入る数値を答えよ。

(3)　水素を酸素と混ぜて完全に燃焼させたときの化学反応式を答えよ。

(4)　水素 20g を酸素と混ぜて完全に燃焼させたときにできる物質が何 g にな るか答えよ。

(5)　家庭用燃料として用いられるプロパン C₃H₈ を酸素と混ぜて完全に燃焼さ せると，液体 D と気体 E の 2 種類の物質ができる。プロパンと酸素を混ぜ て完全に燃焼させたときの化学反応式を答えよ。

(6)　プロパンと酸素を混ぜて完全に燃焼させた後，0℃，1013hPa で気体 E の体積を調べると 67.2L であった。反応に用いたプロパンは何 g か答えよ。 ただし，気体 E は液体 D に溶けないものとする。

（愛媛・愛光高）

46 (2)水 2.25g の中に含まれる水素の質量＝メタン 1.0g の中に含まれる水素の質量

47 (1)同じ質量あたりの体積比が，酸素：二酸化炭素＝61.6：44.8 なので，同じ体 積あたりの質量比は，酸素：二酸化炭素＝44.8：61.6 である。

★★48 ［アボガドロの法則と化学変化］

　「どのような気体でも，同温・同圧のもとでは同体積中に同数の気体分子を含む」という化学の基本法則がある。この法則に従って，あとの問いに答えなさい。

　気体Ａと気体Ｂとは化学反応を起こし，化合物Ｃを生じる。いま，体積が自由に変化する容器に気体Ａと気体Ｂを合わせて100cm³となるように入れ，反応させた。反応後の気体の体積を測定したところ，右図のグラフのような結果が得られた。ただし，気体Ａと気体Ｂとは完全に反応し，気体の体積はいずれも同温・同圧のもとで測定したものである。

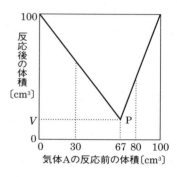

(1)　図において，気体Ａの反応前の体積が，① 30cm³，② 67cm³，③ 80cm³のとき，反応後の容器内に残る物質はおもに何であるか。次の**ア～カ**からそれぞれ選び，記号で答えよ。

ア　Ａ

イ　Ｂ

ウ　Ｃ

エ　ＡとＢ

オ　ＢとＣ

カ　ＣとＡ

(2)　図の V の値が，① $V = 0$ のとき，② $V = 67$ のとき，それぞれについて，この実験にあてはまる化学反応式を，次の**ア～カ**から選び，記号で答えよ。ただし，反応式中の（　）内の記述は，その物質の状態を表している。

ア　Ａ（気体）＋Ｂ（気体）━━→ Ｃ（気体）

イ　Ａ（気体）＋Ｂ（気体）━━→ Ｃ（液体）

ウ　2Ａ（気体）＋Ｂ（気体）━━→ 2Ｃ（気体）

エ　2Ａ（気体）＋Ｂ（気体）━━→ 2Ｃ（液体）

オ　Ａ（気体）＋2Ｂ（気体）━━→ 2Ｃ（気体）

カ　Ａ（気体）＋2Ｂ（気体）━━→ 2Ｃ（液体）

着眼

48 (1)気体Ａが30cm³のときは気体Ｂがあとに残り，気体Ａが67cm³のときは過不足なく反応し，気体Ａが80cm³のときは気体Ａがあとに残る。

(3) この実験にあてはまる化学反応式が(2)の①である場合，気体 A を 80cm³ 用いたときの反応後の気体の体積〔cm³〕を求めよ。

(4) この実験にあてはまる化学反応式が(2)の②である場合，気体 A を 30cm³ 用いたときの反応後の気体の体積〔cm³〕を求めよ。

(5) 化学反応式 2A（気体）+ 3B（気体）⟶ C（気体）について，同じ実験を行った結果得られる図を右にかけ。また，P 点にあたる点の座標を各座標軸にかけ。

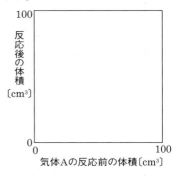

(6) 炭素原子 m 個と水素原子 n 個とからなる化合物は，分子式 C_mH_n で表される。水素（気体 A とする）は，分子式 C_mH_n で表される気体化合物（気体 B とする）と反応して分子式 C_mH_{n+x} で表される気体化合物（気体 C とする）を生じる。この化学反応について，同じ実験を行ったところ，図中の V の値が 33 である図が得られた。x の値を求めよ。

（兵庫・甲陽学院高）

★★★ **49** ［炭酸水素ナトリウムの分解］

100g の炭酸水素ナトリウムを加熱したところ，炭酸水素ナトリウムの一部が分解し，炭酸ナトリウムと炭酸水素ナトリウムの<u>乾燥した白色の固体</u>が得られた。この白色固体のすべてを 500g の塩酸に入れたところ，塩酸と完全に反応し，溶液 545g が残った。次の(1)，(2)に答えなさい。なお，100g の炭酸水素ナトリウムを加熱分解すると 63.1g の炭酸ナトリウムが生じる。また，100g の炭酸水素ナトリウムを塩酸に入れると 52.4g の二酸化炭素が発生し，100g の炭酸ナトリウムを塩酸に入れると 41.5g の二酸化炭素が発生する。

(1) 炭酸水素ナトリウムを加熱分解して，炭酸ナトリウムが生じるときの変化を化学反応式で記せ。

(2) 下線部の乾燥した白色固体は何 g であったか。小数第 1 位を四捨五入することにより整数で答えよ。

（愛知・東海高）

---

49 (2)乾燥した白色の固体に含まれる炭酸水素ナトリウムの質量を x，炭酸ナトリウムの質量を y として 2 つの式をつくり，連立方程式を解く。

★★ **50** ［金属と水溶液の反応］

次の実験結果を参考にして，あとの問いに答えなさい。ただし，溶液Aはある濃度の希塩酸，溶液Bはある濃度の水酸化ナトリウム水溶液のことである。また，反応後の水溶液とは，固形物をろ過した後の水溶液のことである。

【実験1】 亜鉛 1.0g に 30cm^3 の溶液 A を加えると過不足なく反応し，374cm^3 の水素が得られた。反応後の水溶液を加熱したら，2.1g の固体が得られた。

【実験2】 亜鉛 1.0g に 15cm^3 の溶液 B を加えると過不足なく反応し，374cm^3 の水素が得られた。反応後の水溶液を加熱したら，2.2g の固体が得られた。

【実験3】 亜鉛 1.0g に溶液 B を 20cm^3 加えて反応させた後の水溶液を加熱したら，2.6g の固体が得られた。

【実験4】 マグネシウム 1.0g に過不足なく反応する量の溶液 A を加えると，1000cm^3 の水素が得られた。

(1) 亜鉛に希塩酸を加えると，気体のほかに塩化亜鉛 $ZnCl_2$ が生じる。このときに起こる変化を，化学反応式で示せ。

(2) 亜鉛と水酸化ナトリウム水溶液の反応は，次の化学反応式で示される。下の空欄①，②に1，2，…などの適切な整数を記入せよ。

$$Zn + (　①　)NaOH \longrightarrow Na_2ZnO_2 + (　②　)H_2$$

(3) 溶液 A と溶液 B が反応すると，食塩と水ができる。過不足なく反応するのは，体積比でいくらのときと考えられるか。最も簡単な整数比で答えよ。

(4) 溶液 B 100cm^3 の中に，水酸化ナトリウムは何 g 含まれているか。整数で答えよ。

●▶(5) 実験1と実験4から，亜鉛とマグネシウムの原子1個ずつの質量比がわかる。この比に最も近いものを次から選び，記号で答えよ。

　ア　1:2　　　　イ　2:1　　　　ウ　1:3
　エ　3:1　　　　オ　3:8　　　　カ　8:3

(6) 実験4ののち，水溶液を加熱したら，何 g の固体が得られるか。小数第2位を四捨五入して小数第1位まで答えよ。

●▶(7) 亜鉛 0.3g とマグネシウム 0.7g の混合物に 100cm^3 の溶液 B を加えたら，112cm^3 の水素が得られた。反応後の水溶液を加熱すると，何 g の固体が得られるか。小数第2位を四捨五入して小数第1位まで答えよ。

（兵庫・甲陽学院高図）

着眼

50 (2)反応の前後で，反応した原子の種類や数は変化しない。
(3)溶液A30cm^3 と溶液B15cm^3 は，亜鉛に対して同じはたらきをしている。
(7)マグネシウムと水酸化ナトリウム水溶液は反応しない。

★★*51* ［原子の質量比と化学反応］

次の文章を読んで, (1)～(5)に答えなさい。ただし, 原子の質量比は以下の値である。

元素	H	C	O	Na	Cl	Ca	Zn
質量比	1	12	16	23	36	40	65

漂白剤や洗浄剤には,「混ぜるな危険」と書かれたものがある。その理由は, 漂白剤や洗浄剤に「次亜塩素酸ナトリウム(化学式 NaClO)を含む塩素系」と「塩酸を含む酸性タイプ」とよばれるものがあり, <u>これらを混ぜると有害な気体が生じる</u>からである。この気体は, (a)色, (b)で空気より(c), 水に溶け(d)。またこの気体は, 炭素を電極にして塩化銅水溶液を電気分解したとき, (e)極に発生する。もう一方の電極には(f)が付着する。

(1) 次の①～③の実験器具の名称を答えよ。

①   ②   ③

(2) (a)～(f)にあてはまる語を, 次のア～チから選び, 記号で答えよ。

ア 無	イ 黄	ウ 黄緑	エ 赤褐
オ 無臭	カ 刺激臭	キ 腐卵臭	ク 重く
ケ 軽く	コ やすい	サ にくい	シ 陽
ス 陰	セ 酸素	ソ 水素	タ 水蒸気
チ 銅			

(3) 下線部の反応を化学反応式で表せ。

難(4) ある量の次亜塩素酸ナトリウムに十分な量の塩酸を加えると, 1.8gの水が生じた。用いた次亜塩素酸ナトリウムと発生した気体は, それぞれ何gか。

難(5) 次のA～Cの反応を, 発生する気体の質量が大きいものから順に並べて記号で答えよ。

  A 炭酸カルシウム 20g に十分な量の塩酸を加えた。

  B 亜鉛 20g に十分な量の塩酸を加えた。

  C 炭酸水素ナトリウム 20g を加熱して完全に分解した。

(兵庫・灘高改)

1編	実力テスト	時間**50**分 合格点**70**点	得点	/100

解答 別冊 *p.23*

1 図のような装置を組み立て，固体の炭酸水素ナトリウムをガスバーナーで加熱して，その変化のようすを調べた。次の各問いに答えなさい。(27点)

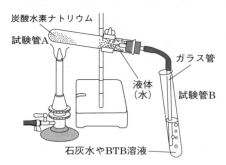

(1) ガスバーナーに点火するときの正しい順をア～エの記号で書け。ただし，ガス調節ねじおよび空気調節ねじは閉まっていることが確認されているものとする。(3点)

ア ガスの元栓を開く。

イ ガス調節ねじを回してガスの量を調節する。

ウ 空気調節ねじを回して空気の量を調節する。

エ マッチの火をガスバーナーの口に近づける。

(2) 試験管Aの口を少し下げて加熱するのはなぜか。(3点)

(3) 試験管Bに石灰水やBTB溶液を入れ，発生した気体(X)を通すと，それぞれどのような変化が観察されるか。(各3点)

(4) 試験管Aの口にできた液体が水であることを確かめる簡単な方法(用いる試薬とその結果)を書け。(3点)

(5) 図の状態から加熱を止めるとき，事故を防ぐために，まずどのようなことをしなければならないか。(3点)

(6) 炭酸水素ナトリウム1.68gを完全に熱分解すると，炭酸ナトリウム1.06gと水0.18gと気体(X)が生じた。①この変化を化学反応式で書き，②気体(X)が何g発生したか答えよ。(各3点)

(7) 炭酸水素ナトリウムのかわりに，酸化銀を入れて加熱したときの変化を化学反応式で書け。(3点)

(高知学芸高)

2 鉄粉と硫黄の粉末を混合して加熱したときの変化を調べるために，次の実験を行った。あとの問いに答えなさい。(25点)

【実験】 鉄粉 7g と硫黄 4g を乳鉢の中に入れてよく混ぜ合わせたものを試験管に入れ，図のように加熱した。反応が始まったところで加熱するのをやめたが，反応はそのまま進み，鉄粉と硫黄はすべて反応して 11g の黒色の物質ができた。

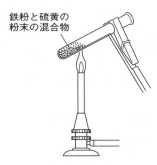

鉄粉と硫黄の粉末の混合物

(1) 下線部のように，加熱するのをやめても反応が進んだのはなぜか，簡単に答えよ。(5点)

(2) 鉄と硫黄が反応して黒色の物質ができる反応を化学反応式で表せ。(5点)

(3) この実験で，鉄と硫黄が反応して黒色の物質ができたように，2種類以上の物質が結びついてできる物質を何というか，漢字で答えよ。(5点)

(4) 実験によってできた黒色の物質がじゅうぶんに冷えたあと，試験管内にうすい塩酸を加えたところ，気体が発生した。この気体は何か，漢字で答えよ。(5点)

(5) この実験と同じ方法で，鉄粉 15g と硫黄 6g の混合物を加熱してじゅうぶんに反応させたとき，反応後にできる黒色の物質は何 g できたと考えられるか，小数第 2 位を四捨五入して，小数第 1 位まで答えよ。(5点)

(愛知・中京大附中京高図)

3 酸化銅と炭素の粉末を混ぜ合わせて加熱すると，赤色の物質が得られ，気体が発生する。合計質量が 43g になるように，酸化銅と炭素それぞれの質量を 1g ずつ変えて混ぜ合わせ，加熱して発生した気体の体積を同じ温度・圧力のもとで測定した。表はその結果の一部を示したものである。発生した気体の密度はこの温度・圧力のもとで 1.83g/L であるとして，あとの問いに答えなさい。(28点)

炭素〔g〕	0	1	2	…	23	…	33	…	43
酸化銅〔g〕	43	42	41	…	20	…	10	…	0
気体〔L〕	0	2.0	4.0	…	3.0	…	1.5	…	0

(1) 酸化銅のような酸素と結びついている化合物から酸素を取り除く化学変化を何というか。(4点)

(2) この実験で発生する気体を別の方法で発生させたい。次のア～オから適当な方法を選んで，記号で答えよ。(4点)

　ア　豚のレバーにオキシドールを加える。

　イ　亜鉛に塩酸を加える。

　ウ　塩化アンモニウムに水酸化ナトリウムを加え，さらに水を加える。

　エ　ふくらし粉に酢を加える。

　オ　鉄と硫黄の混合物に塩酸を加える。

(3) 下線部の反応の化学反応式を書け。(4点)

(4) 反応する炭素と酸化銅の質量比を，最も簡単な整数比で答えよ。(4点)

(5) この実験で発生した気体が最も多いとき，あとに残った固体は何 g か。小数第 1 位まで求めよ。(4点)

(6) 炭素 23g を用いたとき，赤色の物質は何 g できたか。小数第 1 位まで答えよ。(4点)

(7) 酸化銅に含まれている酸素の質量の割合は何％か。小数第 1 位まで答えよ。(4点)

(長崎・青雲高)

4 銅とマグネシウムを十分に加熱して，加熱前と加熱後の質量を調べる実験を行った。これについて，次の問いに答えなさい。(20点)

(1) この実験のやり方について誤っているものを，次のア～オから選び，記号で答えよ。(4点)

ア　実験に使用する金属は大きな固まりではなく，粉末を使う。

イ　金属はステンレスの皿に広げるように入れ，強火で皿ごと加熱する。

ウ　マグネシウムは，アルミホイル等で飛び散らないようにおおいをする。

エ　加熱後の金属の質量は，薬包紙に移してからはかる。

オ　全体の質量が一定になるまで，加熱と質量の測定をくり返す。

(2)　金属の質量を変えて加熱前後の質量を調べると，左下のグラフのようになった。この結果をもとに，金属の質量と結びついた酸素の質量の関係を，それぞれグラフにして右下に表せ。(各4点)

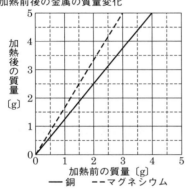

加熱前後の金属の質量変化

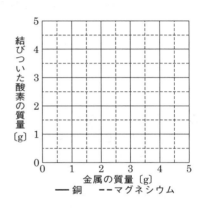

(3)　物質は，質量や大きさが決まっていて，これ以上分けることができない「原子」という非常に小さな粒子からできている。化合物は，原子が一定の個数の割合で結びついてできている。マグネシウムの酸化物は MgO で表される。このことと，実験結果から，マグネシウム原子1個の質量は，酸素原子1個の質量の何倍か。次のア〜コから選び，記号で答えよ。(4点)

ア　0.25 倍　　　イ　0.5 倍　　　ウ　0.6 倍　　　エ　1 倍

オ　1.5 倍　　　カ　2 倍　　　　キ　2.5 倍　　　ク　3 倍

ケ　4 倍　　　　コ　5 倍

(4)　誤って銅とマグネシウムを混ぜてしまった。この混合物 6.5g を十分に加熱したら，10g になった。混合物中にマグネシウムが何 g 含まれていたか。次のア〜コから選び，記号で答えよ。ただし，混合物を加熱してできる物質は，MgO と CuO だけであるとする。(4点)

ア　0.5g　　　イ　1.0g　　　ウ　1.5g　　　エ　2.0g　　　オ　2.5g

カ　3.0g　　　キ　3.5g　　　ク　4.0g　　　ケ　4.5g　　　コ　5.0g

（東京学芸大附高）

1 生物と細胞

解答 別冊 *p.26*

*52 ［細胞の観察①］ **◀頻出**

　タマネギの細胞を染色しないで観察した。右の図は，その細胞の1つを示したものである。この細胞を酢酸カーミン（または酢酸オルセイン）溶液で染色したら，どのように見えるか。よく染まっている部分を █ で示すことにすると，そのようすを正しく表したものは次のア〜エのどれか。1つ選び，その記号を書きなさい。

（国立高専）

*53 ［単細胞生物①］ **◀頻出**

　単細胞生物だけをあげたものはどれか。ア〜オから選び，記号で答えなさい。

ア　クロレラ・ミジンコ

イ　アメーバ・ゾウリムシ

ウ　ベンケイソウ・オオカナダモ

エ　ゾウリムシ・ミジンコ

オ　ベンケイソウ・アメーバ

（長崎・青雲高）

*54 ［植物の細胞①］ **◀頻出**

　右図は，光学顕微鏡を使って観察したオオカナダモの細胞を模式的に表したものである。植物に特有のつくりはどれか。図のa〜eからすべて選び，その名称とともに，例にならって答えなさい。

例：（f：ゴルジ体），…

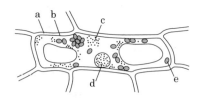

（奈良・東大寺学園高）

着眼

52 その中に入っているひも状のものが酢酸オルセインや酢酸カーミンなどの染色液によく染まるため，そのひも状のものを**染色体**という。

* **55** ［多細胞生物と植物の細胞］ ◀頻出

次の問いに答えなさい。

(1) 次の文章の（　　）にあてはまる語句を，ア〜オから選び，記号で答えよ。

水中の生物である（　　）は，体は小さいが多細胞生物である。

ア　ミジンコ　　　イ　ゾウリムシ　　　ウ　ケイソウ

エ　アメーバ　　　オ　クロレラ

(2) 次の文中の下線部①，②，③の正誤をそれぞれ判断し，正しいものは○，誤っているものは×と答えよ。

すべての植物細胞に共通する特徴であり，動物細胞にはまったく見られないものとして，①細胞壁をもつこと，②葉緑体をもつこと，③細胞分裂で染色体が見られることなどがあげられる。

(東京・お茶の水女子大附高)

* **56** ［単細胞生物②］ ◀頻出

右図は，いろいろな単細胞生物を示している。これらの生物の細胞内構造物を示したア〜シのうち，核をすべて選び，記号で答えなさい。

(東京・開成高改)

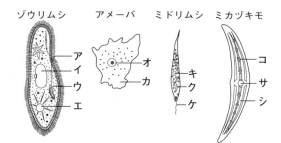

* **57** ［植物の細胞②］ ◀頻出

細胞について観察した。次の問いに答えなさい。

(1) 図1は，1665年ごろにイギリスのロバート・フックが顕微鏡で観察したコルクの断面のスケッチを示している。小さな穴のまわりの白い部分は，現在では何とよばれているか。

図1

(2) ムラサキツユクサのおしべの毛を顕微鏡で観察すると，図2のような細胞がたくさんつながって見えた。1つ1つの細胞は全体が青紫色で，核は細胞の中央にはなく，細胞質の動きは一部にしか見られなかった。細胞の中には，青紫色の色素がたまっている袋がある。この袋は何とよばれているか。

図2

(広島大附高)

★★**58** ［細胞の観察②］

オオカナダモの細胞を顕微鏡で観察し，そのときの記録を次のようにまとめた。これについて，あとの問いに答えなさい。

・四角い部屋がぎっしりとブロックべいのように並んでいた。
・部屋のまわりには，①透明な厚い層が見られた。
・部屋の中には緑色の粒がたくさんあり，それ以外の部分は透明であった。
・しぼりで光の量を調節すると，緑色の粒よりも大きな②透明な丸い粒がそれぞれの細胞に1つずつ見つかった。

(1) オオカナダモの細胞に見られた下線①の「透明な厚い層」および下線②の「透明な丸い粒」とは何か。その名称を漢字で書け。

(2) ③水を入れたビーカーにオオカナダモを入れ，十分に光を当てた。先端近くの葉を1枚とり，熱湯にしばらくつけたあと，葉にヨウ素液をかけて顕微鏡で観察した。このとき，緑色の粒であったものが青紫色に染まっていた。このことから，「光合成は，緑色の粒で行われている」と言える。さらに，「二酸化炭素が光合成に使われている」ことを調べるには，下線③においてどのような操作を行えばよいか。次から2つ選び，記号で答えよ。

ア 十分に沸騰させて気体を除いた水を用いて，十分に光を当てる。
イ 十分に沸騰させて気体を除いた水を用いて，光を当てない。
ウ 十分に沸騰させて気体を除いたあと，二酸化炭素を吹き込んだ水を用いて，十分に光を当てる。
エ 十分に沸騰させて気体を除いたあと，二酸化炭素を吹き込んだ水を用いて，十分に光を当てない。

(国立高専)

★★★**59** ［顕微鏡観察］

顕微鏡観察に関する次の文章を読み，あとの問いに答えなさい。

タカシ君のクラスでは，理科の時間に顕微鏡を使って細胞の観察を行うことになった。観察は6人ずつの6つの班(A班〜F班)に分かれて行った。先生が1つのタマネギを用意し，それぞれの班にそのりん片葉を1枚ずつ配った。

りん片葉の中央付近の内側表皮をはがしてそれを染色し，400倍の倍率で表皮細胞を観察したところ，次の図のように細長い細胞と赤色に染色された核が見えた。タカシ君のいるA班では，視野の中に平均で20個の細胞が見えた。

次に細胞の長径の長さと核の長さを1人10個の細胞について測定した。そして，それぞれ細胞の長径の長さに対する核の長さの割合(核の長さ÷細胞の

長径の長さ)を計算した。それぞれが平均したものを 6 人分並べてまとめると下の表のようになった。なお，A 班〜F 班で測定した核の大きさには多少の違いがあったが，長径の長さの違いにくらべて非常に小さかったので，核の大きさはすべて同じとして計算した。

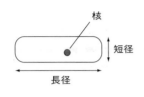

	細胞の長径の長さに対する核の長さの割合					
A 班	0.15	0.16	0.14	0.15	0.14	0.16
B 班	0.17	0.20	0.19	0.17	0.18	0.17
C 班	0.02	0.03	0.04	0.03	0.04	0.02
D 班	0.07	0.05	0.06	0.05	0.05	0.08
E 班	0.08	0.06	0.09	0.07	0.10	0.08
F 班	0.10	0.13	0.13	0.12	0.13	0.11

(1) 問題文中の下線部「染色」に用いたと考えられる薬品の名称を答えよ。

(2) 観察のようすについて述べた次の文のうち，誤っているものを 1 つ選び，記号で答えよ。

　ア　細長い細胞がみな同じ方向に並んで見えた。

　イ　細胞の中には赤色に染色された核が 1 つずつ見えた。

　ウ　葉緑体を含む細胞が多く見えた。

　エ　細胞壁に囲まれた細胞が見えた。

　オ　細胞分裂中の細胞は見えなかった。

(3) A 班が観察した細胞の長径の長さの平均値は，C 班のそれの何倍であったと考えられるか。

(4) どの班が一番内側のりん片葉を観察していたと考えられるか。A〜F の記号で答えよ。

(5) 顕微鏡で見えたタマネギの表皮細胞の短径の長さを A 班と F 班で比較したところ，多少の違いはあったが，長径の長さの違いにくらべて非常に小さく無視できる程度であった。F 班では，倍率 400 倍で平均何個の細胞が視野の中に観察できたと推測されるか。

(6) タカシ君の班では，時間が余ったので倍率を 100 倍に変えて観察してみることにした。このとき，視野の中に見える細胞の数は平均で何個くらいであると考えられるか。

（北海道・函館ラ・サール高）

---

58 (1)下線①の「透明な厚い層」は，動物の細胞には見られない層である。下線②の「透明な丸い粒」は，ほぼすべての細胞に 1 つずつあり，緑色の粒より大きい。

59 (4)内側のりん片葉ほど新しくて小さい細胞でできている。

　　(6)顕微鏡の倍率は，長さの比率である。

2 | 植物の体のつくりとはたらき

解答 別冊 p.27

*60 [植物のつくりとはたらき]

ある植物について，手順1〜手順3のように実験を行った。

手順1：葉の枚数や大きさ，茎の長さや太さが
ほぼ同じものを4本用意し，それぞれをフ
ラスコにさした。

手順2：植物に下の表のような処理をし，フラ
スコA〜Dとした。

手順3：それぞれの植物に右図のように赤い食
紅で着色した水を吸収させ，日なたに3時
間置き，それぞれの水の減り方を調べた。

食紅で
着色した水

表

フラスコ	処　　理
A	何もしなかった。
B	葉の裏側にだけワセリンをぬった。
C	葉の表側にだけワセリンをぬった。
D	すべての葉を切り落とした。

(1) 実験後，フラスコCの
植物の茎と葉の断面を顕微
鏡で観察した。茎と葉それ
ぞれ赤く染まった部分は右
図の①〜④のどこか。

(2) フラスコA〜Dを，水
の減り方が大きいものから順に並べよ。

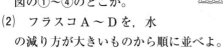
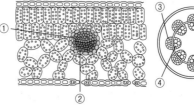

（東京学芸大附高）

*61 [水と養分]

次の文を読み，あとの問いに答えなさい。

植物の茎の中には管の束が数本通っていることが観察される。この束を
　a　とよぶ。この束には2種類の管が通っており，束の内部では茎の　b　
に道管，茎の　c　に師管が通っている。茎から分かれた葉脈も　a　であり，
葉脈の内部は上側と下側に分かれていて，そのうちの　d　側に道管が通っ
ている。葉脈のようすは単子葉類と双子葉類で異なっており，A単子葉類は
　e　脈，双子葉類は　f　脈とよばれている。道管には，葉のすみずみの

細胞に水分を運ぶ役割のほか，水に溶けた□g□などを葉の細胞に運ぶ役割がある。葉に運ばれた水の大部分は気孔から水蒸気として蒸散する。

　通常の植物では，昼には気孔を開き，夜は閉じている。これに対し，B昼には気孔を閉じて夜に開いている植物が何種類も知られており，これらの植物では，C葉の内部に二酸化炭素を貯蔵するしくみがあるのが特徴である。葉の蒸散量を調べる目的で，右図のようにメスシリンダーに水を入れ，そこへ葉のついた枝を切って水にさし，水面をおおうように油を浮かべた。メスシリンダーの目盛りを読み取って水位の変化を調べたところ，蒸散はしているはずだがD水位の変化がほとんどなく，うまく測定できなかった。

(1)　文中の空欄□a□，□e□，□f□に適する語を書け。

(2)　文中の空欄□b□，□c□，□d□に適する語の組み合わせを，次のア〜エから1つ選び，記号を書け。

	b	c	d
ア	中心に近い側	外側に近い側	上
イ	中心に近い側	外側に近い側	下
ウ	外側に近い側	中心に近い側	上
エ	外側に近い側	中心に近い側	下

(3)　下線部のAについて，次のア〜キから単子葉類をすべて選び，記号を書け。

　ア　ツツジ　　　イ　ホウセンカ　　ウ　アヤメ　　　　エ　イチョウ
　オ　キャベツ　　カ　ネギ　　　　　キ　アスパラガス

(4)　文中の空欄□g□に適する語を，次のア〜オから1つ選び，記号を書け。

　ア　酸素　　　　　イ　二酸化炭素　　ウ　窒素化合物
　エ　デンプン　　　オ　糖分

難(5)　下線部Bについて，この植物は特殊な環境で生育するものが多い。それはどのような場所か。簡単に書け。

難(6)　下線部Cについて，このようなしくみを必要とする理由を簡単に書け。

難(7)　下線部Dについて，蒸散量をうまく測定するためにこの実験を改良する方法を3通り答えよ。ただし，気温や湿度・明るさは変えないものとする。

(奈良・東大寺学園高改)

61 (5)昼に気孔が閉じて夜に気孔が開いていると，通常より蒸散量が少ない。
　　　(6)二酸化炭素を必要とするはたらきは光合成である。

^{★★★}*62* ［蒸　散］

次の文章を読み，あとの問いに答えなさい。

植物の蒸散について調べるために，葉の数や大きさが等しいある植物を6個体用意した。そして，それぞれ次の【A】～【F】のように処理して，右図のように試験管に入れ，全体の重さを測定した。その後，それぞれの条件で10時間放置し，重さの減少量を測定したものを右の表にまとめた。ただし，蒸散以外の重さの変化は無視できるものとする。

水面から水が蒸発しないように油を浮かべてある

【A】すべての葉の表側にワセリンをぬり，光が当たる所に放置する。

【B】すべての葉の裏側にワセリンをぬり，光が当たる所に放置する。

【C】すべての葉を取り除いて茎全体にワセリンをぬり，光が当たる所に放置する。

【D】すべての葉の表側にワセリンをぬり，光が当たらない所に放置する。

実験	重さの減少量〔g〕
【A】	a
【B】	b
【C】	c
【D】	d
【E】	e
【F】	f

【E】すべての葉の表側と裏側にワセリンをぬり，光が当たらない所に放置する。

【F】何も処理をせずに，光が当たる所に放置する。

（※ワセリンをぬると気孔がふさがってその部分からの蒸散が起こらない）

以上の結果から，この植物の葉では，①表側よりも裏側のほうが気孔の数が多いと考えられる。また，②この植物の葉では光が当たっているときのほうが，光が当たっていないときより蒸散量が多いということがわかる。

⑴　上の文中の下線部①と②は，どの実験とどの実験を比較するとわかるか。それぞれについて例のように答えよ。（**例：GとH**）

難⑵　次のア，イの量（10時間あたり）をa～fの記号を用いて，それぞれについて例のように表せ。（**例：$g + h - i$**）

　　ア　光が当たっているときの葉の表からの蒸散量

　　イ　光が当たっているときの茎からの蒸散量

⑶　以上の実験の結果から，光が当たっている状態で10時間あたりの蒸散量は，葉の表（0.3g），葉の裏（25.8g），茎（2.6g）であると予想された。表中のaの値は何gであったと考えられるか。数値を答えよ。

（北海道・函館ラ・サール高）

*63 ［葉のつくりとはたらき①］ **＜頻出**

　陸上のある植物の葉の断面と表皮を顕微鏡で観察した。図1は，植物の葉の断面の一部を模式的に示したもので，図2は，同じ植物の葉の表皮の一部を模式的に示したものである。これについて，下の問いに答えなさい。

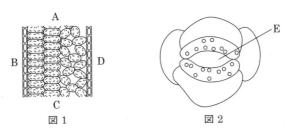

図1　　　　　　　　図2

(1)　次の文は，図1で，葉の表側がAからDのどれであるかを示したものである。①には適当な言葉を，また，②にはAからDのいずれかの記号を当てはめ，この文を完成させよ。

　　「葉の表側は，中に光合成を行う（　①　）のある細胞がぎっしり並んで光を多く受けられるようになっているので，図1の表側は（　②　）である。」

(2)　図2で，Eの部分を何というか，漢字で書け。

(3)　風のあまりない晴れた昼間に，植物のはたらきによって出てくる気体で，図2のEから葉の外に多く出る気体を，次のア～エから2つ選び，その記号を書け。

　　ア　水素
　　イ　酸素
　　ウ　水蒸気
　　エ　二酸化炭素

(4)　図1も図2も顕微鏡で観察した図である。どちらの図の倍率が高いか。次のア～エから1つ選び，その記号を書け。

　　ア　図1
　　イ　図2
　　ウ　同じである。
　　エ　これだけでは判断できない。

(国立高専)

（着眼）

　　62　まず光が当たっている所と当たっていない所に分け，さらに葉の表側・葉の裏側・茎のうちのどこから蒸散できるのかを整理する。
　　63　(1)の①は，図2のEのすき間をつくっている1対の細胞の中にも見られる。この細胞の形が変化することによって，Eのすき間が開いたり，閉じたりする。

★★**64** ［葉のつくりとはたらき②］

ムラサキツユクサの葉を顕微鏡で観察し，葉のつくりを調べた。これについて，あとの問いに答えなさい。

(1) 図1は，葉の断面を観察し，スケッチしたものである。

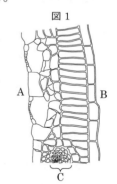

図1

① 葉の表側は，図1のAとBのどちら側か，記号で答えよ。

② ①のように判断できる理由を，次のア～エから1つ選び，記号で答えよ。

　ア　表側の表皮は細胞が薄い。

　イ　表側には長い細胞が並んでいる。

　ウ　表側の表皮には気孔が多い。

　エ　表側の細胞と細胞の間には空間がある。

(2) 図1のCは葉脈の「道管と師管」を示している。

① 「道管と師管の集まり」の名前を答えよ。

② 道管のはたらきを20字以内で答えよ。

(3) 図2は，葉の表皮をはいで，それを観察したときの視野の一部をスケッチしたものである。このとき，葉緑体が含まれている細胞と含まれていない細胞が見えた。

① 図2のように見えるのは，顕微鏡の倍率を何倍にして観察したときか。次のア～エから1つ選び，記号で答えよ。

　ア　10倍　　　イ　40倍　　　ウ　100倍　　　エ　400倍

② 図2の中に描かれている細胞は何個か。

③ 図2の中で葉緑体が含まれていない細胞は何個か。

④ 植物体内の水が気孔から水蒸気となって出ていくことを何というか。漢字で答えよ。

⑤ 図2の中で気孔とよばれる部分はどこか。上の図2の中に気孔の部分を黒鉛筆でぬって示せ。

（広島大附高）

着眼 **64** (3)図2では顕微鏡の視野の境界線の一部を示しているので，顕微鏡の視野と気孔の大きさが対比できる。これより，顕微鏡の視野の中にたくさんの細胞や気孔が見られると考えられる。

65 [茎と葉のつくりとはたらき]

図は，植物の一部を切り取り，切片を作成し顕微鏡で観察したときのスケッチを模式的に示したものである。あとの各問いに答えなさい。

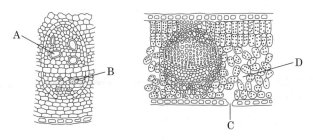

図1 ホウセンカの茎　　　図2 ツバキの葉

(1) AやBの説明として誤っているのはどれか。すべて選べ。

 ア　AとBは，植物の根を食紅などで着色した水につけておくと赤く染まる。

 イ　根から吸収された水分はAを通って葉に運ばれ，光合成などで使われる。

 ウ　光合成でつくられたデンプンは糖になり，Bを通って体の各部分に運ばれる。

 エ　AとBは，根から葉までつながっており，茎ではAはBより内側にある。

 オ　AとBは維管束を形成し，葉では葉脈とよばれる。

(2) Bが集まっているのは図2のどの部分か。黒くぬりつぶせ。

(3) 図2のCの名称を書け。

(4) CやDのすきまの説明として誤っているのはどれか。すべて選べ。

 ア　ホウセンカでは，日中は，Cを通して水分や主に光合成によりつくられた酸素が出ていくが，二酸化炭素は取り入れない。

 イ　アサガオでは，夜間は，Cを通して水分や主に呼吸により発生した二酸化炭素が出ていくが，酸素は取り入れない。

 ウ　Dには余分な水分がたまっていて，Cから水蒸気となって捨てられる。

 エ　Dには，酸素や二酸化炭素，水蒸気が含まれている。

 オ　Cのすきまは，それを取り囲む2つの細胞がふくらんだり縮んだりして調節される。

(東京・筑波大附駒場高)

着眼

65 食紅などで着色した水につけたときに赤く染まるのは，根から吸収した水や水に溶けた養分が通る道管の部分である。また，葉では道管は表側，師管は裏側を通っている。

★★★ 66 ［葉の観察］

一郎君は自由研究に葉の観察をテーマとして選んだ。そこで、校庭に生えていたススキの葉をとり、その表や裏に透明ですぐに乾く接着剤をぬり、乾いてからそれをセロハンテープに貼りつけてはがし、スライドガラスに貼って顕微鏡で観察した。右下図は観察結果をスケッチしたものである。これをもとに、次の問いに答えなさい。

(1) 葉の表や裏には小さい穴がたくさんあり、顕微鏡ではその構造を写し取ったもの(これをAとする)が多数観察された。右図は顕微鏡で観察したとき、接眼レンズをのぞいて見える丸い部分(視野)とともに、描いたものである。この視野の直径を、細かい目盛りのものさしで測定したら0.8mmであった。

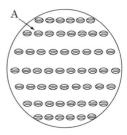

このとき、葉の1mm^{2}あたりにAで示す構造はおよそいくつあるか。最も近いものを選べ。

ア 91　　　イ 111　　　ウ 132　　　エ 163　　　オ 222

(2) 一郎君は、Aで示す構造が葉の表と裏のどちらに多いかを調べるため、長さ約60cmの1枚のススキの葉の裏と表の合計6か所に同様の接着剤をぬり、それらの表面のAの数を顕微鏡で調べた。下の表は、その結果をまとめたものである。

葉の各場所でのAの数

調べた場所	視野内のAの数	
	葉の表側($=a$)	葉の裏側($=b$)
葉の元の部分	86	122
葉の元から20cmの部分	78	85
葉の元から40cmの部分	86	61
3つの場所の平均値	約83	約89

さらに一郎君は葉の表側のAの数をa、裏側のAの数をbとして、$b \div a$の値($=k$とする)を計算し、kの値に関する判定基準を作成した。

一郎君作成の判定基準

> $k < 1$のとき、裏は表より少ない
> $1 \leqq k < 1.1$のときは、裏は表よりやや多い
> $1.1 \leqq k < 1.2$のときは、裏は表よりかなり多い
> $1.2 \leqq k$のとき、裏は表よりきわめて多い

　　　以上の結果とこの判定基準によると，Aで示す構造の観察から結論づけられることは何か。次から選べ。

ア　葉のどの部分でも裏側のAの数は表側よりもやや多い。

イ　葉の表側のAの数は，葉の元から先端にかけて増加している。

ウ　葉のどこでも，裏側のAの数は表側よりかなり多い。

エ　平均値では，裏側のAの数は表側よりもやや多い。

オ　平均値では，裏側のAの数は表側よりもかなり多い。

(難)▶(3)　Aで示す構造が，ススキの葉の表と裏で(2)のように分布している理由に関して，適切なものを選べ。

ア　蒸散はおもに葉の表側で行うから。

イ　葉の裏側は下を向き，光に当たらないことが多いから。

ウ　葉は地面に水平に葉を広げるので，蒸散や光合成がしやすいから。

エ　葉は細長く，茎からあまり離れずに上に立ち上がってついているから。

オ　光は葉の表に多く当たり，裏には当たりにくいから。

(難)▶(4)　Aで示す構造の開閉について述べた次の文のうち，最も適切なものはどれか。

ア　昼夜とも常に開いている。

イ　ふつう昼間はほとんど閉じ，夜になると開く。

ウ　ふつう昼間は開き，夜になるとほとんど閉じる。

エ　不規則に閉じたり開いたりするが，その開閉は昼夜とは無関係である。

オ　昼夜ほとんど閉じているが，蒸散のときに開く。

(5)　ススキの葉の表や裏側に見られたAで示す構造は何とよばれているか。漢字で記せ。

（東京学芸大附高）

(着眼)

　　GG (1)視野の面積を求めると，$(0.3 \div 2)^2 \times 3.14 = 0.8024 [mm^2]$ となる。この中にAは56個見られる。

　　(4)昼夜ともに，呼吸などにより気体の出入りがあるので開いている気孔はあるが，ここで問われているのは，全体としてほぼ開いているか，閉じているかということである。

3 光合成と呼吸

解答 別冊 p.31

*67 ［光合成の条件］ <頻出

次の問いに答えなさい。

右図のⅠのようなふ入りのあるアオキの葉に，Ⅱのようにアルミホイルをかぶせ数時間日の当たるところに放置した。その後，熱湯につけたのち温めたエタノールで処理し，ヨウ素液につけたところ，一部が青紫色に染色された。

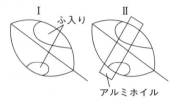

(1) エタノールで処理したのはなぜか，簡潔に述べよ。

(2) 図のⅡで，葉の青紫色に染色されたと思われる部分をぬりつぶせ。

(3) 青紫色に染色されたのは，何が形成されたためか。　　　　（大阪教育大附高池田）

**68 ［光合成と二酸化炭素］

アサガオの葉3枚を用いて光合成の実験を次の手順で行った。以下の問いに答えなさい。

【実験の手順】

① 1本の茎についたアサガオの葉を3枚準備する（それぞれA，B，Cとする）。

② 夕方，アサガオの葉Aには，石灰水をしみこませた綿の入ったビニル袋をかぶせ，口をひもでしばる。アサガオの葉Bにはビニル袋をかぶせ，口をひもでしばる。アサガオの葉Cはそのままにしておく。

③ 翌日，日光をじゅうぶんに当て，昼過ぎに3枚の葉を取り込む。

④ 取り込んだ葉をあたためた薬品Xに浸す。

⑤ 薬品Xから取り出した葉にヨウ素液をつけそれぞれの葉の色を比較する。

(1) A，B，Cの葉はそれぞれ異なった色を示した。それぞれどのような色か。次のア～ウから最も適当なものを選び，記号で答えよ。

　　ア　紫色　　イ　うすい紫色　　ウ　うすい茶色

(2) 3枚の葉の色に違いが出るのは，ある物質が葉にできたからである。その物質名を答えよ。

(3) 薬品 X とは何か。また，薬品 X につけたのは何のためか。その理由を答えよ。

(4) この実験からわかることは何か。20 字以内で説明せよ。 （愛知・滝高）

★★69 ［里山の植物と光合成］

里山は，人によって昔から何度もくり返し伐採され，下草を刈るなど手入れをすることで維持されてきた森林である。図１は，里山の林床にみられるユリ科のカタクリという多年草で，高さ 15cm ほどの茎の先に紅紫色の花を咲かせる。また，図２は，カタクリの１株あたりの根・鱗茎・葉・花の乾燥重量の割合を調べ，それぞれが占める割合〔％〕を，１年間を通して示したものである。これについて，次の問いに答えなさい。

図1

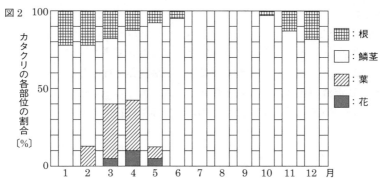

図2

- ▦ ：根
- □ ：鱗茎
- ▨ ：葉
- ■ ：花

(1) カタクリの葉脈と根の特徴をそれぞれ３字で答えよ。

(2) カタクリが光合成を行うのは何月から何月までか。

(3) 里山が放置されて人手が入らなくなると，カタクリは生きていくことができなくなる。それはなぜだと考えられるか。その理由を，次の〔　　　〕の中の用語をすべて用いて，30 字以内で答えよ。ただし，解答に用いた３つの用語にすべて下線を引くこと。

〔　光合成　・　カタクリ　・　下草　〕

（大阪・清風南海高）

着眼

67 (1)最後に，ヨウ素反応を調べなければならない。

68 二酸化炭素は石灰水や水酸化カリウム水溶液，水酸化ナトリウム水溶液などのアルカリ性の水溶液に非常によく溶ける。

69 (2)光合成は，おもに葉で行われる。

★★ **70** ［水草の光合成と呼吸］

　4本の試験管A〜Dを用意し，そのうちの2本の試験管CとDに同じ長さに切った水草を入れた。次に，BTB溶液を加えて緑色にした水道水をすべての試験管に満たしてゴム栓をした。さらに，水草を入れた試験管Dと水草を入れていない試験管Bの外側をアルミニウムはくで完全に包み，光が入らないようにした。そして，4本の試験管の外側から同じように光を当てたところ，1本の試験管の中の水草の茎からさかんに気泡が発生しはじめた。6時間光を当て続けた

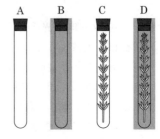

ところ，4本の試験管のうち2本だけBTB溶液の色が変化していた。次の各問いに答えなさい。

(1)　色が変化した試験管はどれとどれか。また，その変化後の色をそれぞれ答えよ。

(2)　色が変化した試験管のうちの1本は，うすい塩酸をごく少量加えたところ，BTB溶液をもとの緑色に近い色にもどすことができた。このBTB溶液を使って，もう一度この試験管だけで同じ実験操作を行ったところ，試験管中のBTB溶液の色は，ほとんど変化しなかった。なぜ変化しなかったのか，はじめの実験のときと比べて，その理由を簡単に答えよ。

(東京・筑波大附駒場高)

★★ **71** ［光合成のしくみ］

　光合成は，次の関係図で表すことのできる植物の重要なはたらきの1つである。これについて，【実験Ⅰ】および【実験Ⅱ】を行った。あとの問いに答えなさい。

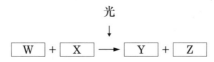

着眼

70 BTB溶液は，酸性で黄色，中性で緑色，アルカリ性で青色を示す。また，うすい塩酸を加えるまでは，BTB溶液の色は二酸化炭素の増減によって変化したと考えられる。

【実験 I】

I－①　試験管Aには呼気だけを吹き込み，ゴム栓をする。試験管Bにはタンポポの葉を入れ，さらに呼気を吹き込み，ゴム栓をする。

I－②　試験管Aおよび試験管Bに30分間直射日光を当てる。

I－③　それぞれの試験管においてゴム栓を少し外してこまごめピペットで石灰水を入れ，すばやくゴム栓をする。

I－④　よく振り，試験管Aおよび試験管Bの中の溶液のようすの違いを観察する。

(1)　I－④の結果，試験管Aの中の溶液のようすは試験管Bと比べてどのような違いがあるか答えよ。

(2)　(1)の違いは，実験 I－②における試験管中の物質 W の量の違いによる。物質 W の名称を答えよ。

【実験 II】

II－①　ふ入りのコリウスの葉の一部をアルミはくでおおい，日光をじゅうぶんに当てたあと，熱湯に入れる。

II－②　熱湯から取り出し，あたためたアルコールにつける。

II－③　水につけてやわらかくしたあと，ヨウ素液につける。

(3)　II－③の結果，(a)日光を当てた葉のふの部分，(b)日光を当てた葉の緑色をしていた部分，(c)アルミはくでおおった葉のふの部分，(d)アルミはくでおおった葉の緑色をしていた部分の色はそれぞれどのように変化するか，または変化しないか。次のア～オから1つ選び，それぞれについて記号で答えよ。

　　ア　変化しない。　　　　イ　黒色になる。

　　ウ　黄緑色になる。　　　エ　赤色になる。

　　オ　青紫色になる。

(4)　(3)でヨウ素液につけたときに色が変わったのは，その部分に物質 Z が生じたためである。物質 Z の名称を答えよ。

(5)　前ページの関係図中の物質 X ，物質 Y の名称をそれぞれ答えよ。

（京都・同志社高）

⟨着眼⟩

71 Wは石灰水を変化させる物質，Zはヨウ素液の色を変化させる物質である。また，XはW以外の光合成の材料で，YはZ以外の光合成によってつくられる物質である。

★★72 ［光の当たり方と植物の成長］

次の実験Ⅰ，Ⅱを読み，あとの問いに答えなさい。

【実験Ⅰ】 2種類の植物A，Bがあり，これらの植物はいずれも春に種子が発芽し，秋に開花し種子をつくり終え，冬には枯れる。このA，Bを用いて次の手順で「植物の形と光の当たり方の関係」について調べた。

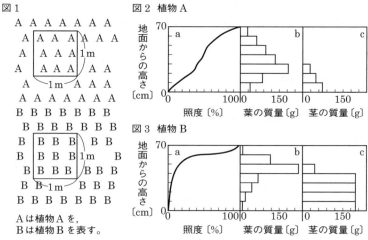

図1
図2 植物A
図3 植物B
Aは植物Aを，
Bは植物Bを表す。

① 日なたにAだけがまとまって生えている場所に，一辺が1mの正方形の実験区を設けた。また，Bに対しても同じような実験区を設けた（図1）。

② 植物の最上部の照度（明るさ）を100％として，実験区内の照度をさまざまな高さで測定しグラフにした（図2のaと図3のa）。

③ 実験区内の植物を地面から10cmごとの高さに区切って層とした（図4）。それぞれの層の中にある植物の葉と茎の質量をそれぞれグラフにした（図2のb，cと図3のb，c）。

図4
高さ10cmごとの層
1m

(1) 次の文は，植物AとBの特徴について比較したものである。□1□，□2□にはそれぞれA，Bのどちらかが入る。□1□，□2□に入る組み合わせとして最も適切なものを，下のア～エから1つ選び，記号で答えよ。

・植物全体で，葉の質量に対する茎の質量の割合が小さいのは植物□1□である。

・より多くの光が，葉が最もよくしげっている層まで届いているのは植物□2□である。

	ア	イ	ウ	エ
1	A	A	B	B
2	A	B	B	A

(2) 植物 A，B は単独で育てた場合，高さ，成長速度ともに同じであるとする。このような植物 A，B を，同じ実験区内に混ぜて植え，競争させた。5 か月後により大きく成長しているのはどちらか。最も適切なものを次のア〜ウから 1 つ選び，記号で答えよ。

　ア　A　　　　イ　B　　　　ウ　どちらも同じである

(3) 次の a 〜 e の各植物について実験 I のような実験を行いグラフを作成したところ，いずれも図 2 か図 3 のどちらかに似ていた。図 2 に似ていたと考えられる植物を選んだ組み合わせとして最も適切なものを，下のア〜コから 1 つ選び，記号で答えよ。

　a　アヤメ　　　b　ダイズ　　　c　ススキ　　　d　ヒマワリ　　　e　ホウセンカ
　ア　a,b　　　イ　a,c　　　ウ　a,d　　　エ　a,e　　　オ　b,c
　カ　b,d　　　キ　b,e　　　ク　c,d　　　ケ　c,e　　　コ　d,e

【実験 II】　ある植物がじゅうぶんに成長するためにはどのくらいの土地が必要か調べるために，次のような実験を行った。100m² の土地を 7 区画用意し，ある植物の苗を表 1 に示すように各区画に密度を変えて植えた。成長したあと，植物全体を掘り起こし質量を測定した。

表1

1区画に植えた苗の数〔本〕	50	100	200	400	800	1200	1600
1個体あたりの平均の質量〔g〕	895	895	895	788	394	263	197

　※ここで 1 個体とは，同じ 1 つの苗から成長した植物のことである。

(4) 1 区画に植えた苗の数が 400 本以上のときは，1 区画に植えた苗の数と 1 個体あたりの平均の質量は（　　）の関係にある。（　　）内に適する用語を答えよ。

(5) 1 区画に植えた苗の数と 1 個体あたりの平均の質量の関係がわかるように，表 1 のデータを右のグラフに表せ。

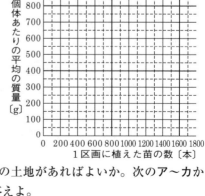

(6) この植物がじゅうぶんに成長するためには，1 個体あたり最低何 m² の土地があればよいか。次のア〜カから最も近いものを 1 つ選び，記号で答えよ。

　ア　352　　　イ　3.52　　　ウ　2
　エ　0.5　　　オ　0.3　　　カ　0.1

（千葉・東邦大付東邦高）

$\overset{\bigstar\bigstar\bigstar}{73}$ ［呼吸と光合成］

エンドウの発芽種子（発芽しかけの種子）はさかんに呼吸を行い，たくわえたデンプンを分解している。以下のような実験を行った。これについて，あとの問いに答えなさい。

【実験1】

　　フラスコ①のほうからゆっくり空気を5分間送ったところ，フラスコ③の中の青緑色のBTB溶液の色が緑色に変化した。次に，実験1で緑色に変化したBTB溶液を使って実験2，3を行った。

実験1

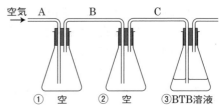

【実験2】

　　日のよく当たるところで①に発芽種子，②に緑色の葉を入れて，①のほうからゆっくり空気を送ったところ，5分後も③のBTB溶液の色は緑色のままであった。

実験2

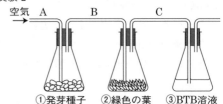

【実験3】

　　日のよく当たるところで①に緑色の葉，②に発芽種子を入れて，①のほうからゆっくり空気を送ると，5分後に③のBTB溶液の色は黄色に変わった。

実験3

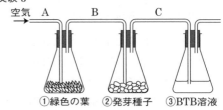

(1) 実験3で，BTB溶液を黄色に変えた気体は何か。

(2) 実験2で，ガラス管A，B，Cを通る(1)の気体の量を比較したときどのようになっているか。次のア～オのうち正しいものを1つ選び，記号で答えよ。

　ア　A＞B＞C

　イ　A＞B＝C

　ウ　B＞A＝C

　エ　B＞A＞C

　オ　B＝C＞A

難 (3) 実験3を温度を変えないで暗室で行うと，日のよく当たるところで実験をしたときよりも，BTB溶液の色が黄色になるまでの時間が短くなった。このことから考えられることを次のア〜オから1つ選び，記号で答えよ。

ア　暗室のほうが，種子の行う呼吸の量が多くなった。

イ　暗室のほうが，種子の行う呼吸の量が多くなり，葉の行う呼吸の量もふえた。

ウ　種子の行う呼吸の量は変わらないが，葉の行う呼吸の量がふえた。

エ　種子の行う呼吸の量は変わらないが，葉の光合成が止まったため葉の行う呼吸の量の分だけふえた。

オ　種子の行う呼吸の量は葉の行う光合成が止まったため減ったが，種子の呼吸の量と葉の行う呼吸の量を合わせたものは，日のよく当たるところで行う種子の呼吸の量より多くなった。

【実験4】

　エンドウの発芽種子を入れた下図のような装置Ⅰ・Ⅱの2つを用意した。Ⅰの副室には10％水酸化カリウム(KOH)水溶液(二酸化炭素を強力に吸収する性質がある)を入れ，Ⅱの副室は空にしておく。適温に保った実験室で，装置内の気体の体積の変化を図のガラス管内の色素液の移動距離で1時間測定した。

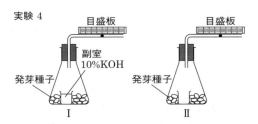

難 (4) エンドウの種子は，たくわえたデンプンを分解するために，ヒトのだ液に含まれる消化酵素と同じものを用いている。この消化酵素を何というか。

(5) 装置Ⅰ・Ⅱで，測定できる気体の体積の変化はそれぞれ何を示していると考えられるか。簡潔に答えよ。

（愛媛・愛光高）

答呪

73 発芽種子は呼吸しか行わないので，酸素を吸収して二酸化炭素を放出する。緑色の葉は，日光が当たるところでは呼吸と光合成の両方を行うが，光合成のほうがさかんである。実験2では，発芽種子の呼吸によって放出された二酸化炭素は，すべて緑色の葉が光合成をするために吸収したと考えられる。

72

4 消化と吸収

*74 ［消化酵素①］ **＜頻出**

次の各問いに記号で答えなさい。なお，「すべて選べ」とあるが，解答が1つだけの場合もある。

(1) 次の文章中の（　）にあてはまる語句を，ア～オからすべて選べ。

いくつかの消化酵素のはたらきで，デンプンはブドウ糖にまで分解されるが，（　　）の消化酵素はその1つである。

ア　胃液中　　　　イ　すい液中　　　　ウ　だ液中

エ　胆汁中　　　　オ　小腸の壁

(2) 次のア～クのなかから，胃液に含まれる消化酵素で分解される物質をすべて選べ。

ア　デンプン　　　イ　アミノ酸　　　　ウ　脂肪酸

エ　ブドウ糖　　　オ　タンパク質　　　カ　モノグリセリド

キ　脂肪　　　　　ク　アンモニア

(東京・お茶の水女子大附高)

*75 ［脂　肪］ **＜頻出**

脂肪について誤って述べたものを，次のア～オから1つ選んで記号で答えなさい。

ア　脂肪はゴマなどに多く含まれている。

イ　食物中の脂肪は，すい液中の消化酵素によって消化される。

ウ　胆汁には，脂肪の消化を助ける性質がある。

エ　脂肪が消化されると，脂肪酸とモノグリセリドになる。

オ　消化された脂肪は，小腸にある柔毛の毛細血管に吸収される。

(長崎・青雲高)

*76 ［消化と吸収のしくみ］ **＜頻出**

次の(1)～(4)の説明文は，ヒトの体内における消化と吸収のしくみに関するものである。各説明文中の下線部が正しければ○と答え，誤っていれば正しい語句に直しなさい。

着眼

74 1種類の消化酵素は1種類の物質のみにはたらきかけるが，消化液によっては，数種類の消化酵素を含むものもある。

(1) _(a)だ液はペプシンという酵素を含み，_(b)デンプンを分解する。

(2) 脂肪はすい液中の消化酵素のはたらきで，_(a)アミノ酸と_(b)モノグリセリドに分解される。

(3) ブドウ糖とアミノ酸は小腸の_(a)柔毛から吸収され，_(b)リンパ管に入る。

(4) _(a)肝臓でつくられて胆のうから出される胆汁には，消化酵素は含まれていないが，_(b)タンパク質の消化を助けるはたらきがある。

（京都女子高）

*77 ［消化器官］ ◀頻出

右図はヒトの消化に関係する器官を模式的に示している。次の(1)～(4)の問いに答えなさい。

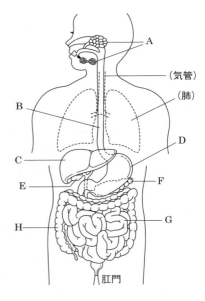

(1) デンプン（炭水化物）を消化する液を出す器官を図中のA～Hから3つ選び，それぞれ記号と器官の名前を答えよ。

(2) 脂肪は最終的に何と何に分解され，吸収されるか。次のア～オのうちから2つ選び，記号で答えよ。

　ア　モノグリセリド
　イ　グリコーゲン
　ウ　ビタミン
　エ　アミノ酸
　オ　脂肪酸

(3) タンパク質が分解されたものはGの柔毛とよばれる部分で吸収され，何という管に入ったのち，全身に運ばれるか。その管の名称を答えよ。

(4) 物を食べると，意識には関係なく自然に消化液が分泌される。このようなはたらきを何というか。漢字で答えよ。

（大阪・関西大第一高）

77 (1)デンプンが消化されてできた物質も炭水化物なので，その物質を消化する液を出す器官も含む。

*78 ［小腸と消化・吸収］ ＜頻出

下図は，小腸の内側の表面に多数見られる突起を模式的に示したものである。
ヒトの消化，栄養分の吸収に関する以下の各問いに答えなさい。

(1) 図の突起の名称を答えよ。

(2) 如水君は，朝食でトーストにバターをぬって食べ
た。一方，深町君は，ご飯と納豆を食べた。食べた
ものは消化管の中で分解され，それぞれ，トースト
はおもに（ a ）に，バターはおもに（ b ）に，ご飯
はおもに（ c ）に，納豆はおもに（ d ）になった。

　上文中のa〜dにあてはまるものを，下のア〜ウ
から選び，記号で答えよ。ただし，同じものを2回
以上選んでもよいものとする。

ア　ブドウ糖

イ　アミノ酸

ウ　脂肪酸とモノグリセリド

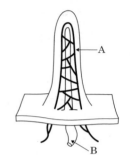

(3) アミノ酸は小腸で吸収され，図のA，Bのどちらへ送られるか。

（広島・如水館高）

*79 ［消化のしくみ］ ＜頻出

動物は，口から食物を取り入れたあと，消化吸収する。下の図はヒトの体に
おける消化吸収のようすを示したものである。図中のa，b，cは炭水化物（デ
ンプン），脂肪，タンパク質のいずれかを示す。あとの各問いに答えなさい。

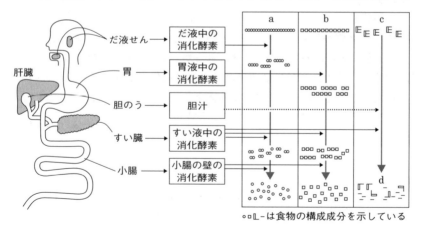

○□∟–は食物の構成成分を示している

(1) a, b, cの物質のうち, タンパク質を表しているのはどれか。記号で表せ。

(2) cが分解してできるdは何と何か。それぞれ物質名を答えよ。

(福岡・西南学院高)

★★80 [ヒトの内臓と消化液]

次の問いに答えなさい。

(1) 右の図は, ヒトの内臓のつくりの一部を示 したものである。図中のA, B, Cの名称と して正しい組み合わせを, 次のア~カから1 つ選べ。

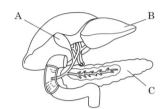

ア (A, B, C) = (肝臓, 胆のう, すい臓)

イ (A, B, C) = (肝臓, すい臓, 胆のう)

ウ (A, B, C) = (胆のう, 肝臓, すい臓)

エ (A, B, C) = (胆のう, すい臓, 胃)

オ (A, B, C) = (すい臓, 肝臓, 胃)

カ (A, B, C) = (すい臓, 肝臓, 胆のう)

(2) ヒトの消化液のはたらきについて, 正しく述べている文を, 次のア~カ から1つ選べ。

ア タンパク質は, 胆汁により分解されやすい状態にされ, すい液によって モノグリセリドとアミノ酸に分解される。

イ タンパク質は, 胃液によりペプシンとアミノ酸に分解される。

ウ タンパク質は, 胃液によりペプシンに変化する。

エ 脂肪は, 胆汁により分解されやすい状態にされ, すい液により脂肪酸と モノグリセリドに分解される。

オ 脂肪は, 胆汁により分解されやすい状態にされ, すい液により脂肪酸と アミノ酸に分解される。

カ 脂肪は, 胃液により分解されやすい状態にされ, すい液により脂肪酸と アミノ酸に分解される。

(三重・高田高)

着眼

78 (2)パンや米飯にはデンプンが, 固形の乳製品には脂肪が, ダイズにはタンパク質 がおもに含まれている。

79 aはだ液がはたらきかける栄養分, bは胃液がはたらきかける栄養分, cは胆汁が はたらきかける栄養分である。

★★*81* ［消化酵素②］

　動物は食べ物の中に含まれている栄養を消化吸収するために，消化酵素を含むだ液や胃液などの消化液を分泌している。

(1)　①だ液および，②胃液に含まれる消化酵素は何か。

(2)　草食動物の食べ物に最も多く含まれる栄養となる物質は何か。また，その物質を消化する消化酵素を含む消化液は，だ液・胃液のいずれか。

（大阪教育大附高池田）

★★★*82* ［草食動物の消化器官］

　草は繊維質の多い食べ物で消化しにくいので，草だけを食べる草食ホニュウ類は長く太い消化管をもつことが多い。植物細胞には，細胞膜の外側に動物細胞にはない（　①　）がある。草食ホニュウ類は，本来この成分を消化する酵素をつくることができない。そこで，これを消化できる酵素をつくることのできる細菌類などの微生物を消化管内にすまわせ，その微生物の消化するはたらきを利用している。

　ウシの胃は，第１胃〜第４胃とよばれる４つの部屋に分かれている。最初に口から取り入れた草は第１胃にたくわえられ，すでにここに存在している生きた細菌類などの微生物によって分解される。第２胃に移動した内容物はその後口へ押しもどされ，かみ砕かれて飲み込まれて再び第１胃にもどる。このように，長時間かけて微生物による草の分解が進められ，その栄養分はほとんどが微生物に吸収される。やがて第３胃に移動した内容物は水分を吸収された後，第４胃に移動する。ここは肉食ホニュウ類がもつ胃と同じはたらきをもつ。すなわち（　②　）という消化酵素によって内容物の消化が進む。小腸へ送られた内容物はさらに消化酵素の作用を受けた後に栄養分として吸収される。

　一方，ウサギの胃は，ウシのような部屋には分かれておらず比較的小さい。胃や小腸で充分に吸収されない草は，小腸と大腸の境界部から分かれて突出している袋状の盲腸（もうちょう）で，細菌類などとあわさり，ここで分解が進められる。その後，内容物は大腸を通って柔らかい糞（ふん）として肛門から出される。

(1)　文中の（　①　），（　②　）に入る最も適当な語を答えよ。

(2)　ウシの食べた草の栄養分のほとんどがウシではなく微生物に吸収されるとしたら，ウシは何を消化して栄養分を得ていると考えられるか。

着眼
82　(1)②ヒトの胃液に含まれる消化酵素と同じである。
　　　(2)栄養分をもっているものを消化する。

難▶(3) ウサギは自分の出した柔らかい糞を直ちに食べる行動がふつうに見られる。ウサギの消化と吸収に関係して考えられることを次からすべて選べ。

ア　胃は肉食ホニュウ類と同じような大きさである。

イ　大腸では，栄養分の消化と吸収のはたらきがほとんど見られない。

ウ　体のわりに，ヒトより長い盲腸をもつ。

エ　盲腸から出た内容物は，いったんは大腸や小腸や胃まで押しもどされる。

オ　ウシの出した糞もウサギは有効に利用できる。

（東京・筑波大附駒場高）

★★83 ［栄養とエネルギー源］

ヒトの栄養とエネルギー源に関する次の文を読み，下の各問いに答えなさい。

ヒトが生きていくために必要な栄養分には，炭水化物，タンパク質，脂肪そして（　①　）ならびに水を含む無機物があげられる。はじめの4つの栄養素は，生物そのものとその遺体や排出物に含まれているが，水を含む無機物とは違って生物自身がつくりだしたものである。

また，ヒトを含む動物は，<u>生きるために必要なエネルギー</u>を，おもに食物として取り込んだ炭水化物を分解して得ている。

ヒトが食物として利用している炭水化物は，おもに植物が種子や根や地下茎にたくわえているデンプンである。食物として取り込んだデンプンは，消化酵素の（　②　）と（　③　）の作用により，デンプン→麦芽糖→ブドウ糖と順に分解され，小腸で吸収されて血管に入り，血液によって全身の細胞に運ばれてエネルギー源として利用されている。

(1)　文中の空欄①～③に適当な語句を入れよ。

(2)　文中の下線部の作用を何というか。

（福岡・久留米大附設高改）

★★84 ［消化と吸収のしくみを調べる実験］

　だ液による消化のはたらきを調べるために次の実験を行った。下の文を読んで問いに答えなさい。

【操作1】　水でうすめただ液とそれを沸騰させて冷ましたものを用意し，そのそれぞれを 1cm³ ずつ管ビンに入れ，そこにうすめたデンプン溶液を 10cm³ 入れた。また，だ液の代わりに水を入れたものも用意した。

【操作2】　それぞれの管ビンを右の図のように 40℃ と 15℃ の水の入ったビーカーに 10 分間つけて反応させた。それをまとめたものが下記の表である。

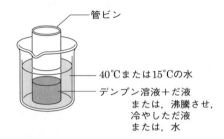

管ビン

40℃または15℃の水

デンプン溶液＋だ液
または，沸騰させ，
冷やしただ液
または，水

	材　料	反応液	反応温度
ア	デンプン溶液	水でうすめただ液	40℃
イ	〃	〃	15℃
ウ	〃	水でうすめただ液を沸騰させたもの	40℃
エ	〃	〃	15℃
オ	〃	水	40℃
カ	〃	〃	15℃

⑴　口中で起こるだ液の消化を調べる実験のモデルとして，どれとどれを比較すればよいか。ア～カから2つ選べ。

【操作3】　ア～カのそれぞれの反応液を下の図のようにセロハン膜でできた袋に入れ，水の入ったビーカーにつけた。30 分後，セロハン膜の袋の内液と外液を試験管にとって，それぞれヨウ素液とベネジクト液の色の変化を調べた結果が次のページの表である。＋は色の変化があざやかにでたもの，±は少し変化したもの，－はまったく変化しなかったことを示している。

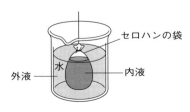

セロハンの袋

外液　　水　　内液

管ビン	ア		イ		ウ		エ		オ		カ	
内液と外 液の区別	内 (a)	外 (b)	内 (c)	外 (d)	内 (e)	外 (f)	内 (g)	外 (h)	内 (i)	外 (j)	内 (k)	外 (l)
ヨウ素液	−	−	+	−	+	−	+	−	+	−	+	−
ベネジク ト液	±	+	±	±	−	−	−	−	−	−	−	−

(2) ベネジクト液を反応させるにはどのような操作を行えばよいか。そのと
きに試薬以外に必要なものを含めて答えよ。

(3) ヨウ素液およびベネジクト液はそれぞれ何色に変化したか。下から選ん
で記号で答えよ。

　　ア　黄色　　　　イ　赤褐色　　　　ウ　緑色　　　　エ　無色
　　オ　黒色　　　　カ　白色　　　　キ　青紫色

(4) だ液に含まれている消化酵素の名前を答えよ。

(5) 消化酵素のはたらきは温度によってどう変わるか。40℃と15℃の反応を
比較して答えよ。

(6) 沸騰させて冷やしただ液の消化酵素のはたらきはどうなったか答えよ。

(7) セロハン膜はヒトのある器官のはたらきをモデル化したものである。そ
の器官を下から記号で選び，さらにそのはたらきを行っているのはその器官
のどの構造かを答えよ。

　　ア　胃　　　　イ　肝臓　　　　ウ　大腸　　　　エ　すい臓
　　オ　心臓　　　　カ　小腸　　　　キ　腎臓

(8) セロハンの膜の穴の大きさをxとし，デンプン分子の大きさをy，糖分子
の大きさをzとすると，その大きさの関係はどのようになるか。下から選ん
で記号で答えよ。

　　ア　$x<y<z$　　　　イ　$z<y<x$
　　ウ　$y<x<z$　　　　エ　$z<x<y$
　　オ　$x<z<y$　　　　カ　$y<z<x$

（大阪教育大附高池田）

着眼

84 (3)外液で反応したものは，内液からセロハンの袋を通りぬけて出てきた物質であ
る。

5　呼吸・排出・血液とその循環

解答 別冊 p.38

*85 ［エネルギーを取り出すはたらき］ ＜頻出

　生物は有機物を分解することによって，生活活動のエネルギーを取り出している。このようなはたらきを何というか。漢字で答えなさい。

（千葉・東邦大付東邦高）

*86 ［血液の循環］

　次の文中の下線部(1)，(2)，(3)のうち，正しいものには○，誤っているものには×と答えなさい。

　ヒトの体循環における静脈は，動脈に比べて，(1)血管の壁が薄く，逆流しないようにところどころに弁をもつ。一方肺循環で動脈を流れる血液は，静脈を流れる血液に比べて(2)酸素を多く含んでいる。また，(3)肺循環では二酸化炭素が，体循環では尿素が体外へ捨てるために取り除かれる。

（東京・お茶の水女子大附高）

*87 ［器官のはたらき］ ＜頻出

　次の文章ア〜ウのうち，誤りがある文章の記号をすべて書きなさい。

ア　じん臓には体内で生じたアンモニアを尿素に変えて体外に排出する「排出器」としてのはたらきもある。

イ　肝臓は「養分流通センター」的なはたらきや，「有害物処理場」的なはたらきや，「胆汁生産工場」としてのはたらきなど，他にも，さまざまなはたらきをしている。

ウ　赤血球は内部にヘモグロビンを含んでいて，体内に取り込まれた空気中の酸素を取り込み全身の細胞に運び，その後，細胞で生じた二酸化炭素を取り込み肺まで運搬して，呼気とともに体外に排出するはたらきをもつ特殊な細胞である。

（愛知・東海高改）

着眼

85 酸素を使って有機物を分解する。
86 体循環の動脈と肺循環の静脈，体循環の静脈と肺循環の動脈を流れる血液成分がそれぞれ近い。

★★88 ［呼吸・循環・排出］ ◀ 頻出

ヒトの体について書かれた次の文章を読んで，あとの問いに答えなさい。

ヒトの体の中は ア という膜（まく）によって上下に分けられている。 ア の上には心臓と肺があり，下にはその他の器官があって一定の位置を保っている。

(1) アの名称を記せ。

(2) 心臓は4つの部屋からできているが，肺から送られてくる血液が最初に入る部屋の名称を記せ。

(3) 気管は肺の中で細かく枝分かれして，最後は小さな部屋になっている。その部屋の名称を記せ。

(4) じん臓のはたらきについて述べた次のア～オから，誤っているものを1つ選べ。

　ア　血液に含まれるタンパク質の量を調節する。

　イ　血液内の塩分濃度を調節する。

　ウ　体内の水分の量を調節する。

　エ　血液中の有害物質を体外へ出す。

　オ　血液内の糖分を排出しないようにしている。

(5) 肝臓のはたらきについて述べた次のア～オから，誤っているものを1つ選べ。

　ア　古くなった赤血球を分解する。

　イ　血液内の栄養分の調節をする。

　ウ　タンパク質を分解する消化液をつくる。

　エ　小腸から来た血液中の養分を一時たくわえる。

　オ　脂肪の消化液である胆汁をつくる。

（愛媛・愛光高）

★★89 ［養分の分解］

全身の細胞では，養分が分解されて，エネルギーが生産されたり，いろいろな物質がつくられる。このとき，分解産物として水，二酸化炭素，アンモニアが生成されるのは次のどの物質か。ア～オより1つ選びなさい。

ア　デンプン　　　イ　脂肪　　　　　ウ　タンパク質
エ　ブドウ糖　　　オ　モノグリセリド

（福岡大附大濠高）

着眼

　　　　88 血球成分や分子が大きいものは，じん臓でろ過されない。
　　　　89 アンモニアの分子には，窒素原子が含まれている。

★*90* [肺のつくりと気体の交換]

ヒトは肺で呼吸している。下の図は肺の模式図である。あとの問いに答えなさい。

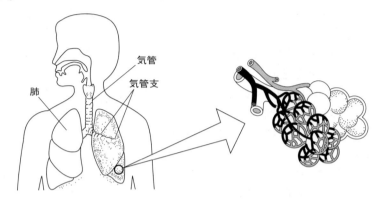

(1) 肺は小さな袋が多数集まってできている。この小さな袋の名称を答えよ。

(2) (1)の小さな袋の内側の表面積は 0.09mm² であるとすると，2 つの肺の表面積は畳何畳分になるか計算せよ。ただし，肺 1 つは 3 億個の小さな袋から構成されており，畳 1 畳は 1.6m² とする。答は，小数点以下第 1 位を四捨五入して整数で答えよ。

(3) 肺では，二酸化炭素が排出され酸素が吸収される。血液において，二酸化炭素と酸素を運搬するものを下のア～オからそれぞれ選び，記号で答えよ。

ア　赤血球　　　　　イ　白血球　　　　　ウ　血小板

エ　血しょう　　　オ　アミノ酸

(4) ヒトの体では，二酸化炭素のほかにアンモニアといった不要物が生成される。アンモニアの排出に関する下の文章の空欄に適する語を答えよ。

> アンモニアは(①)で害の少ない(②)に変えられ，(③)でろ過されて尿中に排出される。

（広島・近畿大附福山高）

着眼

90 (2) 1m は 1000mm なので，1m² は 1000000mm² である。

0.09×300000000÷1000000×2＝54〔m²〕

☆☆*91* ［心臓のつくりとはたらき］

図1は，心臓の構造を模式的に示したものであり，図2は心臓の断面を模式的に示したものである。図1と図2で同じ記号は，同じ血管を示している。

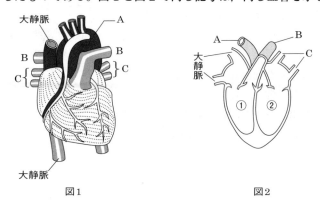

図1　　　　　　　　　　　　図2

(1) 次のア～カのうち，血管AとBのそれぞれに関するものをすべて選び，記号で答えよ。

　ア　心臓から全身に向かう血液が流れている血管

　イ　全身から心臓にもどる血液が流れている血管

　ウ　心臓から肺に向かう血液が流れている血管

　エ　肺から心臓にもどる血液が流れている血管

　オ　酸素は少なく，二酸化炭素を多く含む血液が流れている血管

　カ　二酸化炭素は少なく，酸素を多く含む血液が流れている血管

(2) 図2の心臓の①と②の部分の外側の筋肉の厚さは実際にはどうなっているか。次のア～ウから正しいものを1つ選び，記号で答えよ。

　ア　①のほうが厚い。

　イ　②のほうが厚い。

　ウ　①と②は同じ厚さ。

(3) 図3は，カエルの心臓の断面を模式的に示したものである。ヒトの心臓はカエルの心臓と異なり，図2のように①と②の部分をしきる壁があるために，効率よく全身に酸素を送ることができる。その理由を答えよ。　　　　　　　　　　　〔京都女子高〕

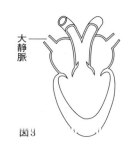

図3

　　91 (2)心臓からは，肺や全身に血液が送り出される。肺へ送り出すよりも全身へ送り出すほうが大きな力が必要なので，筋肉も厚くなる。

★★**92** [血液の成分] ◀頻出

右の図は，顕微鏡で血液を観察したときに見
られた血液の成分を１つずつ模式的に示したも
のである。次のア〜エの文は，①〜④の説明で
ある。それぞれどの説明か。ア〜エの記号で答
えなさい。

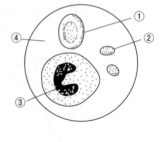

ア　体内に侵入した病原体や異物を除く。

イ　組織の細胞へ酸素を運ぶ。

ウ　組織から出された二酸化炭素や，ブドウ糖などの栄養分を運ぶ。

エ　これが壊れることで血液が凝固する。

（大阪・清風南海高）

★★**93** [ヒトの循環系と血液の成分] ◀頻出

右の図は，ヒトの体の一部の器官と，循環系の一
部を模式的にかいたものである。この図に関して次
の各問いに答えなさい。

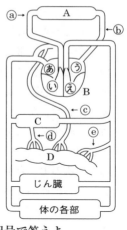

(1)　A〜Dの器官の名称を漢字で答えよ。

(2)　Bのあ，えの部屋の名称を漢字で答えよ。

(3)　ヒトの消化管（口から肛門まで）の全長は，成人
　でおよそ何mくらいか。次のア〜オから選び，
　記号で答えよ。

　　ア　3m　　　　**イ**　5m　　　　**ウ**　10m

　　エ　20m　　　**オ**　30m

(4)　Dの全表面積（柔毛の表面突起も含める）は，成
　人ではおよそどのくらいか。次のア〜エから選び，記号で答えよ。

　　ア　卓球台　　　　　　　　**イ**　テニスコート

　　ウ　サッカーグラウンド　　**エ**　野球場

(5)　食事をすませて3〜4時間後の血液などの成分を調べた。次の①〜③の
　答を，あとのア〜コから選び，記号で答えよ。

　①　ⓓ，ⓔ内の成分を比較したとき，ⓓ内により多く含まれている物質を2
　　つ選べ。

　②　ⓒ，ⓓ内の成分を比較したとき，ⓒ内により多く含まれている物質を1
　　つ選べ。

③ ⓐ，ⓑ内の成分を比較したとき，ⓐ内により多く含まれている物質を1つ選べ。

ア 糖(ブドウ糖)　　イ デンプン　　ウ タンパク質
エ アミノ酸　　　　オ 脂肪　　　　カ ヘモグロビン
キ ナトリウム　　　ク 酸素　　　　ケ 二酸化炭素
コ 窒素

(6) 図のCのはたらきに関する次の文のア～オ内に適する名称を答えよ。

Cで合成され（　ア　）に貯蔵されている（　イ　）は（　ウ　）を小さな粒にして，消化酵素のはたらきを助ける。デンプンは消化器官で最終的に（　エ　）にまで分解され，Cで（　オ　）に合成されて貯蔵される。

(東京・開成高)

★**94** ［魚類の呼吸器官と肺呼吸のしくみ］

次の問いに答えなさい。

(1) 図1は，ニシンやタラのえらの模式図である。えらの構造が，くしのようになっているのは，呼吸においてどのような利点があるか。15字以内で答えよ。(句読点は字数に数える)

図1

(2) ニシンやタラがえらで呼吸するのに対して，ヒトは肺で呼吸する。風船を肺と仮定して，図2のような装置をつくり，呼吸のしくみを考えた。呼吸について述べた次の文章のa～cにそれぞれ適当な語または数値を入れよ。

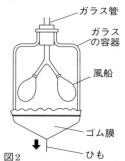

ガラス管
ガラスの容器
風船
ゴム膜
図2
ひも

この装置のひもを矢印の向きに引くと風船がふくらみ，ゆるめるともとの状態にもどる。ヒトの場合には，（　a　）がゴム膜と同じはたらきをする。また，あるヒトが1回の呼吸において肺から吸った息に含まれる酸素の量は $114.8cm^3$，吐いた息に含まれる酸素の量が $91.3cm^3$ であったとする。このヒトの1分間の呼吸数が20回とすると1分間に体内に取り入れた酸素の量は（　b　）cm^3 となる。肺で取り入れた酸素は赤血球に含まれる（　c　）というタンパク質によって細胞へ運ばれる。

(京都・洛南高)

着眼

93 (5)①小腸で毛細血管の中に吸収された栄養分は，ⓑの門脈を通って肝臓へ運ばれる。
②リンパ管に吸収された栄養分は，ⓒのリンパ管を通って首の下あたりで静脈に合流する。

94 (1)えらの構造がくしのようになっている利点は，肺が肺胞という小さな袋がたくさん集まってできていることによる利点と同じである。

★★**95** ［細胞の呼吸］

　細胞が栄養分を分解してエネルギーを取り出す過程を，細胞の呼吸という。細胞の呼吸について述べた次のア〜オのうち，正しいものを選び記号で答えなさい。

ア　心臓の細胞のみで行われている。

イ　肺の細胞のみで行われている。

ウ　心臓と肺の細胞のみで行われている。

エ　内臓の細胞のみで行われている。

オ　ほぼすべての体内の細胞で行われている。

（大阪教育大附高平野）

★★★**96** ［血液の循環と血糖値］

　右の図はヒトの血液の循環と各組織や器官を模式的に表している。心臓から出た血液は通常，<u>動脈を通り体中の組織や器官に運ばれ，毛細血管に分かれた後，静脈を通って再び心臓へもどってくる。</u>その途中にはガス交換を行う（　①　）や，血液をろ過してきれいにする（　②　）や，食物を消化する胃や腸がある。

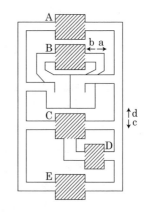

　また，肝臓では腸で吸収したグルコースを（　③　）という形でたくわえる。肝臓の中の（　③　）は必要に応じて分解され血液により体中に運ばれ，各組織や器官の細胞の栄養分として使われる。

　血液中に含まれるグルコースの濃度を血糖値という。血糖値が一定になるようにさまざまな調節が行われている。すい臓から出されるグルカゴンとインスリンという物質もその1つで，体内で合成され，血糖値を一定にするため分泌し続ける。

　血糖値を調節する物質であるグルカゴンとインスリンについて，次の実験を行った。あとの問いに答えなさい。

【実験1】　正常なマウスにグルカゴンを注射した。すると，血糖値が一度上がり，その後もとの数値にもどった。

【実験2】　正常なマウスにインスリンを注射した。すると，血糖値が一度下がり，その後もとの数値にもどった。

【実験3】　正常なマウスからすい臓を取り出し，傷をぬい合わせた。その後，グルカゴンを注射すると血糖値が上がり，もとの数値にはもどらなかった。

【実験4】　正常なマウスの腹を切るが，すい臓は取り出さずに傷をぬい合わせ，その後，グルカゴンを注射すると血糖値が一度上がり，その後もとの数値にもどった。

(1)　文中の（　①　）～（　③　）の中に適切な語句をそれぞれ入れよ。

(2)　血液の循環の方向として正しい組み合わせを次のア～エから1つ選び，記号で答えよ。

　　　ア　a, c　　イ　a, d　　ウ　b, c　　エ　b, d

(3)　血液の流れが文中の下線部のようになっていない部分がヒトの体にはある。それはどの部分か，図中のA～Eで答えよ。

(4)　糖尿病とは，血糖値が下がらなくなり，健康時よりも上昇してしまう病気である。グルカゴンとインスリン，どちらの機能の低下があると糖尿病になるか。

(5)　実験4は何のために行う必要があるのか。簡潔に書け。

　体内の機能に異常が見られ，糖尿病であるマウスⅠとマウスⅡを用意した。マウスⅠはすい臓の機能には異常はないが，血糖値が常に高く，インスリンを注射しても血糖値が下がらない異常マウスである。マウスⅡはすい臓の機能に異常があり，血糖値が常に高く，インスリンを体内でつくることができない異常マウスである。このマウス2匹を使い実験を行った。ただし，マウスⅠもマウスⅡもインスリンを分解する機能には異常がなかった。

【実験5】　マウスⅠの血液を調べると，インスリン濃度が異常に（　④　）かった。

【実験6】　マウスⅡの血液を調べると，インスリン濃度が異常に（　⑤　）かった。

【実験7】　マウスⅡにインスリンを注射し続けると，血糖値は正常値より低くなった。

難(6)　文中の（　④　），（　⑤　）の中に適切な語句をそれぞれ入れよ。

難(7)　マウスⅠとマウスⅡの血管を一部つなぎ，生育できる状態にした。実験結果も参考にすると，その後，2匹のマウスの血糖値はどのような数値を示したか。次からそれぞれ1つずつ選び，記号で答えよ。

　　　ア　血糖値は正常値だった。

　　　イ　血糖値は正常値より低かった。

　　　ウ　血糖値は正常値より高かった。

　　　　　　　　　　　　　　　　　　　　　（奈良・西大和学園高）

96 グルコースとはブドウ糖のことである。

★★★**97** ［血液とじん臓のはたらき］

ヒトの血液について次の文章を読んで，あとの問いに答えなさい。

血液は体に必要な栄養分や酸素だけでなく，不要な二酸化炭素や有害な①<u>ア</u><u>ンモニア</u>も含んでいる。血液には，有形の成分として赤血球，白血球，血小板などが含まれており，そのまわりの液体成分は血しょうとよばれる。赤血球は②<u>ヘモグロビン</u>という赤い物質を含み，酸素を運んでいる。

血液は③<u>心臓</u>によって全身に送り出されている。心臓は厚い（ 1 ）でできていて，これが収縮して血液の流れをつくっている。心臓を出た血液は，動脈を通って全身に運ばれ，動脈は末端にいくにつれて枝分かれし，細い毛細血管となっている。赤血球は毛細血管から出られないが，血しょうの一部は毛細血管からしみ出て，細胞のまわりを満たしている。この液は（ 2 ）とよばれる。栄養分や酸素は（ 2 ）に溶けた状態で細胞にいきわたる。一方，細胞の活動によって生じた二酸化炭素やアンモニアなどの不要な物質も（ 2 ）を介して毛細血管に取り込まれる。

血液中の不要な物質のうち，二酸化炭素は（ 3 ）で排出され，アンモニアは（ 4 ）で尿素などの害の少ない物質に変えられたあと，じん臓に送られる。じん臓は尿素などの不要な物質を血液中からこし出し，余分な水とともに尿として体外に排出している。

じん臓で尿がつくられるしくみを簡単に右図に示す。まず血しょう成分のうち，タンパク質を除く大部分の成分が，血管の壁を通り抜けてこし出される。こし出されてきた液を原尿という。原尿にはタンパク質以外の血しょう成分が，体に必要なものも必要でないものもほぼ血しょう中と同じ濃度で含まれており，かなりの量の水分も含まれている。原尿がじん臓の中を通る間に，水分の大

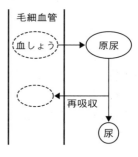

部分とブドウ糖などの体に必要な成分が毛細血管にもどされる。これを再吸収という。尿素などの不要な成分は，あまり再吸収されないために濃縮され，再吸収されなかった水分とともに尿として排出される。原尿に含まれる成分ごとに再吸収される割合は異なり，その割合が（ 5 ）成分ほど体に必要な成分であるといえる。

じん臓でつくられる原尿の量を直接はかることはできない。そこでイヌリンという物質を静脈に注射する方法がある。イヌリンは本来，ヒトの体内に存在しない物質であり，害はないが必要でもない。したがって，じん臓でまったく

再吸収されず，すべて尿中に排出される。この性質を利用して，尿中のイヌリンの濃度と血しょう中のイヌリンの濃度（原尿中の濃度と同じになる）を用いて尿の体積から原尿の体積を計算で求めることができる。

右の表は，イヌリンを注射された，ある健康な大人の血しょう，原尿，尿のそれぞれ 100mL に含まれる各成分の質量を示している。

成分	血しょう	原尿	尿
A	7.2	0	0
B	0.1	0.1	0
C	0.03	0.03	2
ナトリウム	0.3	0.3	0.35
カリウム	0.02	0.02	0.15
イヌリン	0.1	0.1	12.0

単位：g/100mL

(1) 文章中の（ 1 ）〜（ 5 ）にあてはまる語を答えよ。

(2) 下線部①のアンモニアは，体の中で次のア〜オのどの物質が分解されて生じるか。1つ選んで記号で答えよ。

　ア　ブドウ糖　　　イ　脂肪　　　ウ　タンパク質
　エ　デンプン　　　オ　水

(3) 下線部②のヘモグロビンの性質について正しく述べたものを，次のア〜エから1つ選んで記号で答えよ。

　ア　常に酸素と結びつきやすい。
　イ　常に酸素と結びつきにくい。
　ウ　酸素の多いところでは酸素と結びつきやすく，少ないところでは離れやすい。
　エ　酸素の多いところでは酸素と離れやすく，少ないところでは結びつきやすい。

(4) 下線部③の心臓は，4つの部屋に分かれている。そのうち，全身に血液を送り出している部屋の名称を答えよ。

(5) 表中のA〜Cは，タンパク質，ブドウ糖，尿素のいずれかである。AとBはそれぞれ何であると考えられるか。

(難)(6) 表の数値から，ナトリウムとカリウムはどちらのほうがより体に必要な成分と考えられるか。

(難)(7) 健康な大人が1時間に 60mL の尿をつくるとすると，このとき原尿は1時間に何 mL つくられているか。表のイヌリンの数値を参考にして計算せよ。

(難)(8) 健康な大人が1時間に再吸収する成分Cは何 mg か。(7)の値と表の数値を参考にして計算せよ。

（長崎・青雲高）

6 刺激と反応

解答 別冊 p.44

*98 ［耳のつくりとはたらき］ ◀頻出

右図は，耳の横断面を模式的に表したもので
ある。次の(1)，(2)について，それぞれ図中のa
～dから1つ選び，記号で答えなさい。

(1) 音の振動をとらえる部分はどこか。

(2) 音の振動を，刺激として受け取る部分はど
こか。

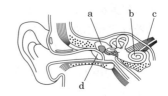

（広島大附高）

*99 ［目のつくりとはたらき］ ◀頻出

右の図はヒトの目の断面を模式的に示し
たものである。次の文章は目のしくみにつ
いて述べている。下の(1)～(4)に答えなさい。

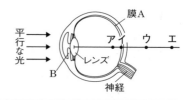

> ヒトの目のレンズは透明のタンパク質でできている凸レンズで，見て
> いる物体からの光がひとみから入ってくると，その光を屈折させて膜A
> に像をつくる。できた像は膜Aの中にある光を感じる感覚細胞によって
> 感じられ，その信号は神経を通して脳に送られる。

(1) 膜Aの名前を漢字で書け。

(2) 図中のBのはたらきとして最も適当なものを次のア～オから1つ選び，
その記号を書け。

　ア　ひとみの色を変えて，入ってくる光の量を調節する。

　イ　ひとみの大きさを変えて，入ってくる光の量を調節する。

　ウ　レンズに栄養を与えている。

　エ　レンズを保護している。

　オ　レンズのふくらみを変えて，焦点距離を調節している。

(3) 手に持った物体を見ているとき，膜Aにできる像として正しいものを，
次のア～エから1つ選び，その記号を書け。

着眼

98 (2)音の刺激を受け取る感覚細胞がある部分である。

ア 物体より大きな正立の像　　イ 物体より大きな倒立の像
ウ 物体より小さな正立の像　　エ 物体より小さな倒立の像

(4) (3)のとき，図のように平行な光をひとみに当てたとすると，光が1点に集まる。その点はどこか。図のア〜エから最も適当なものを1つ選び，その記号を書け。

（国立高専）

*100 [刺激から行動までの流れ] ◀頻出

肉食動物が草食動物を見つけて捕獲するまでの行動において，刺激と命令の伝わり方を以下のようにまとめた。次の図中のアとイに適する神経の名称をそれぞれ漢字で答えなさい。

$$目 → (ア) → 脳 → (イ) → 筋肉$$

（広島大附福山高）

*101 [腕の曲げのばしのしくみ] ◀頻出

わたしたちが運動できるのは，筋肉が収縮するからである。筋肉は，両端がけんになっていて，関節をへだてた2つの骨についている。右図は，腕の骨格と，筋肉の一部を示したものである。次の問いに答えなさい。

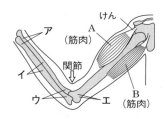

(1) 図のA，Bの筋肉で，かかれていない側のけんは，骨のどこについているか。図のア〜エから1つ選び，記号で答えよ。

(2) 次の①〜③の運動をするとき，図の筋肉は，どちらが収縮しているか。それぞれA，Bの記号で答えよ。

① 腕を曲げて荷物を持ち上げるとき
② 腕立て伏せをして自分の上体を持ち上げるとき
③ 鉄棒で懸垂をして，自分の体を引き上げるとき

（広島大附高）

着眼
99 (3)膜Aにうつる像は実像である。
100 アは刺激の信号を伝える神経，イは命令の信号を伝える神経である。
101 筋肉は，縮むときに力がはたらく。

*102 [刺激とメダカの反応] < 頻出

メダカが外界からの刺激に対して，どのように反応して泳いでいるかを調べるために，次の実験をした。

【実験1】 図1のように，棒を水で一定の向きにかき回し，ゆるやかな水の流れをつくり，棒を取り出した。そこに，メダカを入れてその行動を観察した。

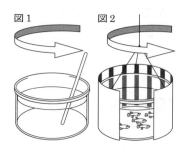

【実験2】 図2のように，内側に縦じま模様をかいた画用紙を，水槽のまわりでゆっくりと回転させた。その結果，すべてのメダカは画用紙の回る向きに泳いだ。

(1) 実験1と実験2で，メダカは外界からの刺激に対して反応している。刺激の信号はどのように伝わり，反応するか。正しい経路を，次のア〜カから1つ選べ。

ア　刺激→感覚神経→運動器官→脳→感覚器官→運動神経→反応

イ　刺激→感覚神経→感覚器官→脳→運動器官→運動神経→反応

ウ　刺激→運動神経→運動器官→脳→感覚器官→感覚神経→反応

エ　刺激→運動器官→運動神経→脳→感覚神経→感覚器官→反応

オ　刺激→運動器官→感覚神経→脳→運動神経→感覚器官→反応

カ　刺激→感覚器官→感覚神経→脳→運動神経→運動器官→反応

(2) 実験2で，メダカはどこで外界からの刺激を受け取ったか。次のア〜カから1つ選べ。

ア　耳　　　イ　鼻　　　　ウ　目

エ　舌　　　オ　皮膚　　　カ　ひれ

(3) 実験1と実験2で，メダカは何を刺激として反応しているといえるか。次のア〜カから2つ選べ。

ア　水の色　　　イ　水の流れ　　　ウ　水に溶けている物質

エ　水温　　　　オ　景色の変化　　　カ　気温

（三重・高田高）

着眼

102 実験1と実験2でのメダカの反応は，どちらも水に流されないようにするための反応である。

★★103 [神経系と信号の伝わり方] ◁頻出

　ヒトは，外界の刺激に対して適切に反応し，行動することができる。たとえば，水泳競技のスタート時に，ピストルの音を聞いたと同時にスタートするなどがそれにあたる。ピストルの音は，まず感覚器官である耳でとらえられ，そこから信号となり大脳へと伝えられ，大脳でその音を判断し，命令が筋肉に伝えられる。一方，うっかりして熱いものにさわってしまったときなどは，「熱い」と感じるが，それよりも前に，手を引っ込める運動が起こる。下図は，神経系の構造を模式的に示したものである。あとの各問いに答えなさい。

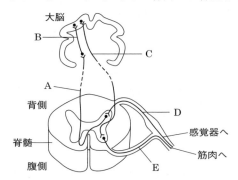

(1)① 　水泳競技のスタート時には，手足の筋肉の収縮が起こり泳ぎだすことができる。筋肉を収縮させるときの信号が伝わる神経はどれか。信号が伝わる順に記号で答えよ。（例　X → Y）

　② 　このとき，筋肉を直接収縮させるのは（　　　）神経である。（　）に入る語句を答えよ。

(2)① 　ヒトが下線部のように，熱いと感じるが，熱いと感じるより前に手を引っ込める場合，信号が伝わる経路をすべて，問題の図にならって，右の図にかき込め。ただし，問題の図には必要な神経がすべて示されていない場合がある。必要な神経があれば，その神経を問題の図にならって記入せよ。

　② 　熱いと感じるより先に手を引っ込めるというような運動を何とよぶか。名称を答えよ。

（東京・筑波大附駒場高）

着眼

103 (2)①刺激が大脳へ伝わって「熱い」と認識するまでの経路と，刺激に対して手を引っ込めるという反応を起こすまでの経路の2つの経路がある。

★★★ **104** ［刺激から反応までの時間］

いろいろな感覚器官から刺激を受け取り，脳やせき髄で情報が処理され，筋肉への反応にいたるまでの時間を調べるために，次のような実験1〜実験3を行った。以下の各問いに答えなさい。ただし，情報が神経を伝わる速度は神経の種類によらず一定で，大脳においての処理時間は考えないものとする。

【実験1】

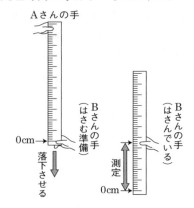

1. Aさんがものさしの上端を持つ。Bさんはものさしの下端(0cm)で，落下するものさしを右手の指ではさむ準備をする。

2. Aさんが予告せずにふいにものさしから手を放し，動いたものさしを見てBさんが指ではさみ，はさんだ位置の目盛りを読む。これを5回くり返す。

【実験2】

1. Aさんがものさしの上端を持つ。Bさんはものさしの下端(0cm)で，落下するものさしを右手の指ではさむ準備をする。

2. AさんがBさんの左手の指を触ると同時にものさしから手を放し，Aさんの指が触れるのを感じてからBさんが指ではさみ，はさんだ位置の目盛りを読む。これを5回くり返す。

【実験3】

1. Aさんがものさしの上端を持つ。Bさんはものさしの下端(0cm)で，落下するものさしを右手の指ではさむ準備をする。

2. Aさんが「はい」と声をだすと同時にものさしから手を放し，Aさんの「はい」という声を聞いてすぐにBさんが指ではさみ，はさんだ位置の目盛りを読む。これを5回くり返す。

【結果】

表1

| | 右手の指ではさんだ位置〔cm〕 | | | | | |
	1回目	2回目	3回目	4回目	5回目	平均
実験1	22	18	20	22	18	
実験2	19	12	15	19	15	
実験3	33	30	34	34	29	

表2　右手の指ではさんだ位置と経過時間の関係

位置〔cm〕	12	14	16	18	20	22	24	26	28	30	32
時間〔秒〕	0.16	0.17	0.18	0.19	0.20	0.21	0.22	0.23	0.24	0.25	0.26

(1) 実験1において，落下するものさしを見てから右手の指ではさんだ位置までの平均を求め，表2から右手の指ではさむ（反応する）までに要した経過時間〔秒〕を求めよ。

(2) 実験2において，刺激を受けとる感覚器官は何か。

(3) 実験2では，左指→せき髄→大脳→せき髄→右指　の順で情報は伝えられる。情報が大脳から右指に伝えられ，反応するまでの時間〔秒〕を求めよ。ただし，2つの経路　左指→せき髄→大脳，および，大脳→せき髄→右指に要する時間は同じものとする。

(4) 実験2において，AさんがBさんの左手の指ではなく，右手の指を触り，同時にBさんが右手の指ではさむとどのような結果が予想できるか。反応するまでの時間〔秒〕を答えよ。

(5) 実験2の2.と実験3の2.では共通する実験条件が1つ記載されていない。どのような実験条件が記載されていないか，簡潔に答えよ。

難(6) もし，(5)で答えた実験条件を行わずに，実験2と実験3を行ったとすると，刺激から反応するまでの時間〔秒〕はそれぞれいくらになるか。

(7) 実験1～実験3の結果からいえることについて，最も適当なものを次のア～カから1つ選び，記号で答えよ。

ア　刺激の情報が大脳まで伝わる時間は，実験1が最も短く，実験2が最も長い。

イ　刺激の情報が大脳から右手の指に伝わり，反応するまでの時間は，実験2が最も短く，実験1が最も長い。

ウ　目から大脳，大脳から右指では，後者のほうが距離的に長いので，刺激の情報が伝わる時間も長い。

エ　刺激を受けてから右手の指が反応するまでの時間は，実験1が最も短い。それは，刺激の情報が伝わる距離が最も短いためである。

オ　刺激を受けてから右手の指が反応するまでの時間は，実験2が最も長い。それは，刺激の情報が伝わる距離が最も長いためである。

カ　刺激を受けてから右手の指が反応するまでの時間は，感覚器官から大脳までの距離には関係しない。

（大阪星光学院高）

★★105 [神経の刺激伝達速度]

茶実子さんは交通安全の話で「時速60kmの車は，飛び出した人を見て急ブレーキをかけても，止まるのに40m以上必要」と聞いて，驚いた。見てからブレーキを踏むまでの時間が意外にかかるとのことだった。そこで茶実子さんは，10人の友達と，神経の刺激伝達速度を調べることにした。なお，伝達速度を考えるうえで，脳がはたらく時間は無視することにした。

また，時間の測定は，スタートボタン①を押してからストップボタン②を押すまでの時間が計れる装置を使った。各問いに答えなさい。なお解答は，必要であれば四捨五入をして〔 〕内の桁まで求めよ。

【実験Ⅰ】　下図のように，10人(A～Jさん)が手をつなぎ横1列にならぶ。茶実子さんは，Aさんと手をつなぎ，もう一方の手にボタン①を持ち，Aさんの手をにぎると同時にボタン①を押す。手をにぎられたAさんは，Bさんの手をにぎり，以下次つぎと伝達していく。最後のJさんはあいた手にボタン②を持っていて，Iさんに手をにぎられたらこのボタン②を押す。

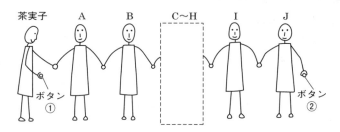

【実験Ⅱ】　下図のように，10人が縦1列にならぶ。今度の伝達方法は，左腕を背中側に回し，下の背面図のように指を立てることで後ろの人に伝達する。茶実子さんはAさんの前に立って，ボタン①を押す。AさんはボタンⒶが押されるのを見たら，背中の指を立ててBさんに伝達する。以下次つぎと伝達していく。最後のJさんはIさんの指が立つのを見たら左手のボタン②を押す。

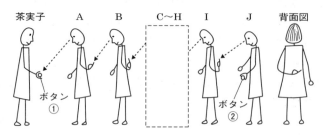

(1) まず刺激を伝えた神経の長さを求めるため，右図のように，(a)身長，(b)両手をにぎり両腕をひろげた長さ，(c)肩から頭頂までの長さ(頭頂に脳があると仮定する)，をはかり表1にまとめた。表中のIさんとJさんは(b)，(c)の測定を忘れたので，その値を表中8人の合計における(a)，(b)，(c)の比から計算した。たとえば表中Iさんの(c)の肩頭は30cmになる。表中アの数値を求めよ。

(2) 実験Iにおいて，刺激を伝えた神経の長さは何cm〔整数〕か。表1の10人の合計の数値を使って求めよ。

(3) 表2は，10回の測定結果を示している。実験Iの結果の平均値は1.72秒であった。実験Iから求められる神経の伝達速度は毎秒何m〔小数第1位〕か求めよ。

(4) 実験IIにおける刺激が伝わる神経の長さは何cm〔整数〕か。表1の10人の合計の数値を使って計算せよ。ただし，目から脳までの長さは全員が10cmであるとする。

(5) 表2において，実験IIを10回行った結果の平均値イ〔小数第2位〕を求めよ。

(6) (4)と(5)の結果を使って，実験IIから求められる神経の刺激伝達速度は毎秒何m〔小数第1位〕か，計算せよ。

(7) 方法IとIIで求めた神経の伝達速度は「方法Iのほうが方法IIの約(　　)倍速い」という結果になった。茶実子さんはこのちがいについて，さらに調べていこうと思っている。(　　)に入る数値〔小数第1位〕を求めよ。

〔東京　お茶の水(女子大附高)〕

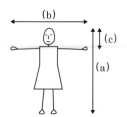

表1　　　　　　　　　　単位〔cm〕

実験者		(a) 身長	(b) 両腕	(c) 肩頭
1	A	155	140	32
2	B	170	155	33
3	C	162	149	34
4	D	158	140	31
5	E	154	135	30
6	F	166	150	34
7	G	151	137	30
8	H	164	146	32
8人の合計		1280	1152	256
8人合計の比		1.00		0.20
9	I	150		30
10	J	160	(ア)	
10人の合計		1590	1431	318

表2　　　　　　　　　　単位〔秒〕

回	実験I	実験II
1	2.01	2.58
2	1.81	2.32
3	1.94	2.15
4	1.85	2.10
5	1.75	2.00
6	1.50	2.12
7	1.61	2.02
8	1.53	2.32
9	1.65	2.22
10	1.55	2.17
平均	1.72	(イ)

着眼
105 (1)1280：1152：256 = 1：0.90：0.20
(2)刺激や命令の信号は，(c)の部分を往復して伝えられている。

2編 実力テスト

時間 **50**分
合格点 **70**点

得点 ／100

解答 別冊 p.46

1 次の文を読んで，あとの問いに答えなさい。(24点)

　神経系はすべてのセキツイ動物と多くの無セキツイ動物に存在し，刺激に対して反応するという生物の特徴を保障している。刺激とは生物を取り巻く環境の変化であり，生物体の外部のみならず，内部で起こる変化も含まれる。刺激を受容するために分化した目，耳，鼻などの器官を（　①　）とよび，刺激に対して反応する筋肉，汗腺，だ液腺などの器官を（　②　）という。神経系においては，刺激の受容とそれに対応した反応をバランスよく調整するために，ニューロン（神経細胞）という特殊な細胞がその突起によって（　①　）と（　②　）とを連絡している。ニューロンは核が存在する（　③　）と，そこから伸びる多数の突起からできている。長く伸びた突起を（　④　）といい，細かく枝分かれした短いものを（　⑤　）という。

　ニューロンはその機能から次の３種類に分けられる。受容した刺激を信号にかえて中枢へ伝えるのが（　⑥　）で，（　⑦　）は多数の（　⑤　）と１本の長い（　④　）からなり，中枢からの信号を（　②　）へ伝える。（　⑥　）と（　⑦　）をつなぎ，信号の処理・調整を行っている中枢にたくさん分布しているのが（　⑧　）である。

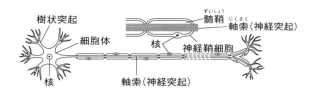

(1) 上の図を参考にして，上の文中の（　①　）〜（　⑧　）に次のア〜コより適当な語句を選び，記号で答えよ。(各2点)

　ア　運動神経　　イ　感覚神経　　ウ　介在神経　　エ　自律神経
　オ　感覚器官　　カ　効果器　　　キ　細胞体　　　ク　葉緑体
　ケ　軸索　　　　コ　樹状突起

(2) 中枢には脳とせき髄がある。脳は大脳，中脳，小脳とあと２つの部分に分けられる。２つの名称を書け。(各4点)

（福岡・久留米大附設高）

2 デンプンが消化されるときのだ液のはたらきを調べるために，次の実験を行った。あとの問いに答えなさい。(30点)

【実験】 ① A～Dの4本の試験管を用意し，各試験管に表に示したものを入れ，よく混ぜ合わせた。

試験管	入れたもの	温　度
A	デンプンのり，だ液	37℃
B	デンプンのり，水	37℃
C	デンプンのり，だ液	0℃
D	デンプンのり，水	0℃

② 試験管を表に示した温度の湯または水の中に入れた。

③ 10分後，各試験管からそれぞれの溶液の一部を取り出して別の試験管に入れ，ヨウ素液を2，3滴加え，色の変化を見た。

④ ③の後，各試験管の残りの溶液からさらに一部を取り出して別の試験管に入れ，（　　）を少量加え，色の変化を見た。その結果，試験管Aの溶液だけに赤かっ色の沈殿が生じた。

(1) ③を行った結果，色の変化が見られるのはどの試験管の溶液か。A～Dからすべて選んで，記号で答えよ。(3点)

(2) （　）にあてはまる薬品名を書け。(3点)

(3) ④には，（　）を加えたあとに必要なある操作が示されていない。それはどのような操作か。簡単に答えよ。(3点)

(4) ④の結果から試験管Aの中のデンプンは何に変わったといえるか。(3点)

(5) 試験管Bは，試験管Aで起こる変化が，だ液のはたらきであることを確かめるために用意されている。i，iiに答えよ。(各3点)

　i このような実験を何というか。

　ii 試験管Bに，だ液のかわりに水を入れたのはなぜか。簡単に説明せよ。

(6) 右のグラフは，②を行ってからの，試験管A内の(4)で答えた物質の濃度の変化を示したものである。10分後に下のi～ivの操作を行った場合に考えられる濃度の変化をア～ウのグラフから1つずつ選んで，記号で答えよ。(各3点)

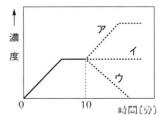

　i 新たに，デンプンを加える。　　ii 新たに，だ液を加える。

　iii 試験管を50℃の湯につける。　　iv 試験管を0℃の水につける。

(長崎・青雲高)

3 下の図は、ホニュウ類の循環器系、消化器系、呼吸器系、排出器系のそれぞれのつながりを表した模式図である。この図をもとに、(1)～(4)の問いに答えなさい。図中のA～Dは臓器、Ⅰ～Ⅲは血管、ア～エは物質の出入りの場所、──→は血液の流れ、➡は物質の移動をそれぞれ表している。また、肺循環は省略されている。(20点)

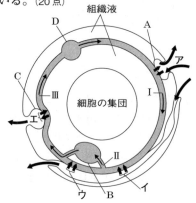

(1) 図中のA～Dの臓器の組み合わせとして、最も適切なものを右表の1～8から1つ選び、番号で答えよ。(5点)

(2) 図中の血管のうち、最も養分に富んだ血液が流れている血管はどれか。Ⅰ～Ⅲの番号で答えよ。また、その血管の名称も答えよ。(完答5点)

(3) 図中のア～エでは、おもにどのような物質の移動が行われているか。右下表の1～8の物質の組み合わせのなかで、最も適当なものを1つ選び、番号で答えよ。(5点)

(4) ホニュウ類の体の中では有害物質であるアンモニアが生じる。そのアンモニアを無害な物質にする臓器は、図中のA～Dのどれか、記号で答えよ。(5点)

	A	B	C	D
1	肝臓	じん臓	心臓	肺
2	肺	じん臓	肝臓	心臓
3	心臓	肺	肝臓	じん臓
4	肺	肝臓	じん臓	心臓
5	じん臓	肝臓	肺	心臓
6	じん臓	心臓	肺	肝臓
7	心臓	肺	じん臓	肝臓
8	肝臓	心臓	肺	じん臓

	ア	イ	ウ	エ
1	老廃物	水分	空気	養分
2	空気	老廃物	水分	養分
3	養分	空気	老廃物	水分
4	水分	養分	空気	老廃物
5	老廃物	水分	養分	空気
6	空気	養分	水分	老廃物
7	水分	空気	養分	老廃物
8	養分	水分	空気	老廃物

（千葉・東邦大附東邦高）

4 次の(1)～(3)の問いに答えなさい。(26点)

(1) 図1は，植物の細胞を模式的に示したものである。図中のa～fは細胞を構成するもので，細胞小器官という。a～fのうち細胞質でないものをすべて選び，記号で答えよ。(2点)

(2) 薬品を用いずにある植物の葉を検鏡したとき，_(あ)緑色の粒が，_(い)ゆっくりと移動している様子が観察された。その後，酢酸オルセイン液を加えた。次の①～④の問いに答えよ。

図1

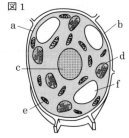

① 下線部(あ)の細胞小器官を観察するとき，最も適当な倍率を次のア～エから1つ選び，記号で答えよ。(2点)

ア 20倍　　イ 40倍　　ウ 100倍　　エ 600倍

② 下線部(あ)の細胞小器官を図1のa～fから1つ選び，記号で答えよ。また，その名称を答えよ。(各3点)

③ 下線部(い)にはエネルギーが必要である。そのエネルギーを供給している細胞小器官を図1のa～fから1つ選び，記号で答えよ。また，その名称を答えよ。(各3点)

④ 酢酸オルセイン液を加えたとき，特に濃く赤色に染まる細胞小器官を図1のa～fから1つ選び，記号で答えよ。また，その名称を答えよ。(各3点)

(3) アサガオの葉を用いて，次のような操作による実験を行った。あとの①，②の問いに答えよ。

【操作1】 図2のようにアルミニウムはくで覆ったふ入りの葉を，十分に日光に当てた。

【操作2】 日光に当てたあとで葉を摘み取り，アルミニウムはくを取り除き，温めたエタノールに数分間浸した。

図2

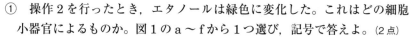

アルミニウムはく

【操作3】 エタノールに浸したあとの葉を，ヨウ素液に浸した。

① 操作2を行ったとき，エタノールは緑色に変化した。これはどの細胞小器官によるものか。図1のa～fから1つ選び，記号で答えよ。(2点)

② 操作3を行ったとき，最も顕著に色の変化が見られるのは葉のどの部分か。図2のA～Dから1つ選び，記号で答えよ。ただし，AとDは緑色の部分，BとCはふの部分を示している。(2点)

(奈良・東大寺学園高)

1 電流の性質

解答 別冊 *p.48*

106 ［電流計と並列回路］ ＜頻出

図1のような回路で，電流計2の値が図2のようになった。

(1) 電流計1を流れる電流の値を求めよ。

(2) 電源の電圧を求めよ。

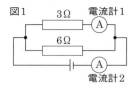

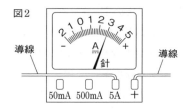

（大阪・帝塚山学院高改）

107 ［抵抗の異なる豆電球の並列回路］ ＜頻出

豆電球A，Bと電池で右図の回路をつくったところ，
豆電球Aが豆電球Bより明るく点灯した。

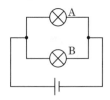

(1) 豆電球A，Bにかかる電圧をそれぞれ V_A，V_B とし
たとき，V_A と V_B の関係として正しいものを，次のア
～ウから選び，記号で答えよ。

ア $V_A > V_B$　　イ $V_A = V_B$　　ウ $V_A < V_B$

(2) 豆電球A，Bの抵抗の値（点灯時）をそれぞれ R_A，R_B としたとき，R_A と
R_B の関係として正しいものを，次のア～ウから選び，記号で答えよ。
ただし，豆電球が明るいほど，電流と電圧の積が大きいとせよ。

ア $R_A > R_B$　　イ $R_A = R_B$　　ウ $R_A < R_B$

（東京・お茶の水女子大附高）

108 ［電流・電圧・抵抗①］ ＜頻出

一様な断面積で長さの異なる金属線A，B，Cに電流を流す実験を行った。
これについて，あとの問いに答えなさい。

(1) 金属線のような電流を通しやすい物質を何というか。

(2) 金属線を流れる電流の大きさと電圧の強さを調べる場合，どのような回
路にすればよいか。正しい回路図を次のア～ウから1つ選び，記号で答えよ。

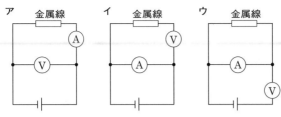

(3) 右の図は，金属線A，Bについて，電流と電圧との関係を示したものである。次の①～③の各問いに答えよ。

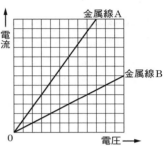

① 金属線AとBの抵抗の大きさの比を最も簡単な整数で表せ。

② 金属線A，Bを直列に接続した場合，電流と電圧との関係はどのようになるか。右の図中に実線で示せ。

③ 金属線A，Bを並列に接続した場合，回路全体を流れる電流の大きさはI〔A〕であった。金属線AとBの抵抗の大きさの比を$a:b$とすると，金属線Aに流れる電流の大きさは何〔A〕か。a, b, I を用いて表せ。

(4) 右の表は，長さ1m，断面積1mm^{2}の6種類の金属線について抵抗の大きさを示したものである。ところで，金属線の抵抗の大きさは，金属線の長さに比例し断面積に反比例することが知られている。次の①，②の各問いに答えよ。

	金　属	抵抗〔Ω〕
ア	銀	0.016
イ	銅	0.017
ウ	アルミニウム	0.027
エ	タングステン	0.055
オ	鉄	0.10
カ	ニクロム	1.1

① 表中の6種類の金属線のうち，長さ，断面積が等しい場合，同じ電圧をかけたとき最も大きい電流が流れるものはどれか。その金属名を表中のア～カから1つ選び，記号で答えよ。

② 金属線Cを調べると，長さは4.5m，断面積は0.2mm^2，抵抗の大きさは24.75Ωであった。金属線Cは何か。その金属名を表中のア～カから1つ選び，記号で答えよ。

（広島大附高）

着眼
108 (3)①抵抗の大きさの比は，同じ大きさの電流を流すのに必要な電圧の大きさの比に等しい。4目盛り分の電流を流すのに必要な電圧の値（何目盛り分か）を比べるとよい。

★109 ［電気抵抗を求める計算］

次の文章を読んで，以下の(1)～(6)に答えなさい。

抵抗器 r の電気抵抗を測定するために，図1と図2のように抵抗器 r，電流計，電圧計，電池をつないだ。抵抗器 r にかかる電圧を電圧計で，抵抗器 r に流れる電流を電流計で測定したところ，表のようになり，電流計と電圧計のそれぞれの値は，図1と図2では異なる値になった。これは電流計と電圧計自身がもつ電気抵抗が存在するために，図1の場合には，電圧計にも電流が流れるので，電流計が抵抗器 r に流れている電流を正確には測定していないためである。また，図2では電流計の両端に電圧がかかるので，電圧計が抵抗器 r にかかる電圧を正確に測定していないためである。

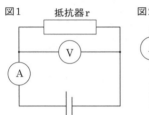
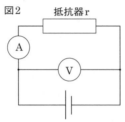

	電流計	電圧計
図1	50.0mA	11.7V
図2	48.0mA	12.0V

1000〔mA〕＝1〔A〕

(1) 表中の電流計と電圧計の値からオームの法則を用いて求めてみると，図1，図2のそれぞれについて電気抵抗は何Ωとなるか。

以下の問いで，抵抗器 r の正確な電気抵抗と電流計自身がもっている電気抵抗を考える。

(2) 図1の電池の電圧は 12.0V である。電流計自身がもっている電気抵抗を X〔Ω〕とすると，その値はいくらか。

(3) 図2の回路で，抵抗器 r の電気抵抗を R〔Ω〕としたとき，R と X の正しい関係式を次のア～カから1つ選び，記号で答えよ。また，(2)で求めた X の値を用いて，R の値を求めよ。

ア $12.0 = \dfrac{0.0480}{R+X}$　　　イ $12.0 = 0.0480(R+X)$

ウ $12.0 = \dfrac{R+X}{0.0480}$　　　エ $12.0 = \dfrac{48.0}{R+X}$

オ $12.0 = 48.0(R+X)$　　　カ $12.0 = \dfrac{R+X}{48.0}$

着眼
109 図1では，電流計は抵抗器 r を流れる電流より大きな値を示す。図2では，抵抗器 r の両端に加わる電圧は電圧計の示す電圧（電源の電圧）より小さい。

(4) 電圧計自身がもっている電気抵抗を求めるために図1にもどって考える。電圧計自身がもっている電気抵抗を Y〔Ω〕としたとき，R と Y の正しい関係式を次のア〜カのうちから1つ選び，記号で答えよ。

ア　$0.0500 = \dfrac{R}{11.7} + \dfrac{Y}{11.7}$

イ　$0.0500 = 11.7R + 11.7Y$

ウ　$0.0500 = \dfrac{11.7}{R} + \dfrac{11.7}{Y}$

エ　$50.0 = \dfrac{R}{11.7} + \dfrac{Y}{11.7}$

オ　$50.0 = 11.7R + 11.7Y$

カ　$50.0 = \dfrac{11.7}{R} + \dfrac{11.7}{Y}$

(5) (1)，(3)の結果より，図1と図2では，どちらのほうが抵抗器 r の電気抵抗をより正確に求めているか。図1か図2で答えよ。

(6) 抵抗器 r の電気抵抗をより正しく測定するには，電流計と電圧計自身がもつ電気抵抗にどのような工夫をすればよいか。下の文中の①，②に入る正しい語句をア，イから選び，記号で答えよ。

　　電流計自身の電気抵抗が X〔Ω〕よりも①｛ア．大きい　イ．小さい｝ものにかえ，電圧計自身の電気抵抗が Y〔Ω〕よりも②｛ア．大きい　イ．小さい｝ものにかえる。

（大阪星光学院高）

★*110* ［全抵抗］

　　直流電源と抵抗器を右の図のようにつないだところ，抵抗器①を2Aの電流が流れていた。以下の問いに答えなさい。

(1) 抵抗器①に加わる電圧はいくらか。

(2) 抵抗器②を流れる電流はいくらか。

(3) 直流電源の電圧はいくらか。

(4) この回路全体の抵抗はいくらか。

（高知・土佐高國）

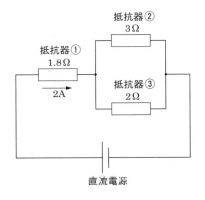

 着眼

　110 2Aの電流が，抵抗器②(3 Ω)と抵抗器③(2 Ω)に分かれて流れるとき，各抵抗器の電気抵抗の値に反比例して配分される。

★★*111* ［電熱線の抵抗値］

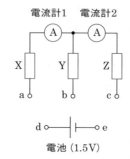

電流計1　電流計2

電池 (1.5V)

d, eの 接続先	電流計 1	電流計 2
d → a e → b	37.5mA	0mA
d → a e → c	50mA	（①）mA
d → b e → c	（②）mA	30mA

　抵抗値のわからない3本の電熱線X, Y, Zと, 電流計1, 電流計2, および1.5Vの電池を用いて図のような回路をつくった。電池の端子d, eを右の表に示すように端子a, b, cへ接続し, 電流計に流れる電流を測定した。これについて, 次の問いに答えなさい。

(1) 電流計2の－(マイナス)端子について, 次の①, ②に記号で答えよ。

　① どちらの電熱線側に接続しておかなければならないか。

　　　ア　Y側　　　　　イ　Z側　　　　ウ　どちらでもよい

　② 最初何Aの端子に接続しなければならないか。

　　　ア　50mA　　　イ　500mA　　　ウ　5A　　　エ　どれでもよい

(2) 表中①, ②に適する数値を答えよ。

(3) 電熱線X〜Zの抵抗値を求めるため, 次のような計算をした。ア, イには適する式を, ウ〜クには適する数値を書け。

　　電熱線X〜Zの抵抗値をそれぞれx〔Ω〕, y〔Ω〕, z〔Ω〕とする。d→a, e→bと接続したとき, 電熱線Xにかかる電圧をE〔V〕とすると, 電熱線Xに流れる電流の大きさは, xとEを使って（ ア ）〔A〕と表せる。また, 電熱線Yに流れる電流の大きさは, yとEを使って（ イ ）〔A〕と表せる。したがって, 表の測定値から, （ ア ）＝（ イ ）＝ 0.0375 とおける。

　　この等式を整理すると,

　　$x + y$ ＝（ ウ ）…………(i)

　が成り立つ。同時に, d→a, e→cと接続したとき,

　　$x + z$ ＝（ エ ）…………(ii)

　d→b, e→cと接続したとき,

　　$y + z$ ＝（ オ ）…………(iii)

　が成り立つので, これら(i)〜(iii)を連立させて計算すると, x ＝（ カ ）, y ＝（ キ ）, z ＝（ ク ）が求められる。

(長崎・青雲高)

(着眼)

111 電流計の＋端子は電源の＋極側からの導線につなげ, －端子は電源の－極側からの導線につなげる。また, 電流の大きさが予測できない場合, －端子は最も大きいものを使う。

☆*112* ［電流と電圧］

電圧を変えることができる電源装置を用いて，抵抗にかけた電圧と流れる電流の大きさの関係を調べたら次のグラフのようになった。下の(1)，(2)の各問いに答えなさい。

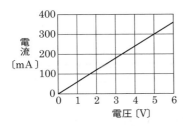
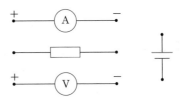

(1) 右上図に電源装置，電圧計，電流計，抵抗が示してある。端子を線で結んで回路図を完成せよ。電圧計と電流計の＋，－はそれぞれ＋端子，－端子を表す。

(2) グラフから抵抗を流れる電流の大きさと，抵抗にかかる電圧の大きさとは比例関係にあることがわかる。このことは何の法則とよばれているか。

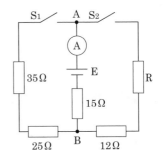

次に，右図の回路でスイッチ S_1 だけを入れると，電流計は 0.2A を示した。このとき，この回路について，次の(3)～(6)の各問いに答えなさい。

(3) 電池 E の電圧の大きさは何 V か。

(4) スイッチ S_1，S_2 をともに入れたとき，電流計は 0.5A を示した。このとき，AB 間の電圧の大きさは何 V か。

難(5) スイッチ S_1，S_2 をともに入れたとき，抵抗 R にかかる電圧の大きさは何 V か。

難(6) 抵抗 R の大きさは何 Ω か。

(東京・開成高)

着眼

112 スイッチ S_1 だけを入れると，35 Ω，25 Ω，15 Ω が直列につながった回路となり，スイッチ S_2 も入れると，電源の電圧が AB 間とそれ以外の部分に分かれてかかる。

★★*113* ［電流・電圧・抵抗②］

図1のように1.5Vの電池3個と10Ωの抵抗1個をつない
だ器具と，図2のように1.5Vの電池1個と10Ωの抵抗3個
をつないだ器具がある。a〜hの端子を導線でつないで回路を
つくる。次の各問いに答えなさい。

(1) 図1において，a〜dのどの端子をつなぐと，抵抗を流れ
る電流が最大になるか。また，そのときの電流は何Aか。

図1の端子と図2の端子をつないで，<u>図1の抵抗を流れる</u>
電流について調べる。

(2) 電流を最大にするには図1と図2の端子のどれとどれを
つなげばよいか。また，そのときの電流は何Aか。

(3) 電流を最小(0ではない)にするには図1と図2の端子のど
れとどれをつなげばよいか。また，そのときの電流は何Aか。

難(4) gとhをつないで，aとg，dとeをつなぐとき，抵抗を流れる電流は何
Aか。

難(5) eとhをつないで，cとe，dとgをつなぐとき，抵抗を流れる電流は何
Aか。

(愛媛・愛光高)

★★★*114* ［電流・電圧・抵抗③］

以下の文を読み，あとの問いに答えなさい。

抵抗Rの抵抗を調べるため，抵抗に流れる電流と，抵抗の両端にかかる電
圧を測定する。そのために，図1，図2の2つの回路を考えた。ただし，Ⓐが
電流計，Ⓥが電圧計である。

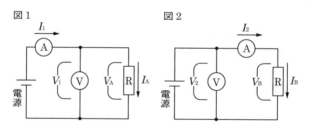

着眼

113 (1)電池が直列につながるようにすればよい。ただし，3個すべてが無理な場合
は電池2個が直列になるように考える。

理想的な電圧計には電流が流れない。また，理想的な電流計の両端の電圧は 0V である。しかし，実際の電圧計は抵抗を含んでいるため，わずかに電流が流れる。また，実際の電流計も抵抗を含んでいるため，両端に電圧がかかる。

図1の電流計に流れる電流は I_1〔A〕，電圧計の両端の電圧は V_1〔V〕，R に流れる電流は I_A〔A〕，R の両端の電圧は V_A〔V〕であった。

(1) 図1の電圧計に流れる電流を I_A と I_1 を用いて表せ。

(2) 図1の電圧計に含まれる抵抗値を I_A, I_1, V_1 を用いて表せ。

図2の電流計に流れる電流は I_2〔A〕，電圧計の両端の電圧は V_2〔V〕，R に流れる電流は I_B〔A〕，R の両端の電圧は V_B〔V〕であった。

(3) 図2の電流計の両端にかかる電圧を V_B と V_2 を用いて表せ。

(4) 図2の電流計に含まれる抵抗値を V_B, V_2, I_2 を用いて表せ。

図1の抵抗 R の本当の抵抗値は $\dfrac{V_A}{I_A}$ である。ところが測定では，抵抗 R の抵抗値は $\dfrac{V_1}{I_1}$ となる。

(5) $\dfrac{V_A}{I_A}$ と $\dfrac{V_1}{I_1}$ ではどちらが大きいか。不等号を用いて表せ。

●難(6) 図1，図2の抵抗 R は同じものである。$\dfrac{V_1}{I_1}$ と $\dfrac{V_2}{I_2}$ の大きさの関係はどうなるか。次のア～エから正しいものを1つ選び，記号で答えよ。

ア 電流計，電圧計の抵抗値にかかわらず，常に $\dfrac{V_1}{I_1} > \dfrac{V_2}{I_2}$ となる。

イ 電流計，電圧計の抵抗値にかかわらず，常に $\dfrac{V_1}{I_1} < \dfrac{V_2}{I_2}$ となる。

ウ 電流計，電圧計の抵抗値にかかわらず，常に $\dfrac{V_1}{I_1} = \dfrac{V_2}{I_2}$ となる。

エ 電流計，電圧計の抵抗値によって大小関係は変化する。

図2の回路で測定したところ，電流計に流れる電流は 25mA で，電圧計の両端の電圧は 0.46V であった。また，電圧計に含まれる抵抗値が 1.0kΩ，電流計に含まれる抵抗値が 0.40Ω であることがわかっている。

(7) 抵抗 R の抵抗値は何 Ω か求めよ。

〔大阪　清風南海高〕

2 | 電流のはたらき

解答 別冊 *p.53*

115 ［消費電力と熱量］ 頻出

次の問いに答えなさい。

(1) 電熱線に電池を接続したら，0.80A の電流が流れ，両端の電圧が 1.5V だった。このときの消費電力は何 W か。

(2) 電流によって発生する熱の量の単位「1J」は，電流と電圧からどのように定められているか述べよ。また，記号 J の読み方も記せ。

(東京・お茶の水女子大附高改)

116 ［発熱量①］ 頻出

長さ 100cm の直線状の電熱線 AB を，100V の直流電源に接続し，電熱線の端 A からの距離とその位置での電圧の関係を調べた。このときの回路図を図１に示す。ただし，図中のアおよびイは電圧計，電流計のいずれかである。この電熱線の抵抗は 50 Ω，消費電力は 100V を加えると 200W であり，測定結果は図２のグラフのようであった。

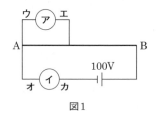

図1

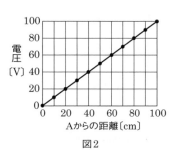

図2

この電熱線に関して，次の(1)～(4)に答えなさい。なお，(2)，(3)の答には，単位の記号もつけること。

(1) 図１で，電圧計，電流計およびそれらの＋端子はそれぞれどれか。図中のア～カから１つずつ選び，その記号をそれぞれ答えよ。

(2) AB 間に流れる電流はいくらか。

(3) この電熱線を 40cm と 60cm に切った。そのうちの 40cm の電熱線の抵抗はいくらか。

着眼

115 消費電力〔W〕＝電圧〔V〕×電流〔A〕

116 並列に接続すると，どちらの電熱線の両端にも電源と等しい電圧がかかる。

(4) (3)で切った電熱線2本を電源に並列に接続した。電源の電圧が30Vのとき，一定時間での発熱量の大きい電熱線はどれか。次のア～エから1つ選び，その記号を書け。

ア 長さ40cmの電熱線

イ 長さ60cmの電熱線

ウ 同じ

エ これだけでは判断できない

(国立高専)

*117 [消費電力] ◀頻出

18Ωの抵抗R_1と20Ωの抵抗R_2，抵抗の大きさがわからない抵抗R_3を6Vの電源につないだところ，a点の電流が0.20Aであった。

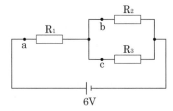

(1) 抵抗R_1での消費電力は何Wか。

(2) b点を流れる電流は何Aか。

(3) c点を流れる電流は何Aか。

(4) 抵抗R_3の抵抗の大きさは何Ωか。

(福岡大附大濠高)

*118 [発熱量②] ◀頻出

右図のように水中に置かれた2つの抵抗A，Bがある。いま，Aを5.0Vの電源，Bを3.0Vの電源につないで，電流を同じ時間だけ流したところ，Bの発熱量はAの3倍であった。このときBの抵抗はAの抵抗の何倍ですか。ただし，発熱による抵抗の変化はないものとする。

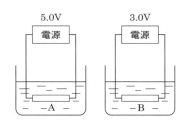

(京都女子高)

117 消費電力〔W〕=電圧〔V〕×電流〔A〕

118 同じ時間あたりの発熱量は，電力に比例する。

119 [電熱線の発熱]

電流による発熱を調べるために，次の実験を行った。あとの問い(1)〜(7)に答えなさい。

【実験】 ① ポリエチレンのビーカーを3個用意し，それぞれのビーカーに水100gを入れ，<u>水の温度が室温と同じくらいになるまで放置する。</u>

② 電熱線Aを用いて，右図のような実験装置をつくり，電熱線に電源装置で6Vの電圧を加えた。

③ 水をときどきかき混ぜながら，2分ごとに水温を測定した。

④ 次に電熱線Aとは別の電熱線B，Cを使い，②，③と同じようにしてそれぞれのビーカーの水の温度を調べた。

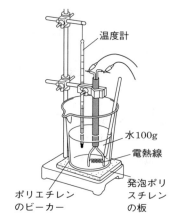

次の表は，実験の結果を示したものである。

電流を流した時間〔分〕		0	2	4	6	8	10
水の温度〔℃〕	電熱線A	20.6	21.4	22.5	23.6	24.4	25.5
	電熱線B	20.2	22.2	24.2	26.1	28.1	30.0
	電熱線C	20.0	24.0	28.1	32.1	36.0	40.0

(1) 実験①の下線部のようにせずに，室温より低い温度の水を用いて実験を行うと，どのような不都合な点があるか。「熱」という言葉を用いて，句読点を含めて40字以内で説明せよ。

(2) 電熱線A，B，Cについて，それぞれの時間における上昇温度の値を黒丸で示し，電流を流した時間と水の上昇温度の関係を表すグラフを実線で記入せよ。また，それぞれのグラフにはどの電熱線を示すのかがわかるように，A，B，Cを記せ。

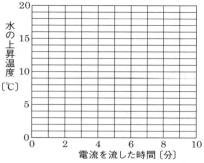

(3) (2)でかいたグラフから判断すると，1本の電熱線について，電流を流した時間と水の上昇温度についてどのような関係があるか。

(4) 3本の電熱線A，B，Cについて，実験の結果から判断すると，それぞれの電熱線に流れた電流の大小関係はどのようになっていると考えられるか。次のア～エより適するものを1つ選び，記号で答えよ。

ア A＞B＞C　　イ A＝B＝C　　ウ A＝B＜C　　エ A＜B＜C

(5) 3本の電熱線A，B，Cについて，実験の結果から判断すると，それぞれの電熱線の抵抗の値の大小関係はどのようになっていると考えられるか。次のア～エより適するものを1つ選び，記号で答えよ。

ア A＞B＞C　　イ A＞B＝C　　ウ A＝B＝C　　エ A＜B＜C

(6) 電熱線が発熱するときの能力を電力で表すことができる。電力の単位にはワット（記号W）が使われる。1Wとはどのような電力か。句読点を含めて25字以内で答えよ。

(7) 熱量の単位にはジュール（記号J）が使われる。1Jとはどのような熱量か。電力との関係を，句読点を含めて25字以内で答えよ。

（広島大附福山高図）

★★120 ［多数の抵抗を含む回路と電力・電流・電圧］

1Ωの抵抗R_1～R_6を使って図のような回路をつくった。R_5を流れる電流は5Aであった。あとの問いに答えなさい。

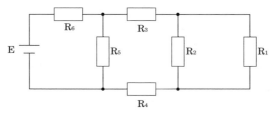

(1) 抵抗R_5で消費される電力はいくらか。

(2) 抵抗R_3を流れる電流は何Aか。

(3) 電池Eの電圧はいくらか。

（愛媛・愛光高）

着眼

119 (2)電熱線A，B，Cにおいて，各点に近いところを通る直線をそれぞれかく。
(3)ほぼ，原点を通る直線となる。

120 (1)オームの法則を使って，抵抗R_5の両端に加わっている電圧を求める。
(2)抵抗R_1と抵抗R_2が並列になっている部分の抵抗は0.5Ωである。

★★121 ［電気のはたらきの表し方］

次の問題 A・B に答えなさい。

A. 次の文中の①～③に入る適当な語句または記号を答えよ。

　私たちの家には照明器具をはじめ，さまざまな電気器具がある。それらの電気器具には 25W とか 100W と表示があるが，これらの値は，その電気器具が 1 秒間に消費する電気エネルギーの量，すなわち（ ① ）を表している。また，（ ① ）とその電気器具を使用した時間との積を（ ② ）といい，1W の器具を 1 時間使ったときの（ ② ）の単位の記号には（ ③ ）が用いられる。

B. 実験 1・実験 2 について次の問いに答えよ。

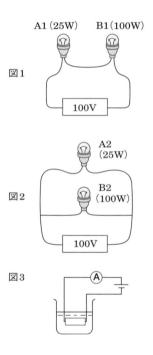

図1

図2

図3

【実験 1】 100V－25W の電球 A1・A2 と 100V－100W の電球 B1・B2 を図 1，図 2 のようにつないだ。

(1) 図 1・図 2 の 4 つの電球のなかで最も明るい電球を答え，その電球を流れている電流の大きさを求めよ。

(2) 図 1・図 2 の 4 つの電球のなかで最も暗い電球を答え，その電球での（ ① ）〔問題文 A 中にある〕を求めよ。

【実験 2】 図 3 のように，電気抵抗 2 Ω の電熱線に 4V の電圧をかけて 100g の水に入れ，5 分間電流を流したところ，水の温度上昇は 5.6℃だった。

(3) この実験結果から 1cal の熱量は何ジュール〔J〕といえるか。小数第 2 位を四捨五入して，小数第 1 位まで答えよ。

(北海道・函館ラ・サール高改)

★★122 ［豆電球の明るさと消費電力］

　太郎君は抵抗値の異なるいろいろな豆電球と，1.5V の乾電池を組み合わせて電球を光らせ，比較してみる実験を行った。豆電球 a の抵抗値は 5.0 Ω，b

(着眼)

121 A 電力量〔J〕＝電力〔W〕×時間〔s〕

　　　B 1cal は，1g の水を 1℃上昇させるために必要な熱量である。

は 10 Ω, c は 15 Ω であった。これらの電球は消費電力が大きいほど明るいものであり, 抵抗値はそれぞれ一定であるとする。

(1) a 〜 c の豆電球と乾電池1個を, 図1のように接続した。
このときの豆電球 c の消費電力はいくらか。

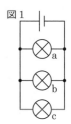

図1

(2) a 〜 c の豆電球を用いて図2のように2種類の回路をつくった。電球①〜⑥について, あてはまるものをあとのア〜キよりすべて選び, 記号で答えよ。

図2

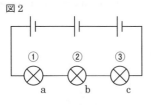 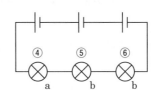

ア ①〜③の電球の明るさは, どれも同じ。
イ ①〜③の電球を明るいものから並べると, ①, ②, ③の順になる。
ウ ①〜③の電球を明るいものから並べると, ③, ②, ①の順になる。
エ ②と⑥の明るさは同じ。
オ ①を流れる電流より, ④を流れる電流のほうが大きい。
カ ②にかかる電圧は, ⑤にかかる電圧と同じ。
キ ⑤にかかる電圧は, ⑥にかかる電圧と同じ。

(3) 乾電池にいろいろな抵抗を接続して, その抵抗で消費電力を考えると, 電力を縦軸に, 抵抗値を横軸に取ったグラフのおおよその形として最も適切なものを, 次のア〜カより選び, 記号で答えよ。

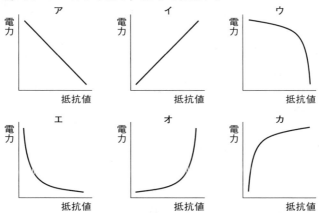

（京都・同志社高）

★★123 ［発熱量③］

抵抗値がそれぞれ5Ω，2Ωの電熱線a，bと，抵抗値が不明の電熱線c，電源装置，電流計を図1のように直列接続し，電熱線を水の入ったビーカーA，B，Cに浸した。A，C内の水の質量はそれぞれ200g，150gで，B内の水の質量は不明である。回路に7分間通電したら，ビーカー内の水温が図2のグラフに示したような変化をした。これについて各問いに答えなさい。なお，電流計の抵抗は考えず，電熱線で発生した熱はすべて水温の上昇に使われたものとせよ。また，水1gの温度を1℃上昇させるには，4.2Jの熱量が必要であるものとする。

(1) 7分間で，電熱線aから発生した熱量は何Jか。

(2) 通電中，電流計は何Aを示していたか。

(3) ビーカーB内の水の質量は何gか。

(4) 電熱線cの抵抗値は何Ωか。

(5) 電源装置の電圧は何Vであったか。

次に，この回路を図3のようにつなぎ変え，ビーカー内の水を等しい水温の新しい水に入れ替えた。電源装置の電圧は図1の回路と同じ電圧にして通電した。

(6) 電熱線aにかかる電圧は何Vか。

(7) 電流計は何Aを示すか。

(8) 消費電力が大きい順にa，b，cを並べよ。

(9) 水温上昇の関係を正しく表したものは次のア～コのうちどれか。1つ選んで記号で答えよ。

ア A＞B＞C　　イ A＞B＝C
ウ A＝B＞C　　エ A＝B＝C
オ B＞C＞A　　カ B＞C＝A
キ B＝C＞A　　ク C＞A＞B
ケ C＞A＝B　　コ C＝A＞B

図1

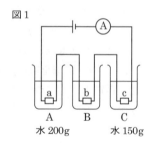

A 水200g　　B　　C 水150g

図2

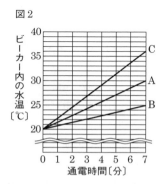

ビーカー内の水温〔℃〕

通電時間〔分〕

図3

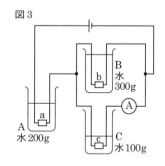

A 水200g　　B 水300g　　C 水100g

（長崎・青雲高）

⭐⭐⭐ 124 ［家庭での配線と消費電力］

以下の［文］の（　）にあてはまる数値を答え，｜　｜から最も適する数値または語句を選びなさい。また，□□□には適当な文章を入れて文を完成させなさい。数値が割り切れない場合は，四捨五入により小数第1位まで答えること。

［文］　家庭に送られてくる電気とその配線について考えよう。なお，実際に送られてくる電気は交流であるが，ここでは直流におきかえて考える。すなわち，図1において，電池の記号は配線図にかかる電圧を表し，その値は100〔V〕とする。抵抗 r〔Ω〕は引き込み線

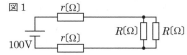

図1

の抵抗を，抵抗 R〔Ω〕は100V用の電気器具1個あたりの電気抵抗を表し，それぞれの値を $r＝0.1$〔Ω〕，$R＝10$〔Ω〕とする。

　この電気器具は，図1のように家庭内で2個使用するとき，引き込み線の抵抗を考えなければ，1個あたり（　①　）〔A〕の電流が流れ，1個あたりの消費電力が（　②　）〔W〕になるはずである。しかし引き込み線の抵抗を考えに入れると，電気器具1個あたりに流れる電流が（　③　）〔A〕，電気器具にかかる電圧が（　④　）〔V〕となり，引き込み線全体で無駄に消費される電力は，⑤｜20　38　75　100　150｜〔W〕になる。

　家庭のブレーカーを見ると，本来2本の引き込み線で電気を送れるはずなのに，赤，白，黒の3本の引き込み線が図2のように入っている。電池記号および抵抗 R〔Ω〕，r〔Ω〕の意味と値は図1の場合と同様である。

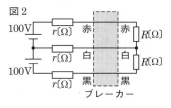

図2
ブレーカー

この場合，100Vの電気器具を2個使用するのに，図2の回路を用いると，白の線を流れる電流は（　⑥　）〔A〕で，引き込み線全体で無駄に消費される電力は，⑦｜10　20　38　50　75｜〔W〕になり，図1の回路に比べて電気器具の消費電力を増やし，引き込み線で無駄に消費される電力を減らすことができる。そのほか，赤と黒の線を用いると200V用の電気器具も使用できるなどの利点があるが，図2で使用している2つの電気器具の抵抗が異なるときに，白の線だけが断線すると，抵抗の⑧｜大きい　小さい｜ほうの電気器具にかかる電圧が□□⑨□□ので危険である。

黒　白

赤

ON
OFF

黒　白　赤

（兵庫・灘高）

★★★*125* ［電力と並列回路・直列回路］

次の文章を読んで，あとの(1)～(7)に答えなさい。

長さ1mあたり抵抗値100Ωで太さが均一な抵抗線を，2つの支えと台で固定した装置がある。2つの支えの間隔は50cmである。支えと台はともに電流を通さない。抵抗線にクリップA，Bをつけて電流を流す。クリップは自由に動かせるものとする。

この装置と，電流・電圧の測定ができる電源装置，抵抗値12Ωの抵抗，導線を用いて以下のような実験を行った。

まず，図1のように抵抗線と抵抗を並列に電源装置につなぐ。電源装置の電圧を60Vにし，クリップA，Bの間隔Xを変えて，電源装置の電流Iを記録する。

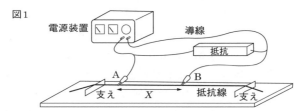

図1

(1) $X = 40〔cm〕$のとき，電流Iはいくらになるか求めよ。

(2) 横軸にX，縦軸にIをとってグラフにすると，どのようになるか。次のア～クの図より最も適当なものを選び，記号で答えよ。

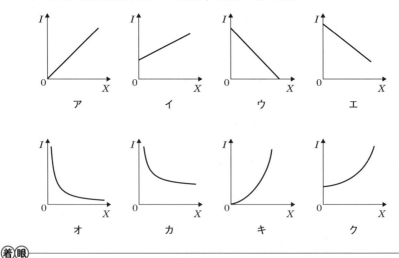

着眼

125 (2)並列回路では，どこでも電源と同じ大きさの電圧がかかる。また，電源装置を流れる電流は，各並列部分を流れる電流の和である。

(3) 抵抗線での電力は，X の値によってどう変化するか。次のア〜オの文から最も適当なものを選び，記号で答えよ。

　ア　X の値を変えても，消費電力は変化しない。

　イ　X の値を増加させていくと，消費電力は増加する。

　ウ　X の値を増加させていくと，消費電力は減少する。

　エ　X の値を増加させていくと，消費電力はまず増加し，その後，減少する。

　オ　X の値を増加させていくと，消費電力はまず減少し，その後，増加する。

(4) クリップ B だけはずすと，電流 I はいくらになるか，求めよ。

　次に，図2のように抵抗線と抵抗を直列に電源装置につなぐ。電源装置の電圧を 60V にし，クリップ A，B の間隔 X を変えて，電源装置の電流 I を記録する。

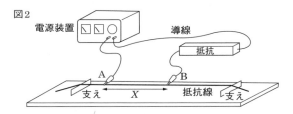

図2

　この実験での X，I と，それらにより計算した電源の電力 P，抵抗での電力 P_1，抵抗線での電力 P_2 を表にまとめる。

X〔cm〕	8	12	28	48
I〔A〕		(ア)		
P〔W〕				
P_1〔W〕				(イ)
P_2〔W〕				

(5) 表のア，イの欄に相当する値を求めよ。

(6) P，P_1，P_2 にはどのような関係があるか，式で答えよ。

(7) 抵抗線での電力 P_2 は，X の値によってどう変化するか。(3)のア〜オから最も適当なものを選び，記号で答えよ。

（大阪・清風南海高）

125 (5)〜(7)直列回路では，どこでも同じ大きさの電流が流れている。また，電圧は，電源の電圧が各抵抗の抵抗値に比例して配分される。

3 静電気と電子

解答 別冊 *p.59*

*126 [静電気①] 頻出

次の①～④は，物質どうしを摩擦したときに，静電気が起こるしくみやその性質について，模式的な図を用いて説明しているものである。図中の●と○は，それぞれ＋あるいは－の電気のいずれかを表している。これについて，あとの問いに答えなさい。

① 物質の中にはふつう＋の電気と－の電気が同じだけある。

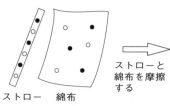

ストローと綿布を摩擦する

ストロー　綿布

② ●で示した電気が綿布からストローに移動し，物質の中の電気にかたよりが生じる。

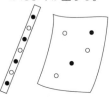

③ 綿布で摩擦したストローどうしを近づけると，力がはたらく。

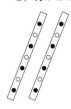

④ ストローと綿布を，互いに摩擦したあと，近づけると，力がはたらく。

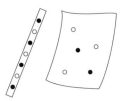

(1) ②の●は＋，－のいずれの電気を表しているか。

(2) ③，④で力がはたらくとあるが，それらの力はしりぞけ合う力か，引き合う力か。それぞれ答えよ。

(3) ③，④ではたらく力は静電気力とよばれる力である。この静電気力のように，物体が離れていてもはたらく力を1つ答えよ。

(4) 静電気で起こる自然現象の例を1つあげよ。

(広島大附高)

着眼

126 (1)静電気は，－の電気をもった電子が移動することによって起こる。
(2)同じ種類の電気どうしはしりぞけ合い，異なる種類の電気どうしは引き合う。

127 [陰極線] ◀頻出

K君は電流について調べるために，次の実験を行った。

【実験】 図1〜図3のように，それぞれのクルックス管の電極 a，b に誘導コイルをつなぎ，電極 ab 間に高い電圧をかけて電流を流し，電流の道すじを観察した。

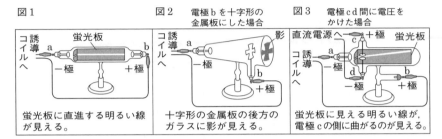

図1
蛍光板に直進する明るい線が見える。

図2 電極bを十字形の金属板にした場合
十字形の金属板の後方のガラスに影が見える。

図3 電極 c d 間に電圧をかけた場合
蛍光板に見える明るい線が，電極 c の側に曲がるのが見える。

K君は，この実験と，本やインターネットで調べてわかったことを，次のようにまとめた。①と②にあてはまる適切な語や記号をそれぞれ書きなさい。

　図1，図2の観察で，－極の電極aから＋極の電極bへ向かって，何かがまっすぐ進んでいることがわかる。これを陰極線という。図3の観察で，陰極線は（ ① ）の電気を帯びていることがわかる。

　イギリスのトムソンは，「陰極線は，（ ① ）の電気を帯びた非常に小さな粒子の流れであること」を見いだした。この粒子を（ ② ）という。電流の正体は（ ② ）の流れである。

（山梨県）

128 [電流の正体] ◀頻出

金属の中では，Aのように電子が動きまわっているが，電圧を加えると，Bのように一定の向きに移動する。

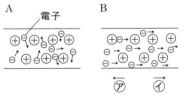

A　電子
B

(1) Aのように，金属の中を自由に動きまわっている電子を何というか。

(2) Bで，電流の向きは⑦，⑦のどちらか。

着眼
127 図3で，陰極線は直流電源の＋極側に曲がっている。
128 (1)自由に動きまわっている電子である。

*129 [静電気②] ◀頻出

　ストローとアクリル管をそれぞれ2本ずつ重ねて，図1のようにこすり合わせた。次に，図2のように1本の管を自由に回転できるようにし，回転できる管(A)の動き方に着目して，下表の①〜③について，調べた。

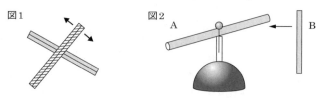

図1　　図2

	A：回転できる管	B：近づける管
①	ストロー	ストロー
②	ストロー	アクリル
③	アクリル	アクリル

(1)　①〜③のとき，Aはどのように動くか。それぞれ次から選べ。
　ア　AはBに引きつけられるように動く。
　イ　AはBからのがれるように動く。
　ウ　Aは動かない。

(2)　図3のようにアクリル管とこすり合わせたストローを箔検電器の金属板につけると，箔が開いた。箔検電器に近づける前のストローが−の電気を帯びていたとすると，図3のときの箔は次のうちのどのような状態か。
　ア　＋の電気を帯びている。
　イ　−の電気を帯びている。
　ウ　電気を帯びていない。

図3

金属板

箔

(3)　こすり合わせたアクリル管とストロー2本ずつを重ねて箔検電器の金属板につけると，箔は開くか，開かないか。

（東京学芸大附高改）

着眼
129 静電気は，電気を通さないものどうしをこすり合わせたときに，一方からもう一方へ−の電気が移動することによって生じる。

★★*130* ［真空放電と磁力］

　下の図のように，水平に置かれた真空放電管の電極に高電圧をかけると，蛍光板に光の道筋ができる。この道筋は，ある粒子の流れであることがわかっている。

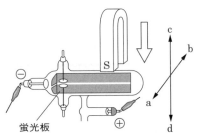

蛍光板

(1)　この明るい線を何というか。

(2)　この線は何という粒子の流れか。

(3)　図のように，放電管にU字形磁石を近づけると，光の道筋は曲げられる。この道筋はどちらのほうに曲げられるか。a〜dから正しいものを選んで記号で答えよ。ただし，abは紙面に垂直な方向で，cdは紙面上の上下の方向である。

（京都・洛星高）

★*131* ［原子力の利用と課題］

　次の問いに答えなさい。

(1)　原子力発電に利用されるウランなどの核燃料は，使用前も使用後も，α 線,（アルファ）β 線,（ベータ）γ 線など，（ガンマ）多量に浴びると人体や農作物に有害なものを出す。このように出てくる有害なものをまとめて何というか。

(2)　人工的につくられたものを除いて，自然界に(1)は存在するか。

(3)　(1)には，物質を透過しやすい性質をもつものがある。この性質はどのようなことに利用されているか。2つ答えよ。

着眼

130 (3)電子の移動する向きと電流の向きは逆向きである。導線に電流を流したとき，電流が流れていく向きに対して時計まわりの磁界が導線を中心とした同心円状にできる。磁石の磁界は，N極からS極に向かう向きにできる。電子の流れは，磁力が強めあうほうから弱めあうほうへ向かって力を受ける。この力の向きは，フレミングの左手の法則によっても求められる。

131 (3)X線も(1)の一種である。

☆☆*132* [静電気③]

　物体をこすり合わせたときに生じる電気は「静電気」とよばれ，導線の中を流れる電気は「電流」とよばれる。実験1〜3を行い，両者の違いと，共通点について調べた。これについて下の(1)〜(3)の問いに答えなさい。

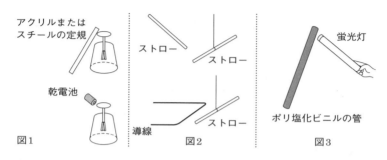

アクリルまたは
スチールの定規

乾電池

図1

ストロー
ストロー
導線
ストロー
図2

蛍光灯
ポリ塩化ビニルの管
図3

【実験1】　ティッシュペーパーでこすったアクリル製の定規，ティッシュペーパーでこすったスチール(鉄)製の定規，乾電池を手に持ち，箔検電器(はじめ，箔は閉じていた)の金属板に触れさせた。このとき乾電池は＋極が箔検電器の金属板に触れるようにした(図1)。

【実験2】　ティッシュペーパーでこすったストローの中央を糸で結んでつるしたものに，やはりティッシュペーパーでこすったもう1本のストローを近づけた。また，ティッシュペーパーでこすったストローの中央を糸で結んでつるしたものに，電流の流れている導線を近づけた(図2)。

【実験3】　ポリ塩化ビニルでできた管を，ティッシュペーパーでよくこすったのち，小型の蛍光灯の一方の電極を手に持ち，もう一方の電極をポリ塩化ビニルの管に触れさせた(図3)。

(1)　実験1の結果とその説明について，正しいものを次のア〜キから1つ選び，記号で答えよ。

　　ア　アクリルは電気を通さないので，箔は開かず，スチールは電気を通すので，箔は開く。

　　イ　アクリルは電気を通さないので，箔は開き，スチールは電気を通すので，箔は開かない。

　　ウ　アクリルは電気を通すので，箔は開かず，スチールは電気を通さないので，箔は開く。

　　エ　アクリルは電気を通すので，箔は開き，スチールは電気を通さないので，箔は開かない。

オ　アクリルとスチールは電気をもたないので，箔は開かず，乾電池は電気をもつので，箔は開く。

カ　動きやすいのはマイナスの電気なので，乾電池は＋極では箔は開かず，−極を触れさせれば箔は開く。

キ　乾電池は一方の極だけでは箔は開かず，導線を用いて両方の極が金属板に触れるようにすれば，箔が開く。

(2)　実験2で，ストローを近づけたとき，つるしたストローは力を受けて動いたが，導線を近づけたときは動かなかった。この結果についての説明として，正しいものを次のア～オから1つ選び，記号で答えよ。

ア　静電気は，同じ種類どうしのときだけ力がはたらく。

イ　電気は静止していると力がはたらき，動くと力がはたらかない。

ウ　導線の中には電気が存在するが，正負同量なので，力がはたらかない。

エ　静電気と電流は，異なる種類の電気なので力ははたらかない。

オ　静電気は磁気をつくって力をおよぼすが，電流は磁気から力を受けない。

(3)　実験3を暗いところで行ったところ，蛍光灯が一瞬光った。この現象について，次のア～エのいずれが正しいか記号で示し，なぜそう思うのか，その考えを簡単に述べよ。

ア　回路ができていないが，電流が流れた。

イ　回路ができており，電流が流れた。

ウ　回路ができていないので，電流は流れていない。

エ　回路ができており，電流が流れていない。

（東京・筑波大附高）

★★*133* ［放射線］

放射線や放射性物質について述べた文として誤っているものを，次から1つ選び，記号で答えなさい。

ア　X線撮影は，放射線の透過性を利用している。

イ　放射線を出す能力のことを放射能という。

ウ　放射性物質は，自然界には存在しないため，人工的につくられる。

エ　放射線には，X線の他にα線，β線，γ線などがある。

（埼玉県[改]）

着眼

132 箔検電器の金属板に電気をもったものを近づけると，箔が同じ種類の電気をもつため，箔どうしがしりぞけ合って開く。

4 電流と磁界

解答 別冊 *p.61*

*134 ［電流と磁界①］ ◀頻出

電流が流れる導線が磁界から受ける力について調べる実験をした。

【実験1】 電熱線Aを図のようにつないで，電流を流した。

(1) 実験1のとき，磁石にはさまれた部分の導線の動く向きは，どの向きになるか。図中のア〜カの記号で答えよ。

次に，電源装置の電圧を一定にして，抵抗が同じ電熱線AとBの2通りのつなぎ方で実験をした。

【実験2】 電熱線AとBを直列につないで，電流を流す。

【実験3】 電熱線AとBを並列につないで，電流を流す。

(2) 実験2と3では，どちらの実験のほうが，導線が大きく動くか。また，その理由を『電流』・『並列』・『直列』という3つの言葉を使って説明せよ。

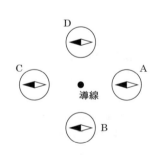

(広島・如水館高)

*135 ［電流がつくる磁界］ ◀頻出

鉛直に張った導線のまわりに方位磁針を置いたところ，導線に電流を流す前は各方位磁針は，真上から見ると図の向きを指した。磁針は黒くぬってあるほうがN極である。導線に上向きの電流を流し，それをしだいに強めていくと，各磁針はさまざまな動き方をする。そのなかで，電流が小さいときはまったく振れず，電流がある大きさをこえると動きだす磁針はどれか。次のア〜オから適当なものを1つ選んで，記号で答えなさい。

ア AとC
イ BとD
ウ Aだけ
エ Bだけ
オ Dだけ

(長崎・青雲高)

136 ［電流と磁界②］ ◀頻出

回路をつくって電流を流したとき，下図のように導線の一部に磁石を近づけた。このとき，電流が磁石の磁界から受ける力はどの向きか。ア～エの記号で答えなさい。

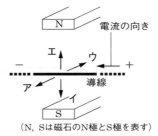

（N, Sは磁石のN極とS極を表す）

（東京・開成高）

137 ［簡易モーター］ ◀頻出

右図は，エナメル線を数回巻いてつくった簡易モーターである。真横のS君側から見ると，コイルは図のように時計回りに回転していた。図の状態でコイルの下端P点について，

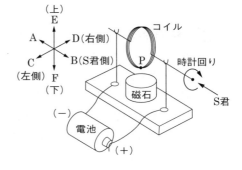

① P点に流れる電流の向き

② P点が受ける磁界の向き

③ P点にかかる力の向き

を，図中の矢印A～Fで正しく表したものはどれか。次のア～オのなかから適当なものを1つ選んで，記号で答えなさい。

ア ①A ②E ③C
イ ①A ②F ③D
ウ ①B ②E ③C
エ ①B ②F ③D
オ ①B ②E ③D

（長崎・青雲高）

着眼
134 (2)導線に流れる電流が強いほど，電流が磁石の中で受ける力は大きくなる。

135 地球による磁界の向きと電流による磁界の向きがまったく反対向きのときである。

136, 137 フレミングの左手の法則を使うと解きやすい。

*138 ［電磁誘導①］ ◀頻出

次の文中の空欄に入る記号の組み合わせを，あとの**ア〜エ**から選び，記号で
答えなさい。

図1のように，棒磁石の
N極をコイルに近づけると，
矢印の向きに電流が流れた。
次に，図2のように，磁石
のS極をコイルに近づける
と電流は（ ① ）の向きに流

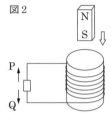

れ，続けて磁石を遠ざけると電流は（ ② ）の向きに流れた。

ア ①P，②P　　**イ** ①P，②Q　　**ウ** ①Q，②Q　　**エ** ①Q，②P

（大阪桐蔭高）

139 ［電流が磁界から受ける力と電磁誘導］

右図のように，机の上にコイルと導線
ABを置く。机の上方からコイルの中心
に向けて磁石のN極を近づけていくと，
検流計の指針が右に振れるように検流計
とコイルを接続する。ただし，検流計は

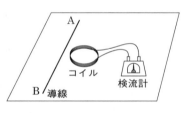

電流が＋端子から流れこむと指針が右に振れるようになっている。これについ
て，次の問いに答えなさい。

(1) 磁石のS極をコイルの中心から上方へ遠ざけていくと，検流計の指針は
どうなるか。

(2) 導線ABにAからBの向きに電流を流す。流している電流の強さを変化
させると検流計の指針が左に振れた。電流の強さをどのように変化させたか。

(3) 接続されている検流計をはずして，コイルに電池を接続する。そのとき，
検流計の＋端子に接続されている導線を電池の＋極に，－端子に接続されて
いる導線を電池の－極に接続する。電池の電流によってつくられるコイルの
内側の磁界の向きを答えよ。

(4) 導線ABに流れているAからBの向きの電流が，コイルによる磁界から
受ける力の向きを答えよ。

（大阪教育大附高池田）

★★*140* ［電磁誘導と発光ダイオード］

次の問いに答えなさい。

(1) 図1のように導線Bに電流を流したとき，
導線Aの所にできる磁界はあ～えのうちのどの
向きか。

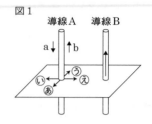

図1

(2) 次に，導線Aに電流を流したところ，磁界
からえの向きの力を受けた。導線Aの電流はa，
bのうちのどの向きか。

(3) 図2のようなコイルにN極をすばやく近づけると，検流計の針が右に振
れた。下の①，②の回路を検流計にかえてA端子（——●），B端子（——◆）に
接続し，コイルにN極をすばやく近づけた場合，赤（🔴）・黄（🟡）の発
光ダイオードはどのようなつき方をするか。下のア～カからそれぞれ1つ
ずつ選び，記号で答えよ。

図2

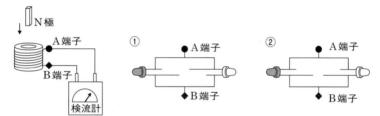

ア　赤だけがつく。　　　　　　イ　黄だけがつく。
ウ　赤と黄が一緒につく。　　　エ　どちらもつかない。
オ　赤と黄が交互に点滅する。　カ　赤と黄が同時に点滅する。

(4) 図3のように，アクリルの筒にコイルを巻き，磁石を入
れ，(3)の①，②の回路を図3のA，B端子に接続して，筒
を何度も強く振り，コイルの中を往復させた場合，赤・黄
の発光ダイオードはどのようなつき方をするか。(3)の選択
肢ア～カからそれぞれ1つずつ選び，記号で答えよ。

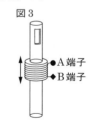

図3

(愛媛・愛光高)

140 (3)(4)発光ダイオードには，あしの長いほうから短いほうへ向かう向きにしか電
流が流れない。

★★*141* ［電流・磁界・電磁石］

磁界のようすと電流が磁界から受ける力について，次の問いに答えなさい。

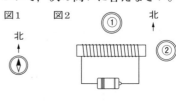

(1) 図1のように，方位磁針を水平な机の上に置くと，南北を向いて静止した。このとき方位磁針の北を向いている磁極を何極というか。

(2) 図2のように，水平な机の上に電磁石を置き，図2の①，②の点に方位磁針を置いた。①，②の位置の方位磁針はどのようになるか。解答群のア〜エからそれぞれ選べ。

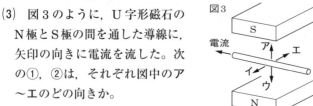

(3) 図3のように，U字形磁石のN極とS極の間を通した導線に，矢印の向きに電流を流した。次の①，②は，それぞれ図中のア〜エのどの向きか。

① 導線の位置での磁界の向き

② 電流が磁界から受ける力の向き

(4) 図4のように，電磁石の上に導線を置き，矢印の向きに電流を流した。電流が磁界から受ける力の向きは図中のア〜エのどの向きか。

（福岡大附大濠高）

★★*142* ［電流と磁界・モーター］

図1のようにスイッチと抵抗を直流電源装置の端子A，Bにつなぎ，P，Qにさまざまな実験器具を接続して，電流と磁界に関する実験を行った。

次の(1)〜(4)に答えなさい。

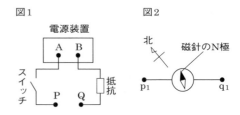

(1) まっすぐな1本の導線がある。一方の端 p_1 を図1のPにつなぎ，他方の端 q_1 をQにつないで，その導線の上に磁針を置いた。スイッチを切った状態では，磁針のN極は北を指していた。次にスイッチを入れたところ，磁

着眼

141 コイルに流れる電流の向きに合わせて右手でコイルをにぎったとき，親指のある側のコイルの端がN極となるような磁界ができている。

針は図2のような向きを指した。スイッチを入れる前と入れた後で配線は変わっていないとすると，電源端子のAとBはどちらが＋極か。

(2) 図3のようにエナメル線でつくったコイルを磁界中に置き，コイルの一方の端 p_2 を図1のPにつなぎ，他の端 q_2 をQにつないだ。スイッチを入れたとき，コイルはどの向きに力を受けたか。図3のア～カから1つ選び，その記号を書け。

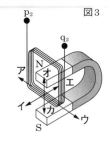

図3

(3) モーターの原理を調べるため，図4のようにエナメル線でつくったコイルを磁界中に置き，p_3 を図1のPに，q_3 をQにつないでスイッチを入れた。このとき，p_3, q_3 からつながる金具（ブラシ）とコイルの接点（整流子）の構造として，①～③のように3通りのものをつくった。図4の下段の図は，zの向きから見た図である。モーターとして回転する構造には○，回転しない構造には×をそれぞれ記せ。

図4

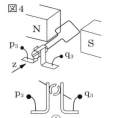

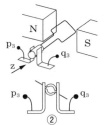

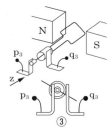

① ② ③

(4) 今回の実験の結果から，別の実験について次のように考えた。

図5のように，X，Yの2本の導線を平行に置き，同じ向きに電流を流す実験を考える。(1)から考えると，Xを流れる電流はYの位置に（ ① ）の向きに磁界をつくるはずである。その磁界中をYの電流が流れるので，(2)から考えると，Yは（ ② ）の向きに力を受けるだろう。同様にYを流れる電流はXの位置に（ ③ ）の向きに磁界をつくるので，Xは（ ④ ）の向きに力を受けるだろう。

文中の①～④にあてはまる向きを，図5のa～hのなかからそれぞれ1つずつ選び，その記号を書け。

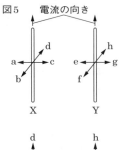

図5　電流の向き

導線を真上から見た図

（国立高専）

142 (3)ブラシと整流子によって，半回転ごとにコイルに流れる電流の向きを変えることによって，モーターを回転させている。

★★*143* ［電流と磁界③］

電流と磁界の関係について，次の問いに答えなさい。

(1) 図1のように，導線に電流を流した。図中のS面の上方から見て，磁力線はどのようにかけるか。次のア～カから最も適当なものを選べ。

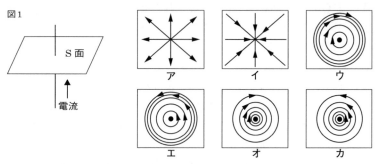

(2) 図2では導線を長方形に20回巻いてコイルとしたものを用いた。矢印の向きに1Aの電流を流したとき，図中のP点とQ点に生じる磁界について正しく説明している文を，次のア～ウから1つ選び記号で答えよ。なお，図中のP，Q点から面の中心を通る導線までの距離は等しいものとする。

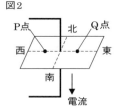

　ア　P点とQ点の磁界の強さは等しい。

　イ　P点とQ点の磁界は同じ向きである。

　ウ　コイルの巻き数を増やすと，P点とQ点の磁界はともに強くなる。

（三重・高田高改）

★★*144* ［電磁誘導②］

　図は，2組のまったく同じU字型磁石とコイルを使った，電磁誘導の実験装置である。ブランコ状になった2つのコイルの，端子A－D間，およびB－C間は，導線でつないである。2つのU字型磁石はどちらも，S極を上に，N極を下にして置いてある。コイルの振れの向きは，図の矢印方向を「手前」，その逆方向を「向こう」と表現する。

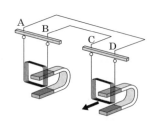

着眼

143 (1)導線に近いところほど，磁界が強くなる。

　　　(2)図2はコイルの右側だけをかいた図で，実際は長方形のコイルであることに注意する。

(1) 2つのコイルが静止していた状態から，右側のコイルだけ手前へ動かした。手前に動かしている間について，次の問い①，②に答えよ。

  ① A−D間の電流は，どうなるか。次のア～ウから選べ。

    ア A→Dへ流れる。   **イ** D→Aへ流れる。   **ウ** 流れない。

  ② 左側のコイルはどうなるか。次のカ～コから選べ。

    カ 手前に動きだす。   **キ** 向こうへ動きだす。

    ク まったく動こうとしない。

    ケ 左側のコイルの巻き数が多ければ手前に動きだすが，巻き数が少なければ向こうへ動きだす。

    コ 右側のコイルの巻き数が多ければ手前に動きだすが，巻き数が少なければ向こうへ動きだす。

(2) 2つのコイルが静止していた状態から，(1)の場合と反対に，左側のコイルだけ向こうへ動かした。向こうへ動かしている間にA−D間に流れる電流のようすを，(1)①のア～ウから選べ。

  コイルの中の磁界が変化する場合，そのコイルには電磁誘導が起こる。これは，そのコイルが(1)の実験の右側のコイルのように手で直接動かされた場合でも，また左側のコイルのように流れる電流と磁界とのはたらきによってコイルが動かされた場合でも，同様である。だから，(1)の実験においては，右側で起きた電磁誘導により，結果的に左側のコイルにも，引き続き，(2)に類するような電磁誘導が，わずかではあるが引き起こされている，と考えられる。このことから，次の問い(3)，(4)に答えよ。

(3) 左側のコイルを動かないようにして，右側のコイルだけを，(1)の実験とまったく同じように手前へ動かした。手前へ動かしている間，A−D間に流れた電流は，(1)の場合と比べてどうか。次のア～オから選べ。

  ア 変わらない。   **イ** (1)と同じ向きで(1)より大きい。

  ウ (1)と同じ向きで(1)より小さい。 **エ** (1)と逆向きで(1)より大きい。

  オ (1)と逆向きで(1)より小さい。

(4) A−D間の導線をはずして，右側のコイルだけを，(1)の実験とまったく同じように手前へ動かした。手前へ動かしている間，コイルを動かすのに必要な力は，(1)の場合に比べてどうか。次のア～ウから選べ。

  ア 変わらない。   **イ** (1)より大きい。   **ウ** (1)より小さい。

（鹿児島・ラ・サール高）

144 一方のコイルを動かすと誘導電流が流れるため，もう一方のコイルは，流れる電流が磁界によって力を受けるために動く。

★★★ *145* ［電磁誘導③］

　下図のように，長い導線を巻いてつくったコイル，同じニクロム線2本，スイッチを導線で接続し，水を入れた容器にABの部分まで入れた。棒磁石を1分間に60回転の一定の速さで時計の針のまわる向きに回転させ続けた。図は，時刻0秒の瞬間の磁石の向きを示している。はじめに，スイッチS_1だけを閉じた。これを状態1とする。ニクロム線による発熱はすべて水の温度上昇に用いられるものとし，導線にはわずかに抵抗があるものとせよ。

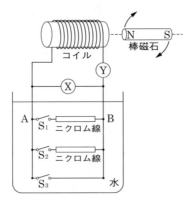

(1)　図のX，Yはそれぞれ電流計，電圧計のいずれか。

●(2)　状態1で，時刻0.8秒から時刻1.2秒までの，AB間に流れる電流を表すグラフを次から1つ選び，記号で答えよ。ただし，ニクロム線をAからBの向きに流れるときの電流を正とする。なお，グラフの下に書かれた数字は時刻を表す。

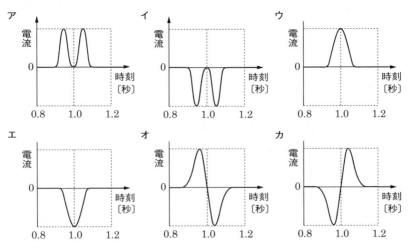

難▶(3) 状態1からスイッチS_2も閉じたものを状態2とする。状態1では水温が1分間で0.5℃上昇し，状態2では水温が1分間で約1.0℃上昇した。状態1と比べて状態2では電流計，電圧計のおよその読みはどうなっているか。適当なものを次から1つ選び，記号で答えよ。

　　ア　電流計，電圧計とも読みは変わっていない。

　　イ　電流計の読みは変わらず，電圧計の読みは2倍になっている。

　　ウ　電圧計の読みは変わらず，電流計の読みは2倍になっている。

　　エ　電流計，電圧計とも読みは2倍になっている。

(4) 状態2からスイッチS_3も閉じたものを状態3とする。

　① 次の文の（　）内に適するものを下の**ア～カ**から選び，記号で答えよ。同じものを2回以上答えてもよい。

　　いずれの状態でも，コイルの右端に棒磁石のN極が近づいていくとき，コイルの右端は（　1　）ので，棒磁石を一定の速さで回転させ続けるには（　2　）。また，N極が遠ざかっていくときには，コイルの右端は（　3　）ので，棒磁石を一定の速さで回転させ続けるには（　4　）。

　　ア　N極と同じはたらきをする

　　イ　S極と同じはたらきをする

　　ウ　どちらの極のはたらきもしない

　　エ　回転方向と同じ向きの力を加える必要がある

　　オ　回転方向と逆向きの力を加える必要がある

　　カ　力を加えなくてよい

難▶② 状態1・状態2・状態3で，①で答えた必要な力の強さを比較すると，どのような順になるか。強いものから順に並べよ。

（兵庫・甲陽学院高）

---

145 (2) 1.0秒の直前はN極が近づき，1.0秒の直後はN極が遠ざかる。

　　(3)状態1から状態2にすると，ニクロム線が並列に増える。

　　(4)①電磁誘導では，それまでの磁界の状態を保とうとする磁界が生じる向きに，誘導電流が流れる。

★★★ *146* ［電磁誘導と物体の運動］

　図1のような形のレール ABCD をつくった。A，B，C 点を高いほうから順にならべると，ACB である。また，B 点付近と C 点付近のレールはそれぞれ水平になっている。一方，電線を円形に巻いたコイルを2つつくり，レールに通して，図1のように B 点と C 点に置き，それぞれに検流計を接続した。コイルの形状と検流計の感度は両者同じである。

　このレールに台車を乗せた。台車には，図1のように，N 極を D 点の側に向けて棒磁石が固定されている。B，C 点にあるコイルの中を，この台車が通過できるようになっている。

　台車を図1にかいた位置から手で押し，棒磁石の中心が B 点に達するまで等速で動かした。この操作にともなって，検流計の針は，＋の向き（右向き）に振れたあとゼロ（中央）にもどった。図2は，このときの針の振れのようすを大まかにグラフ化したものである。

　台車はレールから離れず摩擦なく走るものとし，また(4)以外では，棒磁石に磁力（磁気による力）ははたらかないとして各問いに答えなさい。

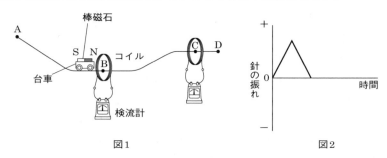

図1　　　　　　　　　　　　　図2

(1)　B 点に止めてあった台車（棒磁石の中心が B 点にある）を，A 点の側に向かって手で動かしてコイルから等速で遠ざけた。このとき，検流計の針はどのように振れたか。図2にならって，その概略を図で表せ。

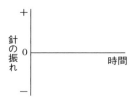

着眼
146 (1)棒磁石の N 極がコイルの左端に近づいたとき，図2のように＋側に針が振れている。よって，棒磁石の N 極がコイルの左端から遠ざかったときは，電流の向きが逆になる。

次に，あらためて A 点から台車を静かにスタートさせ，自由に D 点まで走らせた。

(2) 台車が B 点のコイルに近づき，それをくぐり，遠ざかるまでの間，検流計の針はどのように振れたか。図 2 にならって，その概略を図で表せ。

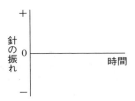

(3) 台車の B 点通過にともなう検流計（B 点）の針の振れの大きさに比べ，C 点通過にともなう検流計（C 点）の針の振れの大きさがどのようになったか。最も適切なものを選んで記号で答えよ。

　ア　大きくなった。

　イ　同じだった。

　ウ　小さくなった。

(難)(4) (2)では，台車がコイルを通過したとき，コイルには電流が流れた。このとき，コイルに流れた電流によって磁界が生じた。その磁界によって，台車の上にのせた棒磁石は力を受けていた。「コイル通過前およびコイル通過後における台車の速さ」について述べた文として，正しいものを選び，記号で答えよ。ただし，台車の速さは，運動の向きと同じ向きに力がはたらいたときは増加し，運動の向きと逆向きに力がはたらいたときには減少するものとする。

　ア　コイル通過前は増加し，通過後は減少していた。

　イ　コイル通過前は減少し，通過後は増加していた。

　ウ　コイル通過前・後ともに，増加していた。

　エ　コイル通過前・後ともに，減少していた。

（東京・お茶の水女子大附高改）

146 (2)コイルの左端に N 極が近づいたあと，コイルの右端から，S 極が遠ざかっていった。

　(3)B 点を通ったあと坂を上って C 点を通るので，C 点を通るときは速さが減少している。

解答 別冊 *p.66*

3編 実力テスト

時間**50**分
合格点**70**点

得点 ／100

1 次の文の空欄に適する数値や式を答えなさい。ただし，数値が割り切れるときは整数か小数で，割り切れないときは既約分数で答えること。

（各3点 計24点）

乾電池と6Ωの電気抵抗器(以下，抵抗器)，電圧計(電圧計の中で使用されている抵抗器は十分に大きい抵抗値を持つ)，乾電池を直列に収納する乾電池ケース(以下，ケース)を用いた実験について考える。まず図1のようにケースに電圧計を接続し，ケースに入れた乾電池の本数xと電圧計の示す値y〔V〕を調べたところ，図3のグラフaのような関係であることがわかった。次に図2のような回路をつくり，ケースに入れた乾電池の本数，ケースに入れた乾電池の本数xと電圧計の示す値y〔V〕を調べたところ，図3のグラフbのような関係であることがわかった。以上の実験では，乾電池はすべて同じ向きであり，逆向きにはしていない。

図1

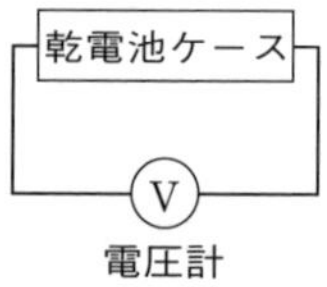

電圧計

図2

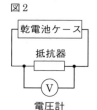

電圧計

ところで，図2の回路の電流は乾電池内部にも流れていることを考えると，この電流の大きさは乾電池内部の電気抵抗(以下，内部抵抗)に影響される。この内部抵抗を考慮して，a，b2つのグラフを考察してみよう。

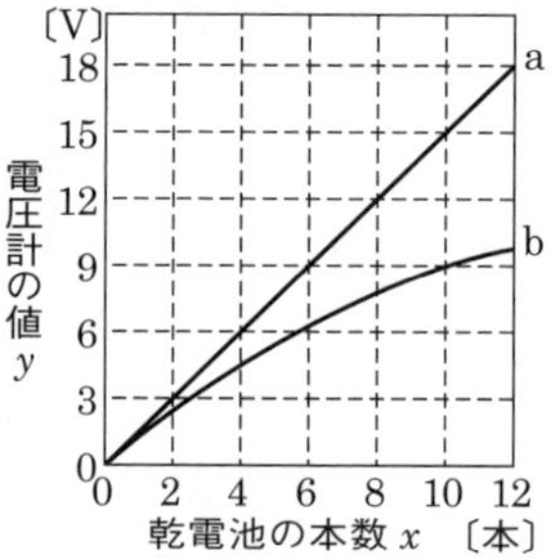

グラフbでは，$x=12$本のとき$y=10$〔V〕という測定値であることから，$x=12$本のとき流れている電流は ① 〔A〕である。$x=12$本のときのケースの本来の電圧はグラフaから ② 〔V〕である。すると，12本直列にした乾電池全体の内部で，内部抵抗によって ③ 〔V〕だけ電圧が下がっているから内部抵抗の値は ④ 〔Ω〕である。つまりここで使用した乾電池1本につき ⑤ 〔Ω〕の内部抵抗が存在している。乾電池1本の本来の電圧をE〔V〕，内部抵抗をr〔Ω〕とする。乾電池n本を直列にし，R〔Ω〕の抵抗器に接続した場合を考える。全抵抗を表す式は ⑥ 〔Ω〕であり，回路を流れる電流を表す式は ⑦ 〔A〕である。また，抵抗器にかかる電圧を表す式は ⑧ 〔V〕である。

（奈良・東大寺学園高）

図3

〔V〕
18
15
12
電 9
圧 6
計 3
の
値
y 0

0 2 4 6 8 10 12
乾電池の本数 x 〔本〕

a

b

2 直流電源装置を使って電熱線と電球の直流回路における性質を調べた。
図1の回路をつくり，電源装置の電圧を変えて電熱線にかかる電圧と
流れる電流の強さとの関係を調べたところ，グラフAのようになった。同様にして，電球についても調べたところ，グラフBのようになった。以下の(1)～(5)に答えなさい。ただし，直流電源装置は電圧，電流の強さともにグラフに示されている値よりも大きな値にも調整できるものとする。(26点)

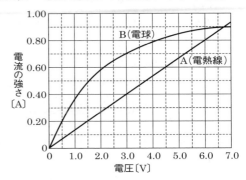

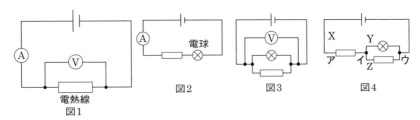

図1　図2　図3　図4

(1)　電熱線の抵抗は何Ωか。(5点)

(2)　電球の抵抗について述べた以下の文章で，｛ ｝の中の正しいものをア～
　　ウから1つ選び，記号で答えよ。(5点)
　　　電球の抵抗は，電球にかかる電圧が｛ア　大きくなると，小さくなる。
　　イ　大きくなっても変わらない。　　ウ　大きくなると，大きくなる。｝

(3)　図2の回路をつくって電流を流したとき，電流計の値は0.60Aであった。
　　このとき電源の電圧は何Vか。四捨五入して小数第1位まで答えよ。(5点)

(4)　図3の回路をつくって電流を流したとき，電圧計の値は3.0Vであった。こ
　　のとき電源から流れている電流の強さは何Aか。四捨五入して小数第2位
　　まで答えよ。(6点)

(5)　図4の回路をつくって，電流計はX，Y，Zのうちのどこか1か所に，電
　　圧計はア，イ，ウのなかの2か所を選んで接続したところ，それぞれの値
　　は約0.50Aと約5.5Vであった。電流計と電圧計を接続した箇所の記号を答
　　えよ。(完答5点)

（東京・開成高）

3 電流と磁界に関する，次の各問いに答えなさい。(25点)

(1) 図1のように，検流計をつないだコイル
   と棒磁石を配置しておく。棒磁石のN極を
   コイルに近づけると，検流計にはb→aの
   向きに電流が流れた。

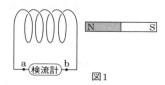

図1

　　次の①～③のそれぞれの場合について，検
流計にはどちら向きに電流が流れるか。それぞれの選択肢ア～ウから適する
ものを選び，記号で答えよ。(各5点)

① 図1において，棒磁石のN極をコイルから遠ざけるとき。
　　ア　a→b　　　イ　b→a　　　ウ　どちらにも流れない

② 図2において，棒磁石のS極をコイルから遠ざけるとき。
　　ア　a→b　　　イ　b→a　　　ウ　どちらにも流れない

③ 図3のように，コイルと検流計を回転台の上に固定しておく。磁石を
　　図の位置で動かさないようにして，回転台を矢印の向きに回し始めたとき。
　　ア　a→b　　　イ　b→a　　　ウ　どちらにも流れない

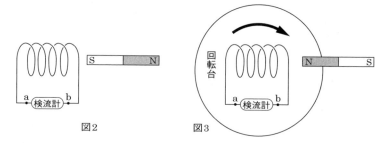

図2　　　　　図3

(2) 図4のように，2つのコイルA，Bをならべておき，スイッチKを閉じ
てコイルBに電流を流した。Kを閉じた瞬間から，コイルBを流れる電流
の強さは，下のグラフに示すように時間とともに変化した。その結果，この
電流によってつくられる磁界も変化した。次の各問いに答えよ。

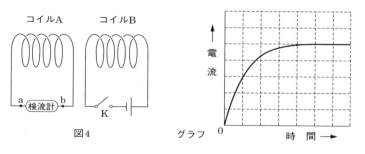

図4　　　　　グラフ

① コイル B を流れる電流がコイル A 内につくる磁界の向きは右向きか,それとも左向きか。(5点)

② コイル B を流れる電流によってつくられる磁界が変化するため,コイル A にも電流が流れる。このとき,検流計に流れる電流の向きは,右向き(a → b)かそれとも左向き(b → a)か。(5点) (大阪・清風高)

4 　10 Ω の抵抗 2 本(R_1 と R_2)と 10 Ω の電熱線(R_3)を図 1 のようにつなぎ,水の入った容器 A の水温を測定した。その結果は,表 1 のようになった。これについて,(1)〜(4)の問いに答えなさい。ただし,容器 A から熱は逃げにくく,電熱線で発生した熱は,すべて水温上昇に使われたものとする。(25点)

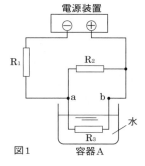

図1　容器A

表 1

時間〔分〕	0	1	2	3	4
水温〔℃〕	20.0	21.5	23.0	24.5	26.0

表 2

時間〔分〕	0	1	2	3	4
水温〔℃〕	20.0	23.0	26.0	29.0	32.0

(1) 電熱線(R_3)にかかる電圧を測定するためには,端子 a,b にどのように電圧計をつなげばよいか。最も適当なものを選び,記号で答えよ。(5点)

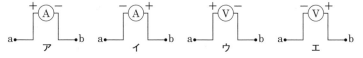

(2) 端子 a,b につないだ電圧計は,10V を示した。

① 抵抗 R_1 に流れる電流は,何 A か。(5点)

② 電源装置の電圧は,何 V か。(5点)

(3) (2)②の電源装置の電圧を 2 倍にして,容器 A の水温の変化を測定した。測定を開始してから 2 分後の水温は,何℃になるか。ただし,測定開始の水温は 20℃とする。(5点)

(4) 電熱線(R_3)を別の電熱線(R_4)につけかえて測定したら,表 2 のようになった。電熱線(R_4)の抵抗は何 Ω か。ただし,電源装置の電圧を調整して,端子 a,b につないだ電圧は 10V を示した。(5点) (大阪・関西大第一高)

1 | 気象要素と大気中の水の変化

解答 別冊 *p.68*

★**147** ［気圧や気温の変化と水蒸気］ **< 頻出**

次の文章を読み，下線部(1)～(3)についてのあとの各問いに答えなさい。

妙高山を登っていると，だんだんと気温が低くなり，霧がかかってきた。先生によると，空気が含むことのできる水蒸気量には限度があるので，(1)空気中の水蒸気が水滴となり，霧になったのだという。

山頂に着く頃には，風が出てきて，遠くの佐渡までながめることができた。ちょっとおなかがすいたので，お菓子を食べようと，お菓子を取り出したら，(2)袋がぱんぱんにふくらんでいた。でも，お菓子はとてもおいしかった。下山する頃，空をながめていると，(3)ほうきではいたような右の写真の雲が見えた。

(1) 空気中の水蒸気が水滴になることを何というか。次のア～エから選んで記号で答えよ。

 ア　露点 イ　凝結 ウ　蒸発 エ　飽和

(2) お菓子の袋がぱんぱんにふくらんでいた理由は何か。

 ア　高度が上がると気温が高くなり，袋の中の空気が膨張するから。

 イ　高度が上がると気温が低くなり，袋の中の空気が膨張するから。

 ウ　高度が上がると気圧が高くなり，袋の中の空気が膨張するから。

 エ　高度が上がると気圧が低くなり，袋の中の空気が膨張するから。

(3) 写真の雲を何というか。また，この雲が見られると，天気はどのように変化することが多いか。

 ア　積乱雲で，すぐに雨が降ることが多い。

 イ　積乱雲で，3～4日後に雨が降ることが多い。

 ウ　巻雲で，すぐに雨が降ることが多い。

 エ　巻雲で，3～4日後に雨が降ることが多い。

（東京学芸大附高）

着眼

147 (2)袋をまわりから押す力が小さくなるため，袋の中の空気が膨張する。
  (3)すじのように見える雲である。

***148** [露　点] ◀頻出

　ある日，名古屋では，南からの風が吹き始め，晴れからくもりの天候になり露点が高くなった。露点が高くなっていった理由として，以下のア，イ，ウのうちから正しいものを１つ選びなさい。

ア　水蒸気を多く含んだ空気が流れ込んだために露点が高くなった。

イ　気温が変化したために露点が高くなった。

ウ　風で洗濯物はよく乾くことからわかるように，風が強くなっていったために露点が高くなった。

（愛知・東海高）

***149** [湿　度] ◀頻出

　28℃の空気 10m³ を，体積を一定に保ったまま 4℃まで冷やすと，水滴が 72g 生じた。28℃のときの空気の湿度は何％だったか答えなさい。ただし，4℃および 28℃における飽和水蒸気量はそれぞれ 6.4g/m³，27.2g/m³ である。

ア　45％　　　**イ**　50％　　　**ウ**　55％　　　**エ**　60％　　　**オ**　65％

（長崎・青雲高）

***150** [飽和水蒸気量と湿度] ◀頻出

　気温 25℃，湿度 40.9％で体積が 20m³ の空気のかたまりを考える。この空気のかたまりは周囲の空気と混ざらないものとする。空気の飽和水蒸気量は下の表であるとして，あとの各問いに答えなさい。(1)，(2)の解答は小数第２位を四捨五入して答えなさい。また，(3)の（　　）中に適当な数値を整数で答えなさい。

気　温〔℃〕	5	10	15	20	25	30
飽和水蒸気量〔g/m³〕	6.8	9.4	12.8	17.3	23.0	30.3

(1)　この空気 1m³ 中に含まれる水蒸気の量は何 g か。

(2)　この空気のかたまりの温度が 20℃になると，湿度は何％になるか。

(3)　この空気の露点は約（　ア　）℃なので，気温が 5℃になると湿度は（　イ　）％であり，この空気のかたまりに含まれている水蒸気のうち（　ウ　）g が水滴になると考えられる。

（大阪教育大附高池田）

眼

　　148 露点とは，空気中の水蒸気が凝結し始める温度のことである。

　　149, 150 湿度〔％〕＝ $\dfrac{\text{空気 1m}^3\text{ 中に含まれている水蒸気の量〔g〕}}{\text{その気温での空気 1m}^3\text{ の飽和水蒸気量〔g〕}}$ × 100

*151 [圧 力] ◀頻出

右図に示すように，物体X，Y，Zは同じ形，大きさの直方体だが，異なる材質でできている。

これらを用いた実験について，下の問いに答えなさい。

物体X　　物体Y　　物体Z

【実験】　次の①〜④のように，物体をスポンジの上にのせて，スポンジのへこむようすを観察した。ただし，スポンジは物体よりもじゅうぶんに大きい。

① 物体XをAの面を下にしてのせる。
② 物体XをBの面を下にしてのせる。
③ 物体YをBの面を下にしてのせる。
④ 物体ZをAの面を下にしてのせる。

(1) ①と②を比べたら，②のほうがスポンジは深くへこんだ。その理由を説明せよ。

(2) ①と③を比べたら，①のほうが深くへこんだ。また，①と④を比べたときにも，①のほうが深くへこんだ。これらの結果からわかることを，次の文のようにまとめた。空欄の　a　，　b　に入る語句の組み合わせとして，正しいものを，下のア〜エから1つ選べ。

物体Xは物体Yよりも　a　。物体Xは物体Zよりも　b　。

	a	b
ア	重い	重い
イ	重い	重いとは限らない
ウ	重いとは限らない	重い
エ	重いとは限らない	重いとは限らない

(東京・筑波大附高)

*152 [圧力と大気圧]

圧力について，次の各問いに答えなさい。

(1) 図1のように，スポンジの上に同じレンガをA，B，Cの3通りの置き方で置き，スポンジのへこみの値を調べた。置き方Aは図2のレンガのa面がスポンジに接し，置き方B，Cも同様にそれぞれb，c面がスポンジに接している。

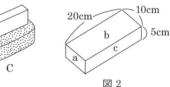

図1　　　　　　　図2

測定の結果を右表に示した。ただし，この表の3つの測定値のうち1つは1桁間違って記録してしまったので，正しいへこみの測定値は表のデータの10倍か，または$\frac{1}{10}$倍である。

表

置き方	へこみ〔mm〕
A	1
B	3
C	5

① 間違っている測定値を修正した上で，横軸にレンガがスポンジに接している面の面積〔cm²〕を，縦軸にへこみ〔mm〕をとったグラフを右にかけ。（測定値を・で示し，それらをなめらかに結ぶ曲線を記入せよ。）

へこみ〔mm〕

面積〔cm²〕

② 表や①でかいたグラフから，へこみの値にはどのような規則性があると予想されるか。15〜35字で述べよ。

(2) 平野君は，授業で「気圧は上空の空気の重さによって決まる。海面の高さでの気圧はおよそ1013hPaであるが，海面からの高さが100mのところでは，気圧は12hPa減少して1001hPaであり，標高がおよそ3800mの富士山の頂上の気圧はおよそ640hPaである。」と学んだ。これをもとに平野君は以下のように考えた。

> 「海面の高さでの気圧と富士山の頂上の気圧を比べると，気圧は高さ100mあたりおよそ9.8hPa減少している。したがって，100m上昇するごとに気圧は12hPa減少するというのは誤りである。気圧は100mあたりおよそ9.8hPa減少していくので，標高10320mでは気圧は0hPaであり，さらに，標高15000mでは，およそ−460hPaである。

地球を取り巻く大気は厚さがおよそ700kmである。このデータを考慮して，平野君の考えについて，理由をつけて60字〜120字で反論を述べよ。

（大阪教育大附高平野）

着眼

151 力がはたらく面積が同じ場合は，はたらく力が大きいほど圧力も大きくなる。また，はたらく力の大きさが同じ場合は，力がはたらく面積が小さいほど圧力は大きくなる。

152 (2)では，地上付近と上空とで，どのような違いがあるのかということを考えることが重要である。

★★*153* ［乾湿湿度計（乾湿計）と雲のでき方］ ◀頻出

次の文章を読み，表1，表2を参考にして，あとの問いに答えなさい。

超高層ビルの上部が雲に隠れている写真を見ることがある。いろいろなしくみでこのような現象が起こるが，ここでは，気流が生じて空気のかたまりがビルにそって上昇する場合を考えてみよう。いま，ビルの高さを1000mとし，地上で乾湿計を見ると，乾球温度計は19℃を示し，湿球温度計

は17℃を示していたとする。ただし上昇する空気の温度は，雲ができるまでは100mにつき1.0℃ずつ下がり，雲ができると100mにつき0.5℃ずつ下がるものとする。

(1) 地上での湿度は何％か。

(2) 地上での空気1m³に含まれている水蒸気量は，何gか。小数第2位を四捨五入して答えよ。

(3) 空気のかたまりが押し上げられると空気の温度が下がり，やがてある温度で空気1m³あたりに含まれている水蒸気量と

表1　湿度表

| | | \multicolumn{7}{c}{乾球と湿球の示度の差〔℃〕} |
		0.0	1.0	2.0	3.0	4.0	5.0	6.0
乾球の示度〔℃〕	19	100	90	81	72	63	54	46
	18	100	90	80	71	62	53	44
	17	100	90	80	70	61	51	43
	16	100	89	79	69	59	50	41
	15	100	89	78	68	58	48	39
	14	100	89	78	67	57	46	37
	13	100	88	77	66	55	45	34
	12	100	88	76	65	53	43	32
	11	100	87	75	63	52	40	29

表2　気温と飽和水蒸気量の関係

気　温〔℃〕	0	1	2	3	4	5	6	7	8	9
飽和水蒸気量〔g/m³〕	4.8	5.2	5.6	5.9	6.4	6.8	7.3	7.8	8.3	8.8
気　温〔℃〕	10	11	12	13	14	15	16	17	18	19
飽和水蒸気量〔g/m³〕	9.4	10.0	10.7	11.4	12.1	12.8	13.6	14.5	15.4	16.3

その温度での飽和水蒸気量が等しくなる。この温度を何とよぶか。その名称を答えよ。

(4) 気流が生じて地上付近の空気のかたまりがビルにそって上昇すると，ある高さから雲ができ始める。雲ができ始める高さとして適するものを，次のア～オから1つ選び，記号で答えよ。ただし，ビルにそって上昇した空気の1m³あたりに含まれる水蒸気量は，地上付近の空気と変わらないものとする。

ア　100m以上300m未満　　　イ　300m以上500m未満

ウ　500m以上700m未満　　　エ　700m以上900m未満

オ　900m以上1000m未満

(5) このビルは，雲ができ始めたところから上の部分がすべて雲の中に入っているものとする。地上から800mの高さで，この上昇してきた空気のかたまりの温度は何℃になるか。最も近い温度を次のア～オから1つ選び，記号で答えよ。

ア 9℃　　イ 11℃　　ウ 13℃　　エ 15℃　　オ 17℃

（大阪・清風高）

★**154** ［水蒸気が凝結する温度をはかる実験］ ◁頻出▷

次の図のような手順で実験をして，下記の結果を得た。また，飽和水蒸気量と気温の関係は，表に示している。あとの問いに答えなさい。

【実験1】　実験室の気温を測定する。

【実験2】　金属製のコップにくみ置きの水を入れる。

【実験3】　コップの水に少しずつ氷水を加えて，静かにかき混ぜながら水温を下げる。

【実験4】　金属製のコップの表面がくもり始めたときの水温を測定する。

【実験結果】

実験室の気温	15℃
コップがくもり始めたときの水温	11℃

気 温〔℃〕	飽和水蒸気量〔g/m³〕
9	8.8
10	9.4
11	10.0
12	10.7
13	11.4
14	12.1
15	12.8

(1) コップの表面がくもり始めたときの温度を何というか。

(2) 金属製のコップを使う理由を簡単に説明せよ。

(3) このときの実験室の空気1m³あたりに含まれる水蒸気の量は何gか。

(4) このときの実験室の空気の湿度は何％か。小数第1位を四捨五入して整数で答えよ。

(5) この実験について述べた次の文の（　）にあてはまることばを答えよ。

湿度が同じ場合，気温が高いほどくもり始める水温は（ ① ）。また，気温が同じ場合，湿度が高いほどくもり始める水温は（ ② ）。　（広島・如水館高國）

着眼

153 (1)乾球の示度は19℃，乾球と湿球の示度の差は2.0℃である。

(2)気温19℃のときの飽和水蒸気量は16.3g/m³で，湿度は(1)によって求めた値である。

154 (2)コップの中の水温とコップの表面の温度が同じになっていなければならない。

(5)気温が高いほど，飽和水蒸気量は大きくなる。

$\overset{\star\star}{155}$ ［雲のでき方を調べる実験］ ◁頻出

雲のでき方を調べるために，次の実験を行った。これについて，あとの(1)〜(3)の問いに答えなさい。

【実験】

操作1. 右図のように2本のペットボトルA，Bをゴム管でつないで，Aに少量の水を入れた装置をつくった。

操作2. Bを手で押したりはなしたりして，A内のようすを観察した。

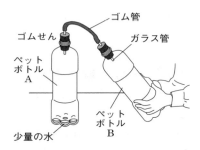

結果1　Aの内部には変化が見られなかった。

操作3. Aに<u>あるもの</u>を入れて，再びBを手で押したりはなしたりして，A内のようすを観察した。

結果2　Bを押した状態から手をはなすと，A内は白くくもった。

(1) 操作3の下線部「あるもの」とは何か。結果2を導き出すために入れた最も適当なものを答えよ。

(2) 結果2の現象が起こった理由は，次のように説明できる。理由の①にあてはまる正しい語句を下のア〜エから1つ選んで記号で答え，②にあてはまる最も適当な語句を答えよ。

【理由】　ペットボトルA内の　①　ため，中の気温が露点に達し，水蒸気が　②　ので白くくもった。

ア　気圧が下がり，温度が上がった
イ　気圧が下がり，温度も下がった
ウ　気圧が上がり，温度も上がった
エ　気圧が上がり，温度が下がった

(3) 結果2の現象と同じ理由で起こる現象はどれか。次のア〜エから最も適当なものを，1つ選んで記号で答えよ。

ア　朝，急に気温が下がると霧が発生する。
イ　冬に室内をあたためると，窓ガラスの内側がくもる。
ウ　空気が山の斜面にそって上昇すると雲ができる。
エ　水を沸騰させたやかんから盛んに湯気が出る。

(島根県)

着眼

155 (1)水蒸気が凝結するときの核となるものを入れる。
　　(2)Bを押している間は，Aの中の空気が押し縮められている。

★156 ［飽和水蒸気量のグラフ］

　次の文章を読んで下の問いに答えなさい。ただし，気温は通常高さが100m
上昇するごとに0.6℃の割合で低下し，上昇気流の中では100m上昇するごと
に1℃の割合で低下するものとする。

　今日は，昼前に少しの間，雨が激しく降った。雨が止んだとき，川向こうの
山々が雲をかぶっており，雲の底は平らだった。海抜410mほどの山の山頂
が雲の下に少しかくれていたので，雲の底は海抜400mくらいであることが
わかった。

(1)　雲は上昇気流によって生じる。海抜0mでの気温が15℃であったとする
　　と，雲が生じたのは空気の温度が何℃以下に下がったときだと考えられるか。

(2)　(1)のときの温度を何というか。

(3)　右図は気温と飽和水蒸気
　　量の関係を示したグラフで
　　ある。海抜400m以下の空
　　気中に含まれている水蒸気
　　量は1m³におよそ何gだと
　　考えられるか。次の**ア〜カ**
　　から最も近い値を1つ選び，
　　記号で答えよ。

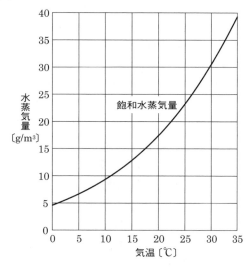

　　ア　10g

　　イ　11g

　　ウ　12g

　　エ　13g

　　オ　14g

　　カ　15g

(4)　このとき，海抜0mの地点では，湿度が何%くらいあるか。次の**ア〜カ**か
　　ら最も近い値を1つ選び，記号で答えよ。

　　ア　50%　　　　　　**イ**　60%　　　　　　**ウ**　70%

　　エ　80%　　　　　　**オ**　90%　　　　　　**カ**　100%

（広島城北高）

着眼

156 (1)上昇気流の中では，100m上昇するごとに1℃の割合で空気の温度が低下する。
　　　　(3)前問(1)で求めた温度になったときに飽和したと考えられる。

_{★★}*157* ［雲ができるとき］

次の気象観測について，あとの問いに答えなさい。

【観測】

① 下図の山頂での観測は北東の風，風力2，雨であった。

② 山頂からA地点までは雲におおわれていたが，A地点より低いところ
では雲が消えていた。

③ 空気の流れは，図のように，山頂からふもとに向かう下降気流であった。

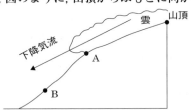

(1) 山頂での観測データを右図に天気記号で正しく
表せ。

(2) 山頂，A地点，B地点の観測された気温を温度
の高い順に並べよ。

(3) 観測の②で，A地点より低いところでは雲が消
えていった理由を，観測の③から次のように考え
た。（ ）内に入る最も適当なことばの組み合わせ
を下から選び，記号で答えよ。

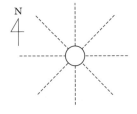

　　理由：空気が（ a ）するにつれて（ b ）され気温が（ c ），A地点より低
　　　　　いところでは気温が露点より高くなったため。

ア　a：上昇　　b：膨張　　c：上がり

イ　a：下降　　b：膨張　　c：上がり

ウ　a：上昇　　b：膨張　　c：下がり

エ　a：下降　　b：膨張　　c：下がり

オ　a：上昇　　b：圧縮　　c：上がり

カ　a：下降　　b：圧縮　　c：上がり

キ　a：上昇　　b：圧縮　　c：下がり

ク　a：下降　　b：圧縮　　c：下がり

（大阪・近畿大附高）

着眼

157 (2)山頂は，空気中にとけきれない水蒸気が水滴や氷の粒となって現れている状
　　　態。A地点は，水滴などがすべて水蒸気となって見えなくなった状態である。

☆☆☆*158* [大気圧]

次の文章の（　）内に適当な数値または数式を入れなさい。ただし，質量1kg の物体にはたらく重力の大きさを10N，1hPa = 100N/m^2 として計算すること。

表1は3か所の高度で測定した大気圧である。高度0〜1000mの範囲で高度x[m]での大気圧 P[hPa]をxの1次式で表すと，

表1

高度[m]	大気圧[hPa]
5000	540
1000	897
0	1013

$$P = 1013 - (\quad ア \quad)x$$

となる。この式がそのまま1000mより上空でも使えるとすると，高度5000m での気圧は（　イ　）[hPa]であり，表1の測定値と合わない。このようなくい違いは，高く上るにつれて大気の密度が薄くなることを見落としたためである。そこで，大気の密度もしだいに減少することを考慮に入れた大気柱の模型を考えてみよう。

右図は，地表から真上にのびる底面積1m^{2}の円柱の大気柱をAとBの位置で分けて見たものである。AからBまでの大気の密度は，大気圧と同様にしだいに減少していく。地表での大気圧は，地表より上にある全部の大気の重さによって生じる。同様に，Aでの大気圧は，Aより上にある全部の大気の重さによって生じ，Bでの大気圧は，Bより上にある全部の大気の重さによって生じる。この大気柱の中で上下の空気の流れがないとき，物体にはたらく力のつり合いと同様に大気柱にはたらく力がつり合うと考えてよい。図に示した『大気柱AB』にはたらく力はつり合っている。

Aを高度500m，Bを高度1000mの位置とし，大気柱ABの大気の平均密度をC[kg/m^3]とする。Aの下から『大気柱AB』を押し上げる大気圧をP_1[hPa]，Bの上から『大気柱AB』を押し下げる大気圧をP_2[hPa]とすると，$P_1 - P_2 = C \times (\quad ウ \quad)$ …① という関係式が成り立つことがわかる。

①式は『大気柱AB』にはたらく力のつり合いから得られたものであるが，まったく同様の関係式が地表からAまでの500mの大気圧に対しても成り立つ。この大気柱の大気の平均密度をC'[kg/m^3]，地表の大気圧をP_0[hPa]としたとき，①の式の（　ウ　）を用いて，$P_0 - P_1 = C' \times (\quad ウ \quad)$ …② という関係式が成り立つ。高度0mでの大気圧が1013hPa，大気密度が1.25kg/m^3，高度1000mでの大気圧が897hPa，大気密度が1.09kg/m^{3}のとき，大気柱の平均密度は両端での大気密度の平均値であるとして高度500mでの大気圧P_1を①，②の式を用いて求めると（　エ　）hPaとなる。

（兵庫・甲陽学院高⚙）

★★★ *159* ［湿度と雲のでき方］

水蒸気を含んだ空気が上昇や下降をすると，温度や湿度の変化が見られる。空気のかたまりの上昇および下降にともなう温度変化は，雲を発生していないときは100mにつき1℃，雲が発生してからは100mにつき0.5℃である。各温度における空気中の飽和水蒸気量を下の表に示した。これについて，あとの各問いに答えなさい。

空気の温度〔℃〕	0	1	2	3	4	5	6	7	8	9
飽和水蒸気量〔g/m³〕	4.8	5.2	5.6	5.9	6.4	6.8	7.3	7.8	8.3	8.8
空気の温度〔℃〕	10	11	12	13	14	15	16	17	18	19
飽和水蒸気量〔g/m³〕	9.4	10.0	10.7	11.4	12.1	12.8	13.6	14.5	15.4	16.3
空気の温度〔℃〕	20	21	22	23	24	25	26	27	28	29
飽和水蒸気量〔g/m³〕	17.3	18.3	19.4	20.6	21.8	23.1	24.4	25.8	27.2	28.8

(1) 空気のかたまりが上昇し，雲を発生すると，温度変化が小さくなる理由を簡潔に説明せよ。

(2) 地上での温度が20℃，湿度が70％の空気のかたまりが上昇するとき，空気の温度〔℃〕と地上からの高さ〔m〕との関係を右のグラフにかけ。

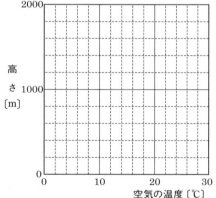

(3) 右下の図のように，A地点での温度20℃，湿度70％の空気が山の斜面に沿って上昇したとき，雲を発生し始め雨を降らせながら山頂に達し，山頂でちょうど雲が消えた。その後，山の斜面に沿って下降してB地点まで達した。次の①〜⑤に答えよ。ただし，答が割り切れない場合は小数第2位を四捨五入して小数第1位まで答えよ。

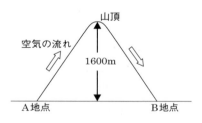

① 雲を発生し始める温度を何というか。

② 空気のかたまりが上昇するとき，A地点からおよそ何mの高さで雲が発生するか。

③　山頂に達するまでの間に雨として降った水滴の質量は，空気 1m³ あたり何 g か。

④　空気のかたまりが B 地点に達したとき，その空気の湿度は何 % になっているか。

⑤　このような気象モデルで表される現象を何というか。

(難)(4)　雲が発生する実際の高さは，この気象モデルで求めた値よりも高くなってしまう。この理由を簡潔に説明せよ。

(兵庫・甲陽学院高)

★★ *160* ［雲のでき方］

次のグラフは，8 月の仙台における，海面からの高さと空気の温度(平均値)の関係を表している。また，右下の表は，それぞれの温度の空気 1m³ 中に含まれる飽和水蒸気量を示している。これらをもとに，あとの各問いに答えなさい。なお，数値は四捨五入をして整数値で答えること。

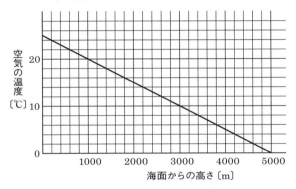

空気の温度〔℃〕	飽和水蒸気量〔g/m³〕
30	30
25	23
20	17
15	13
10	9
5	7
0	5

(1)　海面からの高さが 0m のところに，湿度が 57% の空気がある。この空気 1m³ 中に含まれている水蒸気の質量は何 g か。

(2)　(1)の空気が山の斜面に沿って上昇気流となり，グラフに従って温度が下がるとすると，海面からの高さが約(a)m のところで(1)の空気は(b)に達し，空気中の水蒸気は凝結し始め，雲が生じる。(a)にあてはまる数値と，(b)にあてはまる語句を答えよ。

(3)　(2)以外に上昇気流が生じ雲ができる例を 1 つあげて説明せよ。

(東京・お茶の水女子大附高)

159 (4)気圧が下がると，露点が変化する。

160 (1)グラフより，海面からの高さが 0m のところの空気の温度は 25℃ である。

2　気圧と風

解答 別冊 *p.73*

161 ［低気圧と空気の動き］ ◀頻出

　北半球における，低気圧の周囲・上空の空気の動きを示した図として最も適当なものを次のア～エから１つ選び，記号で答えなさい。

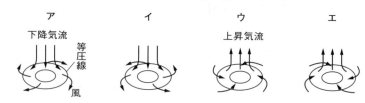

（愛媛・愛光高）

162 ［高さ・気圧・空気の温度］ ◀頻出

　空気が上昇すると温度が下がる理由を，「気圧」という言葉を用いて説明しなさい。

（京都・同志社高）

**163* ［気圧・風・天候］

　右の図１は４月上旬の日本付近の天気図の一部である。図１の中のＡは気圧が1018hPaの高気圧の中心で，Ｂは気圧が990hPaの発達中の低気圧の中心で，ともに東へ移動している。

　図の中の数値は，その地点（・）での気圧の値を示している。

　図２は天気図記号を，図３の矢印は空気の流れを示している。

　あとの問いに答えなさい。

図1

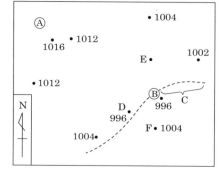

着眼

161 下降気流の下では気圧が高くなり，上昇気流の下では気圧が低くなる。

162 上昇するほど，その地点より上にある空気が少なくなっていく。

図2

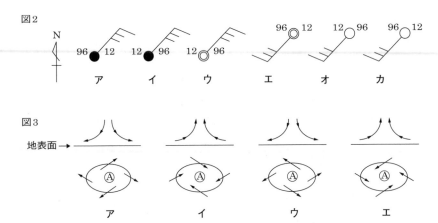

図3

地表面 →

(1) AとBが西から東へ向かって移動するのはなぜか。最も適切と考えられる答を，次のなかから選んで記号で答えよ。

ア Aから風が吹き出しているため。

イ 南のほうに台風が発生したため。

ウ 太平洋の空気が上昇しているため。

エ 偏西風に流されているため。

(2) 図の中のCは前線を示している。その前線名を漢字で答えよ。

(3) E地点の気象は〔北東の風・風力3・雨・気圧996hPa・気温12℃〕である。E地点の気象を示している天気図記号を，図2のア〜カから選んで記号で答えよ。

(4) (3)の「風力3」とは，どの程度の風か。次のなかから1つ選び記号で答えよ。

ア 木の葉や細い枝がたえず動く・軽い旗がなびく

イ 砂ほこりがたち，紙片が舞い上がる・小枝が動く

ウ 低木がゆれ始める・池の水面に波頭が立つ

(5) D地点とF地点の気温はどちらが高いと考えられるか。

(6) 図1の天気図に1000hPaの等圧線を記入せよ。

(7) F地点の天候を表しているものを，次のなかから1つ選んで記号で答えよ。

ア おだやかで暖かく，晴れている。 イ 強いにわか雨が降っている。

ウ 梅雨のように弱い雨が続いている。 エ 気温が低く，晴れている。

(8) A付近で起きている空気の流れを図3のなかから1つ選び記号で答えよ。

（大阪・関西大第一高）

着眼

163 (6)およそ，996hPaの地点と1004hPaの地点の中間が，1000hPaであるといえる。また，(3)よりE地点の気圧が996hPaであることにも注意する。

★★★ 164 ［気圧と風］

次の文を読み，あとの(1)〜(5)の各問いに答えなさい。

　低気圧の大きさは，経度1°をおよそ100km（日本付近）と考えて，衛星画像の雲の広がりから見当をつけることができる。低気圧は台風と比べると非常に大きいが，いずれも北半球であれば，風の吹き方は似ており，地上に降水をもたらしている。また，これらの気象現象はさらに大規模な風の影響を受け，季節ごとにさまざまな天気を日本にもたらしている。このような天気の変化は，対流圏とよばれる地上から高度約10000mまでの大気層の中で生じている。

　次の画像A〜Dは，ある年の春に日本付近で発生した低気圧を，6時間ごとに撮影した気象衛星画像である（ただし，順序どおりにならべられていない）。この季節には，低気圧と高気圧が交互に日本にやってくることが多く，天気は周期的に変化する。

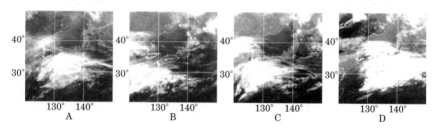

(1) 低気圧の形について幅と高さの比としてふさわしいものは次のどれか。

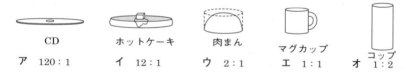

CD	ホットケーキ	肉まん	マグカップ	コップ
ア　120：1	イ　12：1	ウ　2：1	エ　1：1	オ　1：2

(2) A〜Dを時間の経過にそってならべ替えたとき，2番目にくる画像はどれか。

　ア　A　　　　イ　B　　　　ウ　C　　　　エ　D

(3) (2)で決められた順番になることは，航空機の時刻表で読み取れる事実からも説明することができる。どのような事実か書け。

東　京(羽田) ― 福　岡									
会社名	便名	機種	羽田発		福岡着	会社名	便名	機種	福岡発		羽田着
ANA	981	B72	6:30	→	8:10	JAL	1702	B72	7:25	→	8:55
JAL	1723	B72	15:05	→	16:45	ANA	260	B72	16:30	→	18:00

(4) 低気圧にともなう地上の風は，等圧線に対してどのように吹くか。ただし
低は低気圧を表し，風向は記号（天気については書いていない）で示している。

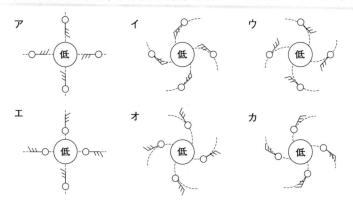

➡(5) 日本では，古くから，歌に，季節や天気の
変化とともに，心情を詠み込んできた。次の
歌もその１つである。「東風吹かば，にほい
おこせよ梅の花。あるじなしとて春を忘るな」
これは，梅を愛した菅原道真が京都から太宰
府に流されるとき，邸の庭の梅を見て詠んだ
歌であり，苦しい心を言わず，梅の花に一家
離散の惜別の情をたくしたものといわれてい

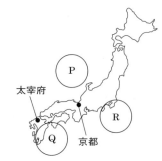

る。この歌の意味は，春になって東風が吹いたならば，風にのせて香りを太
宰府まで送っておくれ，梅の花よ。主人がいなくなったからといって春にな
ったのを忘れないでくれ，というものである。
　京都で東風が吹くと考えられる低気圧の位置と，そのときの京都の天気の
変化について適当なものはどれか。
ア　Pの位置に低気圧があり，京都は暖かくしめった空気におおわれやすい。
イ　Pの位置に低気圧があり，京都はやがて激しいにわか雨が降りやすい。
ウ　Qの位置に低気圧があり，京都はやがて天気が悪くなることが多い。
エ　Qの位置に低気圧があり，京都はやがて天気がよくなることが多い。
オ　Rの位置に低気圧があり，京都は冷たい空気におおわれやすい。
カ　Rの位置に低気圧があり，京都は前線の通過後なので晴れやすい。

（東京学芸大附高）

着眼
164 (5)前問(4)で答えた低気圧の付近の風向をもとにして，P，Q，Rのどの地点に低
気圧があると，京都の風向が東よりになるのか考える。

3 | 前線と天気の変化

解答 別冊 p.74

*165 ［冬の天気・温帯低気圧と前線］ ＜頻出

次の各問いに適する答をそれぞれの解答群から選び，記号で答えなさい。

(1) 大陸に高気圧が発達し，日本の西方で気圧が高く東方で気圧が低いという西高東低の気圧配置になっていて，冬の季節風が強い日には，日本海の雲には，すじ状の雲がたくさん現れる。日本海の空に雲ができる理由は以下のどれか。

　ア　大陸からのしめった寒気が，大陸から雲を運んでくる。

　イ　日本海から蒸発する水蒸気が，大陸からの寒気に冷やされて凝結する。

　ウ　大陸からの寒気に含まれている氷の粒が蒸発して雲になる。

(2) 下の4つの図のうちで，日本付近を進む温帯低気圧にともなう前線を，上空から見て，正しく表しているのはどれか。（曲線に囲まれた中心部の気圧が最も低い）

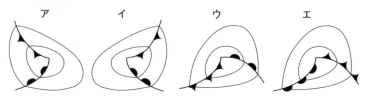

（愛知・東海高）

*166 ［前線のしくみを表す実験］ ＜頻出

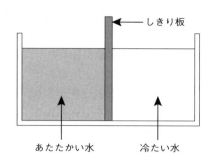

まもる君は，夏休みの理科の自由課題として，前線のしくみを表す簡単な実験装置を考案した。右図のように，水そうのまん中にしきり板をはめ込み，左側に温かい水（着色してある），右側に冷たい水（着色していない）を入れた。しきり板を引きぬいたときに起こる現象は次のア～エのうちどれですか。ま

着眼

165 (2)日本付近では，寒冷前線が温暖前線を追いかけるように進む。

166 水は，あたためられると膨張して，密度が小さくなる。

た，その理由を 20 字以内で答えなさい。

ア　しきり板を引きぬいても，両方の水はそのままの状態であった。

イ　しきり板を引きぬいたら，いっぺんに両方の水が混ざり合った。

ウ　しきり板を引きぬいたら，着色した水が着色していない水の下にもぐり込んでいった。

エ　しきり板を引きぬいたら，着色していない水が着色した水の下にもぐり込んでいった。

(東京・筑波大附駒場高)

*167 [天気の変化と気温・湿度] ◁頻出

　次のグラフは，3 月の東京で，ある時刻から 3 時間ごとに 60 時間にわたり気温と湿度を測定した結果である。これについて，あとの各問いに答えなさい。ただし，実線(——)が気温，破線(-----)が湿度である。

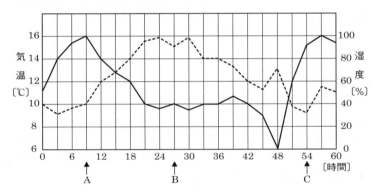

(1) 時刻 A として最も適当なものを 1 つ選び，記号で答えよ。

　　ア　午前 2 時　　　イ　午前 8 時　　　ウ　午後 2 時　　　エ　午後 8 時

(2) 時刻 B と C での天気を比較した記述として最も適切なものを 1 つ選び，記号で答えよ。

　　ア　B も C も雨が降っている。

　　イ　B も C もよく晴れている。

　　ウ　B は雨が降っているが，C はよく晴れている。

　　エ　B はよく晴れているが，C は雨が降っている。

(東京・お茶の水女子大附高)

着眼

167 (1)その日のうちで最も気温が高くなった時刻である。

(2)晴れの日は気温の日較差が大きく，雨の日の気温の日較差は小さい。

*168 ［前線の通過①］ ◀頻出

下の文は，右の天気図におけるA地点，B地点の天気の変化について述べたものである。文中の（ ）に入る語句の組み合わせとして，正しいものを下の解答群より選び，記号で答えなさい。ただし，右の天気図は日本付近の天気を表したものである。

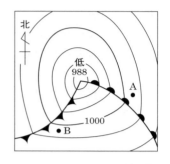

A地点では，（a 乱層雲・b 積乱雲）などにおおわれ，（c 強いにわか雨・d おだやかな雨）が降っている。また，B地点では前線が通過すると，（e 強いにわか雨・f おだやかな雨）が降り，気温は（g 上がる・h 下がる）。

ア （a, c, f, g）　　　　イ （a, c, f, h）　　　ウ （a, d, e, g）

エ （a, d, e, h）　　　　オ （b, c, f, g）　　　カ （b, c, f, h）

キ （b, d, e, g）　　　　ク （b, d, e, h）

（石川・星稜高）

**169 ［雲と雨］

雲と雨について，次の問いに答えなさい。

(1) 雲は，次のア～コの10種に分類される。

ア 巻積雲　　イ 巻層雲　　ウ 巻雲　　エ 高層雲　　オ 高積雲

カ 積雲　　　キ 積乱雲　　ク 層雲　　ケ 層積雲　　コ 乱層雲

① 雨を降らせる雲を2つ選び，記号で答えよ。

② 寒冷前線にともなう雲をすべて選び，記号で答えよ。

(2) 降雨量が10mmのとき，縦300m，横240mの敷地に降った雨の総量は何kgか。ただし，水の密度を $1.0g/cm^3$ として求めよ。

（広島大附高）

**170 ［日本と同緯度付近の風］

成田からロサンゼルスに向かうときとロサンゼルスから成田に向かうときでは飛行時間がちがっている。このような飛行時間の違いはいつも生じているが，その理由を15字以内で述べなさい。

（東京・開成高）

着眼

168 日本付近を通過する温帯低気圧は温暖前線と寒冷前線をともなう。

170 追い風のときは速く，向かい風のときはおそい。

171 [台　風]

台風について, 以下の各問いに答えなさい。

(1) 台風が発生する場所と日本に接近するようすの説明として, 最も一般的なものはどれか。

　ア　日本のはるか東方の海上で発生し, 東から西に向かって日本に接近する。

　イ　日本のはるか南方の海上で発生し, 東から西に向かって進んだあと, 南から北に向かって日本に接近する。

　ウ　日本のはるか南方の海上で発生し, 西から東に向かって進んだあと, 南から北に向かって日本に接近する。

　エ　太平洋側の近海で発生して急速に発達したあと, すぐに日本に接近, 上陸する。

(2) 台風が接近, 上陸したときに発生する可能性が高くなる被害や現象はどれか。すべて選び記号で答えよ。

　ア　建造物の破壊　　　イ　高潮　　　　ウ　津波

　エ　洪水　　　　　　　オ　土砂くずれ　カ　なだれ

(東京・筑波大附駒場高)

172 [天気の変化] ◀頻出

右の**ア**～**エ**は, ある年の11月5日から連続した4日間の午前9時における天気図の略図であり, **ア**が11月5日のものである。日本付近における低気圧や前線の移動の特徴をもとに, **イ**～**エ**を日付の早い順に並べかえなさい。

(岡山県)

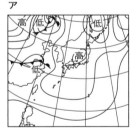
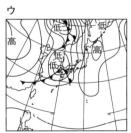
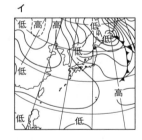
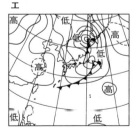

着眼

171 (1)台風は熱帯低気圧が発達したものである。

172 日本上空では1年中, 強い西風(偏西風)が吹いている。

*173 ［前線と雨の降る範囲］ ◁頻出

下の図1のような前線付近の雨の降る範囲を適切に表している模式図はア〜カのうちどれか，正しいものを1つ選びなさい。

図1

注： ▨ は，雨の降る範囲

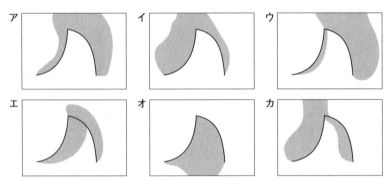

ア　　　　　イ　　　　　ウ

エ　　　　　オ　　　　　カ

（愛知・中京大附中京高）

**174 ［前線の通過②］ ◁頻出

日本付近の気象の変化について，次の問いに答えなさい。

(1) 右図は，ある日の夕方の天気図で，前線をともなった低気圧が日本列島を通過しているのがわかる。この前線aの名称を答えよ。

(2) 前線aをはさんだX−Y断面の空気の流れはどのようになっているか。次の図のア〜エから最も適当なものを1つ選び，記号で答えよ。

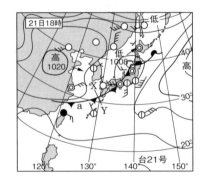

着眼
173 温暖前線が通過する前は長い雨が降り，寒冷前線が通過した直後には短い雨が降る。
174 前線aの北西側に寒気，南東側に暖気がある。

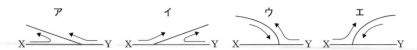

(3) 天気図の中にいくつかの都市での天気，風向，風力が示されている。東京ではどちらの向きに風が吹いているか。次のア～カから1つ選び，記号で答えよ。

ア　南から北　　　　　イ　北から南　　　　　ウ　南西から北東

エ　北東から南西　　　オ　南東から北西　　　カ　北西から南東

(4) この前線aが通過するときの天気の特徴について，最も適当なものを次のア～オから1つ選び，記号で答えよ。

ア　寒気のもぐり込みによって雲が発達し，短時間だが激しい雨が降ることが多い。

イ　寒気のもぐり込みによって雲が発達し，雷をともなって長時間雨が降ることが多い。

ウ　暖気のもぐり込みにより，あたためられた空気が乾燥して晴天になることが多い。

エ　暖気がおだやかな上昇気流となり，長時間雨が降ることが多い。

オ　暖気が激しい上昇気流となり，空気が乾燥するために晴天が続くことが多い。

（広島城北高）

★★*175* ［前線の通過と天気の変化］

右の図のように，A市とB市の付近にア・イの前線があり，その南方にはウの前線があった。

(1) ア，イ，ウの前線の名称を答えよ。

(2) 次の①～⑤は，どちらの都市についての変化を予想したものか。AまたはBで答えよ。

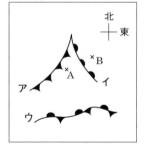

① 南よりの風になり，気温が上がる。

② 気温が急に下がり，湿度が上がる。

③ しだいに雲が低くなり，しとしとと雨が降る。

④ 積乱雲が発生する。雷が生じることもある。

⑤ 風向きが急に北よりになり，にわか雨が降る。突風が吹くこともある。

（大阪教育大附高池田）

着眼

175 (1)ウの前線は，北側からの寒気と南側からの暖気が押し合ってできたものである。

(2)日本付近では，前線をともなった低気圧は，およそ西から東へ移動する。

★★ 176 [気象観測と前線の通過]

京都市の岩倉で,5月3日から5日までの3日間にわたり気象観測を行った。その間に前線が通過し,短時間に強い雨が降った。下のグラフ1はその結果をまとめたものである。グラフ2は,温度と飽和水蒸気量の関係を表したものである。また,表は乾湿計湿度表の一部である。これについて,あとの各問いに答えなさい。

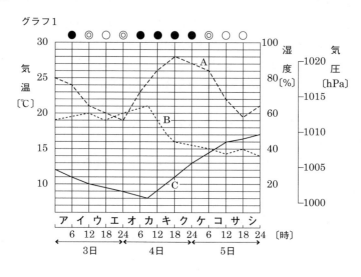

グラフ1

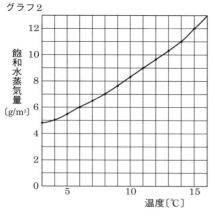

グラフ2

表

乾球の示度〔℃〕	乾球と湿球の示度の差〔℃〕				
	0	0.5	1	1.5	2
16	100	95	89	84	79
15	100	94	89	84	78
14	100	94	89	83	78
13	100	94	89	82	77
12	100	94	89	82	76
11	100	94	89	81	75

(1) グラフ1の線Bは気温・湿度・気圧のうちどれを表しているか。

(2) この前線が岩倉を通過したのはいつ頃か。グラフ1のア〜シのうちから1つ選び,記号で答えよ。

(3) 5日の午前6時における乾湿計の乾球と湿球の示度の差は何℃か。最も近いものを次のア～オのなかから1つ選び，記号で答えよ。

　　ア　0℃　　　　イ　0.5℃　　　　ウ　1℃　　　　エ　1.5℃　　　　オ　2℃

(4) 5日の18:00に空気をペットボトルに入れて，これをゆっくりと冷やしていったところ，ある温度でペットボトルの中が白くくもった。このときの温度は何℃か。

(5) この前線は寒冷前線と温暖前線のどちらと考えられるか。前線名を答え，その理由を2つ答えよ。

（京都・同志社高）

★★**177** ［気象観測と天気図］

　　下の表は，東京におけるある年の3月13日と14日の3時間ごとの気象観測結果である。また，右下の図は，14日午前9時の天気図である。

東京　3月13日～14日の気象観測結果

時刻		気圧〔hPa〕	気温〔℃〕	湿度〔%〕	風速〔m/s〕	風向	天気
3月13日	0	1024.2	8.5	46	—	南南東	
	3	1023.8	5.8	53	2.2	北西	◎
	6	1023.2	4.6	57	—	西北西	
	9	1022.5	7.8	48	1.3	北西	◎
	12	1019.1	13.2	38	—	南	
	15	1015.9	12.6	46	5.7	南	●
	18	1013.9	11.5	58	—	南南西	
	21	1010.5	12.0	77	5.9	南	●
3月14日	0	1006.2	13.0	79	—	南	
	3	1001.3	13.6	80	10.0	南	●
	6	994.4	14.1	86	—	南南東	
	9	991.5	15.6	82	6.3	南南西	●
	12	992.9	12.4	73	—	北	
	15	994.1	10.1	62	3.7	北北西	◎
	18	997.8	10.9	31	—	北北西	
	21	1002.9	7.3	36	4.3	北北西	○

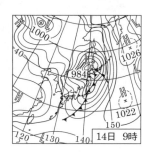

14日　9時

(1) 気温が最も急に上昇したのは，何日の何時から何時までの間か。例にならって答えよ。

　　例. 15日の3時～6時

(2) (1)の気温の変化の原因を風向の変化に関連させて説明せよ。

(3) 風向が変化し，また気温が短時間に大きく降下したのは，何日の何時から何時までの間と推定できるか。

(4) (3)の変化はなぜおきたのか。理由を説明せよ。

（東京・お茶の水女子大附高）

☆☆*178* [台風のしくみ]

　図1は，ある年に発生した台風の衛星画像，図2は，過去3つの台風の中心からの距離と地上での風速との関係を示した図である。また，次の文は，台風について述べたものである。以下の問いに答えなさい。

　台風は空気の巨大な渦巻きになっており，地上付近では上から見て（　①　）。そのため，進行方向に向かって_A右の半円では風が強く，逆に左の半円では右の半円に比べると風速がいくぶん小さくなる。_B台風の中心付近は「眼」と呼ばれ，（　②　）である。また，台風が接近して来る場合，進路によって風速や風向きの変化のしかたが異なる。ある地点の西側を台風の中心が北上する場合，その地点では，（　③　）に風向きが変化する。逆に，ある地点の東側を台風の中心が北上する場合は（　④　）に変化する。もし，ある地点を北に台風の中心が通過する場合は，台風が接近すると（　⑤　）の風がしだいに強くなる。そして通過した直後は（　⑥　）。

図1

図2
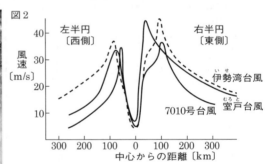

(1)　文中の空欄①～⑥にあてはまる文として最も適当なものをそれぞれ解答群から選び，記号で答えよ。

　　空欄①の解答群　　ア　時計回りに強い風が吹き込んでいる
　　　　　　　　　　　イ　時計回りに強い風が吹き出している
　　　　　　　　　　　ウ　反時計回りに強い風が吹き込んでいる
　　　　　　　　　　　エ　反時計回りに強い風が吹き出している

　　空欄②の解答群　　ア　気圧の最も高いところ　　イ　気圧の最も低いところ
　　　　　　　　　　　ウ　風が最も強いところ　　　エ　雨が最も強いところ

　　空欄③，④の解答群　ア　東よりから南よりへと時計回り
　　　　　　　　　　　　イ　西よりから北よりへと時計回り
　　　　　　　　　　　　ウ　南よりから東よりへと反時計回り
　　　　　　　　　　　　エ　北よりから西よりへと反時計回り

空欄⑤の解答群　ア　北より　　イ　東より　　ウ　南より　　エ　西より
空欄⑥の解答群　ア　風向きはほとんど同じで強い風が吹く
　　　　　　　　イ　風向きはほとんど同じで弱い風が吹く
　　　　　　　　ウ　風向きは反対になり強い風が吹く
　　　　　　　　エ　風向きは反対になり弱い風が吹く

(2)　下線部 A について，右の半円で風が強くなるのはなぜか。

(3)　下線部 B について，台風の中心付近の空気の流れはどのようになっているか。次のア〜エから最も適当なものを 1 つ選び，記号で答えよ。
　　ア　風は強く上昇気流　　　イ　風は強く下降気流
　　ウ　風は弱く上昇気流　　　エ　風は弱く下降気流　　　　　　　（高知学芸高）

★★ *179* ［低気圧と前線］

　　次の図①〜図③は，日本付近の北側の寒気団と南側の暖気団の境目にできる前線上に発生した低気圧の変化のようすを順不同に並べたものである。

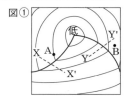 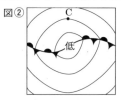 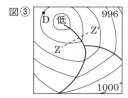

(1)　図②にならって，図①，③に前線の記号を正しくかき入れよ。

(2)　この前線はどのように変化するか，①〜③を正しい順に並べよ。

(3)　地点 A，B で雨を降らせている雲の正式名称をそれぞれ書け。

(4)　地点 C の風向を 8 方位から答えよ。

(5)　地点 D の高さは海抜 150m であった。高さ 100m あたりの大気圧の差が 12hPa であるとすると，この地点の気圧の測定値は何 hPa か。

(6)　点線 X − X′，Y − Y′，Z − Z′ 上空の大気の構造を南側から見て表したものを，それぞれ次のア〜クから選んで記号で答えよ。

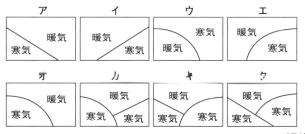

（長崎・青雲高改）

★★★ **180** [暑さ指数(WBGT)]

　2018年の夏は記録的な猛暑となり，熱中症患者が非常に多かった。熱中症対策として環境省は2006年から暑さ指数(WBGT：Wet Bulb Globe Temperature)を用いて熱中症の注意を呼びかけている。WBGTは

WBGT〔℃〕

　$= \underline{X} ×$（気温（乾球温度）〔℃〕）$+ \underline{Y} ×$（湿球温度〔℃〕）$+ \underline{0.2} ×$（黒球温度〔℃〕）

という式で表し，気温，湿球温度，黒球温度をある特定の割合で加算して求められ，式中の下線部の合計は1となる。黒球温度とは輻射熱(放射熱)を温度に換算したものであり，WBGTが28℃以上になると熱中症の発生率が急増することが知られている。右の表の①～④は2018年夏のある地域・時刻の気象データである。以下の問いに答えなさい。

	①	②	③	④
気温（乾球温度）〔℃〕	26.9	30.0	30.1	30.5
湿球温度〔℃〕	25.3	26.5	23.2	27.1
黒球温度〔℃〕	29.8	29.6	29.5	29.9
WBGT 〔℃〕	26.4	27.5	25.1	28.0

(1) 表の②の湿度と水蒸気量を次の資料1，資料2を用いて答えよ。ただし，湿度は整数，水蒸気量は小数点以下第1位までの数値で答えよ。

資料1　湿度表

乾球温度〔℃〕	乾球温度と湿球温度の示度の差〔℃〕														
	0	0.5	1	1.5	2	2.5	3	3.5	4	4.5	5	5.5	6	6.5	7
33	100	96	93	89	86	83	80	76	73	70	67	64	61	58	56
32	100	96	93	89	86	82	79	76	73	70	66	63	61	58	55
31	100	96	93	89	86	82	79	75	72	69	66	63	60	57	54
30	100	96	92	89	85	82	78	75	72	68	65	62	59	56	53
29	100	96	92	89	85	81	78	74	71	68	64	61	58	55	52
28	100	96	92	88	85	81	77	74	70	67	64	60	57	54	51
27	100	96	92	88	84	81	77	73	70	66	63	59	56	53	50
26	100	96	92	88	84	80	76	73	69	65	62	58	55	52	48
25	100	96	92	88	84	80	76	72	68	65	61	57	54	51	47

資料2　気温と飽和水蒸気量の関係

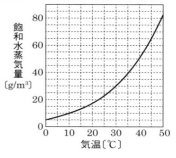

(2) WBGTの式中の X，Y の大小関係について正しいものを選び，記号で答えよ。

　ア　$X = Y$　　　イ　$X < Y$　　　ウ　$X > Y$

(3) 暑さ指数(WBGT)が大きくなる場合の気象状況を説明せよ。

（東京・お茶の水女子大附高）

★★★ *181* ［集中豪雨のしくみ］

次の文を読み，下の問いに答えなさい。

近年続く集中豪雨の発生のしくみを考える。まず，ₐ雲が発生し降雨をもたらすには湿った空気が必要である。夏の気圧配置は　あ　といわれ，日本の南側に　い　が居座り，南から暖かく湿った空気が流入してくる。これにより雲ができやすい状態になる。

次に集中豪雨をもたらす♭積乱雲が発生するためには，上空に冷たい空気（寒気）が流れ込んでくる必要がある。日本の上空には　う　という風が南北に蛇行しながら吹いている。その北側には比較的冷たい空気が存在しており，この　う　が南側に張り出してくると，冷たい空気が南下し，日本の上空に流れ込んでくる。

さらに，c地面付近の暖かい空気の上昇による対流の発生で，集中豪雨へとつながる。

(1) 空欄　あ　〜　う　に適する語を書け。

(2) 下線部 a に関して，雲のでき方を 15 字以上 20 字以内で書け。

⦿(3) 下線部 b に関して，積乱雲の上層部の気温は何℃くらいか。次のア〜エから 1 つ選び，その記号を書け。

ア　−80℃　　　イ　−30℃　　　ウ　0℃　　　エ　20℃

(4) 下線部 c に関して，上昇気流が生じないものはどれか。次のア〜エから 1 つ選び，その記号を書け。

ア　高気圧が発生する。

イ　ヒートアイランド現象が起きる。

ウ　山に向かって風が吹く。

エ　寒気と暖気がぶつかる。

(5) 右の図は，ある集中豪雨の日の天気図である。

① 天気図にある前線 AB の名前を答えよ。

② 天気図にある C 地点と D 地点では，どちらの風速が大きいか。記号を書け。

③ 天気図にある E 地点の風向を八方位で答えよ。

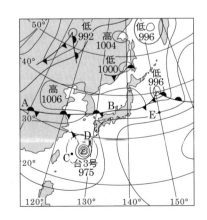

（奈良・東大寺学園高）

☆☆*182* ［台風や積乱雲のメカニズム］

次の文章を読んで，あとの問いに答えなさい。

　夏から初秋にかけて日本に上陸する台風は，海面からの激しい上昇気流により高さ十数kmで半径数百kmくらいの大規模な渦巻き状の雲を生成し，その進路にあたる地域に強風と集中豪雨をもたらす。この上昇気流による厚い雲の発生するしくみ（メカニズム）は，夏に局地的な雷雨をもたらす，高さ十数kmまで発達する積乱雲（入道雲）の発生と似ている。つまり，台風にともなう雲と積乱雲は，高温で大量の水蒸気を含んだ激しい上昇気流による大気の断熱変化によって生じる。

　気温が低下すると空気中の飽和水蒸気量が小さくなり，（ ① ）温度以下になると飽和水蒸気量をこえた水蒸気が（ ② ）して，水滴（雲や霧）へと変化する。台風にともなう雲や積乱雲のような厚い雲は，高温で大量の水蒸気を含んだ空気が，気圧の高い地表付近から気圧の低い上空へ激しく上昇するときの断熱変化によって空気が（ ③ ）されるという現象で生成され，高さ十数kmくらいまで雲を生じる。台風や積乱雲が地表付近から上空まで厚い雲を生じるのは，激しい上昇気流によって空気が（ ③ ）されて気温が低下し，大量の水蒸気が（ ② ）するからである。

　空気が上昇することで（ ③ ）されて気温が低下する割合は，空気中の水蒸気が飽和していない湿度100％未満の場合では1.0℃/100mであるが，（ ① ）に達して a雲を生じながら上昇している場合は0.5℃/100mである。ところが，上空の空気の高さにともなう気温低下の割合は約0.65℃/100mくらいであるため，雲を生じながら上昇している空気と同じ高さの周囲の空気との温度差が上昇するほど大きくなるので，b雲を上昇させる力はしだいに大きくなる。

　このため，空気が上へ吸い上げられて地表付近の気圧は周囲よりも低くなり，低気圧となる。そこでは，高温・多湿の空気が［ A ］いる。こうして，十数kmくらいまで上昇した台風の雲は気象衛星の画像では［ B ］いるように見える。一方，激しい上昇気流で生じた積乱雲の上部は［ C ］いるため，〝かなとこ雲（上部が平らになっている積乱雲）〟がある方向にのびることもある。

(1)　文章中の①〜③に適する語句を，次のア〜シのうちから1つずつ選べ。

ア　蒸発	イ　昇華	ウ　凝固
エ　凝結	オ　結露	カ　融解
キ　溶解	ク　露天	ケ　露点
コ　圧縮されて冷却	サ　膨張して冷却	シ　収縮されて冷却

難▶(2) 文章中の A 〜 C に適するものを，次のア〜クのうちから1つずつ選べ。

ア 上空を西から東へ強い風(偏西風)が吹いて

イ 上空を東から西へ強い風(偏西風)が吹いて

ウ 上空を南から北へ強い風(貿易風)が吹いて

エ 上空を北から南へ強い風(貿易風)が吹いて

オ 時計回りに吹き出して　　カ 反時計回りに吹き出して

キ 時計回りに吹き込んで　　ク 反時計回りに吹き込んで

(3) 下線部 a の雲を生じながら上昇している空気の温度低下の割合が雲を生じない上昇気流の温度低下の割合よりも小さくなっている説明として最も適するものを，次のア〜エのうちから1つ選べ。

ア 水が水蒸気になるときに放出した熱を，水蒸気が水滴になるときに吸収するため。

イ 水蒸気が水になるときに放出した熱を，水滴が水蒸気になるときに吸収するため。

ウ 水が水蒸気になるときに吸収した熱を，水蒸気が水滴になるときに放出するため。

エ 水蒸気が水になるときに吸収した熱を，水滴が水蒸気になるときに放出するため。

(4) 下線部 b の雲を上昇させる力についての説明として最も適するものを，次のア〜エのうちから1つ選べ。

ア 上昇した空気の温度が同じ高さのまわりの空気よりも高く，その密度がまわりの空気よりも小さいため。

イ 上昇した空気の温度が同じ高さのまわりの空気よりも低く，その密度がまわりの空気よりも小さいため。

ウ 上昇した空気の温度が同じ高さのまわりの空気よりも高く，その密度がまわりの空気よりも大きいため。

エ 上昇した空気の温度が同じ高さのまわりの空気よりも低く，その密度がまわりの空気よりも大きいため。

難▶(5) 0m で気温 33℃ の空気が上昇しながら高さ 500m から積乱雲を生じ始めた。この積乱雲が高さ 13.5km まで上昇したら，その温度は何℃となるか。答だけでなく，計算の過程も示せ。

(東京・開成高)

182 (5)500m までの気温低下の割合は 1.0℃/100m であるが，それ以上の高さになると，気温低下の割合は 0.5℃/100m となる。

4編	**実力テスト**	時間 **50**分 合格点 **70**点	得点	/100

解答 別冊 *p.78*

1 次の(1)，(2)の問いに答えなさい。(18点)

(1) 質量600gの直方体を右図のようにA面を下に
して床に置いたとき，床にはたらく圧力は何Pa
か。ただし，質量100gの物体にはたらく重力の
大きさを1Nとする。(9点)

(2) 大気圧が1013hPaのとき，海面1cm^{2}上にあ
る空気の質量は何gか。質量と重力の大きさの関
係は(1)と同様とする。(9点)

（東京・お茶の水女子大附高）

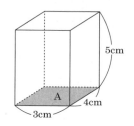

2 表1は広島市における，ある季節のある日の気温と湿度の変化を示し
ている。表2は飽和水蒸気量を，表3は乾湿計による湿度表の一部を
示している。これらについて，あとの問いに答えなさい。(15点)

表1 ある日の気温と湿度の変化

時刻〔時〕	3	6	9	12	15	18	21
気温〔℃〕	12	11	14	16	17	14	13
湿度〔%〕	42	40	37	39	45	62	68

表2 飽和水蒸気量

気温〔℃〕	飽和水蒸気量〔g/m^3〕	気温〔℃〕	飽和水蒸気量〔g/m^3〕
1	5.2	10	9.4
2	5.6	11	10.0
3	5.9	12	10.7
4	6.4	13	11.3
5	6.8	14	12.1
6	7.3	15	12.8
7	7.8	16	13.6
8	8.3	17	14.5
9	8.8	18	15.4

表3 乾湿計による湿度表の一部

		乾湿計の示度差〔℃〕		
		3.0	3.5	4.0
乾球温度計の示度〔℃〕	15	68	63	58
	14	67	62	57
	13	66	60	55

(1) 表1の記録をとった季節を次のア～ウから1つ選び，記号で答えよ。(3点)

ア 冬　　イ 春　　ウ 夏

(2) 表1に示されるある日の気圧と天気の変化を述べた文として最も適当な
ものを，次のア～エから1つ選び，記号で答えよ。(3点)

ア　気圧が徐々に上がり，天気は晴れからくもりとなった。

イ　気圧が徐々に上がり，天気はくもりから晴れとなった。

ウ　気圧が徐々に下がり，天気は晴れからくもりとなった。

エ　気圧が徐々に下がり，天気はくもりから晴れとなった。

(3)　この日の 12 時の空気中に含まれる水蒸気は，何 g/m³ か。答は四捨五入して，小数第 1 位まで答えよ。(3 点)

(4)　この日の 15 時の露点は何℃か。答は表 2 を参考にして整数で答えよ。(3 点)

(5)　この日の 18 時には，乾湿計の湿球は何℃を示していたか。(3 点)

（広島大附高）

3　次の図は，ある年の 3 月 25 日の天気図である。これについて，あとの問いに答えなさい。(16 点)

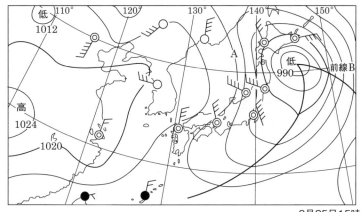

3月25日15時

(1)　新潟の風向，風力，天気を答えよ。(完答 4 点)

(2)　天気図の A 地点の気圧は何 hPa か。(4 点)

(3)　前線 B を表す記号を次から選び，記号で答えよ。(4 点)

ア　▲▲▲▲　　イ　●●●●

ウ　▲●▲●▲●　　エ　●▲●▲

(4)　前線 B 付近にあり，雨を降らせる雲を次から選び，記号で答えよ。(4 点)

ア　積雲　　イ　積乱雲　　ウ　巻積雲　　エ　乱層雲

（京都・東山高図）

4 図1は，日本のある地点における，前線が通過する前後の気温，気圧および露点の測定記録である。各問いに答えなさい。(16点)

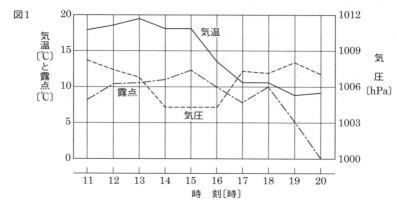

図1

(1) このとき通過した前線の名称を答えよ。(4点)

(2) この前線の通過にともなって，雨が降る。この雨について，正しく説明したものはどれか。次のなかから1つ選び，記号で示せ。(4点)

　ア　広い範囲に激しい雨が降る。

　イ　せまい範囲に激しい雨が降る。

　ウ　広い範囲におだやかな雨が降る。

　エ　せまい範囲におだやかな雨が降る。

(3) 図2は，17時の観測地点付近の天気図である。観測地点はどの位置か。図中のA～Dから最も適当なものを1つ選び，記号で示せ。(4点)

図2

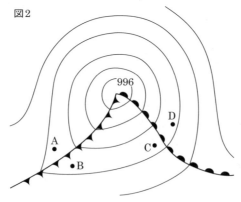

(4) 最も湿度が高いのは，何時頃か。次のなかから1つ選び，記号で示せ。(4点)

　ア　12時　　　イ　14時　　　ウ　15時　　　エ　17時

　オ　18時　　　カ　20時

（福岡・西南学院高）

5 次の文は，日本の付近に生じる温帯低気圧の発生から消滅までのようす を述べたものである。（ ① ）～（ ⑥ ）に適する語句を，下のア～エから 選び，それぞれ記号で答えなさい。ただし，同じ記号を何度選んでもよいもの とする。(各3点 計18点)

　北の寒気と南の暖気がぶつかり（ ① ）前線ができ，その北側に東西にのびる 雲が発生し，ゆるやかな上昇気流が生じると，低気圧の西側に（ ② ）前線，東 側に（ ③ ）前線ができる。そして，それぞれの前線に特有の雲が発生し，上昇 気流はさらに強まる。やがて，（ ④ ）前線が（ ⑤ ）前線に追いつき，（ ⑥ ）前 線ができると，上昇気流は弱くなり低気圧はおとろえる。

ア　温暖
イ　寒冷
ウ　閉塞_{へいそく}
エ　停滞

（三重・高田高）

6 次の文は，日本の天気について述べたものである。下の各問いに答えな さい。(17点)

　大陸で発達した高気圧から流れ出した冷たく（ ① ）した空気は，日本海を渡 る間に海から多量の（ ② ）が供給されるとともに海水によって（ a ）。また， 同時に空気中で（ ② ）が凝結_{ぎょうけつ}することで（ a ）。それによって（ ③ ）気流と なって雲をつくる。この空気の流れが日本列島の中央にある山脈を越えるとき に日本海側に雪を降らせる。

(1)　上の文中の（ ① ）～（ ③ ）に適する語句を答えよ。(各3点)

(2)　上の文中の（ a ）に入れる語句として最も適当なものを次から1つ選び， 記号で答えよ。(3点)

　ア　保温される
　イ　あたためられる
　ウ　ひやされる

(3)　日本列島の太平洋側では冬にどのような天気の日が多いか。理由をつけ て答えよ。(5点)

（大阪教育大附高池田）　③

□ 執筆協力　西村賢治

□ 編集協力　㈱ファイン・プランニング　出口明憲　矢守那海子

□ 図版作成　㈱ファイン・プランニング　藤立育弘

□ 写真提供　NASA

シグマベスト
最高水準問題集 特進
中2理科

本書の内容を無断で複写（コピー）・複製・転載することを禁じます。また，私的使用であっても，第三者に依頼して電子的に複製すること（スキャンやデジタル化等）は，著作権法上，認められていません。

編　者	文英堂編集部
発行者	益井英郎
印刷所	TOPPANクロレ株式会社
発行所	株式会社文英堂

〒601-8121　京都市南区上鳥羽大物町28
〒162-0832　東京都新宿区岩戸町17
（代表）03-3269-4231

特進

最 高 水 準 問 題 集

中2理科

解答と解説

文英堂

1編 化学変化と原子・分子

1 物質のなりたち

▶**1**

(1)① **Ag**　② **Ca**　③ **Mg**

④ **CuO**　⑤ **FeS**　⑥ **NaCl**

(2)①コ　②カ　③コ

④タ　⑤タ　⑥カ

解説　(1)④酸化銅は銅原子(Cu)と酸素原子(O)が1：1の割合で結びついている。

⑤硫化鉄は鉄原子(Fe)と硫黄原子(S)が1：1の割合で結びついている。

⑥塩化ナトリウム(食塩)は，ナトリウム原子(Na)と塩素原子(Cl)が1：1の割合で結びついている。

トップコーチ

●**化合物のよび方のきまり**

おもな化合物のよび名には次のようなものがある。

①酸化〜：O〔酸素〕の化合物

②塩化〜：Cl〔塩素〕の化合物

③硫化〜：S〔硫黄〕の化合物

④炭酸〜：CO_3 の化合物

⑤硫酸〜：SO_4 の化合物

⑥水酸化〜：OH の化合物

化合物は，日本語名と化学式で，結びついた物質(原子)の順序が逆のものが多い。

①酸化銅➡ CuO　②硫化鉄➡ FeS

　　(銅)⌝ ⌞(酸素)　(鉄)⌝ ⌞(硫黄)

③塩化ナトリウム➡ NaCl

　　(ナトリウム)⌝ ⌞(塩素)

---

(2)①空気は，おもに窒素と酸素の混合物で，二酸化炭素(約0.04%)やアルゴン(約0.9%)などもわずかに含まれている。

②水は，水素と酸素の化合物である(H_2O)。

③水溶液は，すべて水と溶質の混合物である。

④⑤水銀(Hg)や鉄(Fe)などは，すべて単体である。

⑥ドライアイスは二酸化炭素の固体なので，酸素と炭素の化合物である(CO_2)。

▶**2**

オ

解説　左から順番に，水素(H_2)，水(H_2O)，酸素(O_2)，二酸化炭素(CO_2)，窒素(N_2)。アンモニア(NH_3)と酸化銅(CuO)については，これらを示す図はない。

▶**3**

ウ

解説　酸化銀を加熱すると酸素と銀に分解されるため，気体として酸素が発生する。

ア：酸化銅は還元されて銅になり，炭素は酸化されて二酸化炭素となるため，気体として二酸化炭素が発生する。

イ：炭酸水素ナトリウムを加熱すると，炭酸ナトリウムと水と二酸化炭素に分解されるため，気体として二酸化炭素が発生する。

ウ：過酸化水素が酸素と水に分解されるため，気体として酸素が発生する。

エ：塩酸と亜鉛が反応すると，水素と塩化亜鉛ができるため，気体として水素が発生する。

オ：塩化アンモニウムと水酸化ナトリウムの混合物に水を加えると，アンモニアと塩化ナトリウムと水ができるので，気体としてアンモニアが発生する。

▶**4**

(1)化合物…ウ　混合物…エ

(2)ウ

解説　(1)同じ化合物ができるときは必ず各物質が同じ割合で結びつく。これに対して，混合物の濃度はさまざまである。

(2)加熱後にできた白色の物質は炭酸ナトリウム
である。炭酸水素ナトリウムは少ししか水に溶
けないが，炭酸ナトリウムは水によく溶ける。
また，炭酸水素ナトリウムの水溶液は弱いアル
カリ性を示すので，フェノールフタレイン溶液
を加えるとうすい赤色になり，炭酸ナトリウム
の水溶液は強いアルカリ性を示すので，フェノ
ールフタレイン溶液を加えると濃い赤色になる。

炭酸水素ナトリウムの分解 最重要
①生成物
　炭酸水素ナトリウム（加熱）──→
　　炭酸ナトリウム＋水＋二酸化炭素
②炭酸水素ナトリウムと炭酸ナトリウムの
　見分け方
　炭酸水素ナトリウム（重曹）
　・水に少ししか溶けない。
　・水溶液は弱いアルカリ性で，フェノー
　　ルフタレイン溶液を加えるとうすい赤
　　色になる。
　炭酸ナトリウム
　・水によく溶ける。
　・水溶液は強いアルカリ性で，フェノー
　　ルフタレイン溶液を加えると濃い赤色
　　になる。
③水の検出
　青色の塩化コバルト紙に水をつけると，
　塩化コバルト紙が赤色に変わる。
④二酸化炭素の検出
　石灰水に通すと，石灰水が白くにごる。

▶**5**
(1)ア，エ
(2)①酸化銀の加熱：銀原子…**4 個**
　酸化水銀の加熱：水銀原子…**2 個**
　②銀原子…**6.8**　水銀原子…**12.6**
解説 (1)酸素は助燃性はあるが，酸素自体は
燃えない。

(2)①酸化銀の化学式は Ag_2O なので，2 個の酸
化銀から 1 個の酸素分子 O_2 ができる。よって，
このとき銀原子 Ag は 4 個できる。
酸化水銀の化学式は HgO なので，2 個の酸化
水銀から 1 個の酸素分子 O_2 ができる。よって，
このとき水銀原子 Hg は 2 個できる。
※この化学変化を化学反応式で表すと，次のよ
うになる。
　　酸化銀の加熱：$2Ag_2O \longrightarrow 4Ag + O_2$
　　酸化水銀の加熱：$2HgO \longrightarrow 2Hg + O_2$
②酸化銀 Ag_2O 23.2g 中，銀原子が 21.6g，酸
素原子が 1.6g（23.2−21.6＝1.6）である。よって，
銀原子 1 個：酸素原子 1 個＝21.6÷2：1.6＝
10.8：1.6　したがって，酸素原子 1 個の質量
を 1 としたときの銀原子の質量は，
　　10.8÷1.6＝6.75
　　　　　　＝約6.8
酸化水銀 HgO 23.2g 中，水銀原子が 21.5g，酸
素原子が 1.7g（23.2−21.5＝1.7）である。よって，
水銀原子 1 個：酸素原子 1 個＝21.5：1.7　し
たがって，酸素原子 1 個の質量を 1 としたと
きの水銀原子の質量は，
　　21.5÷1.7＝12.64…
　　　　　　＝約12.6

▶**6**
(1)発生した水が加熱している部分に流れ
込み，試験管が冷やされて割れるのを防
ぐため。
(2)試験管の中に水を逆流させないため。
解説 (1)発生した水が加熱した部分に流れ込
むと，一部分だけが急冷されて収縮し，試験管
にひずみができて割れてしまうことがある。
(2)ガスバーナーの火を消すと，試験管の中の水
蒸気が水にもどるために，試験管内の気圧が急
激に下がる。そのとき，ガラス管の先が水に入
っていると試験管内に水が逆流してくるため，
加熱していた部分が急激に冷やされて割れてし
まう。気圧の低下を試験管内の空気の収縮が原

因としている本もあるが，空気は発生した水蒸気と二酸化炭素に追い出され，試験管内はほとんど水蒸気と二酸化炭素で満たされている。温度低下による二酸化炭素の収縮も試験管内の気圧低下の原因の1つとして考えることもできるが，気体の体積は，温度が1℃下がっても0℃のときの273分の1しか収縮しないので，水蒸気の変化による圧力低下と比べるとほとんど影響はないといえる。

▶**7**

(1) **Ag**　(2) **ウ**

(3) 気体 **Y** は水に溶けにくいから。

(4) はじめは試験管 **A** 内の空気が出てくるから。

解説　(1)(2)酸化銀を加熱すると，酸素と銀に分解される。したがって，試験管 A に残った固体 X は銀で，発生した気体 Y は酸素である。(2)の選択肢のうち，アは二酸化炭素，イは塩素，エは水素についての記述である。オのように水溶液が酸性を示す気体は二酸化炭素や塩化水素などいろいろあるが，酸素は水にわずかしか溶けず酸性を示さない。

(3)水に溶けにくい気体，もしくは少ししか溶けない気体は水上置換法で集めることができる。水上置換法は，「他の気体が混じりにくい」「集めた気体の量がわかる」などの利点がある。

▶**8**

(1) **Cu**

(2) 化学式…**Cl₂**　記号…**ア**

(3) **電気分解**　(4) **ウ**

解説　(1)物質 A は塩素の化合物で水溶液は無色透明で酸性なので，塩化水素(室温で気体)であると考えられる。よって，a 原子は水素である。物質 B は塩素の化合物で水溶液が青色であることから，塩化銅(室温で固体)であると考えられる。よって，b 原子は銅である。したがって，物質 C は酸素と水素の化合物である水(室温で液体)，物質 D は銅と酸素の化合物

である酸化銅(室温で固体)である。これらの物質をつくる原子のうちで，室温で固体であるのは銅のみである(塩素，酸素，水素は気体)。

(2)塩化銅水溶液に電流を流すと陽極(＋極側)から塩素が発生し，陰極(－極側)に銅が付着する。

(4)純粋な水は電気を通さないので，水酸化ナトリウムなどを少量溶かして電流が流れるようにして，電気分解する。このとき，陽極(＋極側)から酸素，陰極(－極側)から水素が発生する。

▶**9**

(1) ① 赤→青　② ○　③ ○

④ 上方→水上　⑤ ○　⑥ 無→赤

⑦ 黄→桃(または，赤)

(2) **ウ**

(3) **2NaHCO₃**

$$\longrightarrow \text{Na}_2\text{CO}_3 + \text{H}_2\text{O} + \text{CO}_2$$

解説　(1)①赤色の炎は空気(酸素)が足りないことを示し，空気の量が適当であれば青色の炎となる。

④水と置き換えて気体を集めるので水上置換(法)という。

⑥試験管 A に残った物質は炭酸ナトリウムである。炭酸ナトリウムは水に溶けやすく，その水溶液は強いアルカリ性を示すので，フェノールフタレイン溶液を少量加えると赤色になる。

⑦試験管 A の内側に生成していた液体は水である。青色の塩化コバルト紙に水をつけると，桃色(赤色)に変わる。うすい赤色でもよい。

(2)炭酸水素ナトリウムは重曹ともいい，ベーキングパウダーや胃薬，発泡性の入浴剤などにも含まれているが，ガラスを製造する原料には用いられていない。ガラスを製造する原料に用いられているのは，実験後の試験管 A に残った炭酸ナトリウムなどである。

(3)炭酸水素ナトリウム(NaHCO₃)が分解されて，炭酸ナトリウム(Na₂CO₃)と水(H₂O)と二酸化炭素(CO₂)ができる。反応の前後で原子の種類や数が変化しないように係数をつける。

▶ *10*

(1) **90g**

(2)気体ウ…水素　気体エ…塩素

(3)水に溶けやすい性質。

(4)**A：B＝64：71**

(5)**C：D＝1：8**

(6)**E：G＝1：3**

解説　(1) $13.5 \times \dfrac{100}{15} = 90〔g〕$

(別式) $13.5 \div 0.15 = 90〔g〕$

(2)電極Aの質量が増加していることから，左側のH字管に塩化銅水溶液が入っていて，これが電気分解されて電極Aに銅が付着したと考えられる。銅は陰極に付着するので，Aは陰極，Bは陽極，Cは陰極，Dは陽極であることがわかる。右側のH字管には水酸化ナトリウム水溶液が入っているので，電圧を加えると水が電気分解され，Cの陰極から水素(気体ウ)が発生し，Dの陽極から酸素が発生する。左側のH字管では塩化銅水溶液が電気分解されて，Aの陰極に銅が付着し，Bの陽極からは塩素(気体エ)が発生する。

(4)塩化銅の電気分解を化学反応式で表すと，
$CuCl_2 \longrightarrow Cu + Cl_2$　となる。よって，
　　$A：B＝64：35.5 \times 2＝64：71$

(5)水の電気分解を化学反応式で表すと，
$2H_2O \longrightarrow 2H_2 + O_2$　となる。よって，
　　$C：D＝1 \times 2 \times 2：16 \times 2＝1：8$

(6)実験1で，2.0Aの電流をt分間流したときに電極Aは0.64g増加しているので，$\dfrac{t}{2}$分間では0.32g増加したといえる。しかし，実験2で，電極Eの質量は$\dfrac{t}{2}$分間で0.08gしか増加していないので，実験2で電極Eに流れた電流は，
　　$2.0〔A〕 \times \dfrac{0.08}{0.32} ＝0.5〔A〕$
よって，電極Gに流れた電流は，
　　$2.0 - 0.5 ＝ 1.5〔A〕$
したがって，電極Eに流れた電流：電極Gに流れた電流＝0.5：1.5＝1：3　である。

▶ *11*

(1) **X**

(2) A…**4族**　B…**2族**　C…**3族**
D…**1族**

(3)① **2.4**　② **4.0**　③ **6.3**　④ **7.6**

(4)あ…⑭　い…⑩　う…⑬

解説　(1)問題文の文中で，当量比は，原子価1あたりの原子量の比であるということから，「原子量÷原子価＝当量」であるといえるので，これを変形すると，「当量×原子価＝原子量」となる。これは，下の実際の数値を代入しても成立する。

	水素	酸素	炭素
原子量の比	1	16	12
当量の比	1	8	3
原子価	1	2	4

(2)(3)第1周期の4族の原子量より，第2周期の1族の原子量が大きくなければならない。1族の原子価は1なので(Ⅱより)，もし，当量が最も小さいA族が4族であったとしても，④の原子量は1.9×4＝7.6となるので，第2周期の1族の原子量が7.6より大きくなければならないということになる。よって，第2周期の当量が7.6より大きいのはD族だけなので，1族はD族であることがわかる。このようにして，Ⅰ～Ⅴの条件に矛盾することなく周期表を組み立てると，下表のようになる。

1族→D族	2族→B族	3族→C族	4族→A族
当量　2.4	当量　2.0	当量　2.1	当量　1.9
原子量　2.4	原子量　4.0	原子量　6.3	原子量　7.6
当量　11.3	当量　6.2	当量　5.2	当量　4.1
原子量 11.3	原子量 12.4	原子量 15.6	原子量 16.4

(4)ケはA族の元素なので4族，コはB族の元素なので2族，サはC族の元素なので3族，シはD族の元素なので1族である。よって，ケの原子量は，6.9×4＝27.6，コの原子量は，16.0×2＝32.0，サの原子量は，8.3×3＝24.9，シの原子量は，18.4×1＝18.4である。コは2

族で原子量が 32.0 と，3 族のサや 4 族のケの原子量より大きいため，コは第 4 周期の 2 族である⑭，サは第 3 周期の 3 族である⑪，ケは第 3 周期の 4 族である⑫であることがわかる。シの原子量は 18.4 と，サやケの原子量より小さいので，シは第 3 周期の 1 族である⑨であることがわかる。また，コは第 4 周期の 2 族なので，第 3 周期でコと同じ 2 族の位置番号⑩の元素と，位置番号⑫と⑭の元素の間の位置番号⑬の元素は，存在するが未発見であると推測したのである。

2 物質が結びつく変化と化学反応式

▶**12**

エ

（解説） 反応の前後で，原子の種類と数は変化しない。また，金属の単体（Cu や Ag など）は分子をつくらないので「Cu_2」などは誤り。

ア：水の分解　$2H_2O \longrightarrow 2H_2 + O_2$

イ：塩化銅の分解　$CuCl_2 \longrightarrow Cu + Cl_2$

ウ：炭酸水素ナトリウムの分解
$$2NaHCO_3 \longrightarrow Na_2CO_3 + H_2O + CO_2$$

オ：メタンの燃焼
$$CH_4 + 2O_2 \longrightarrow CO_2 + 2H_2O$$

トップコーチ

●原子説（ドルトン）

すべての物質は分割できない原子でできていて，原子はそれぞれ特有の質量をもっている。化学反応は，原子の集まり方が変わるだけで，原子はなくなったり新しく生まれたりしない。

▶**13**

$$N_2 + 3H_2 \longrightarrow 2NH_3$$

（解説） モデルより窒素分子の化学式は N_2，水素分子の化学式は H_2，アンモニア分子の化学式は NH_3 であることがわかる。まず，係数をつけずに反応のまま化学式をならべると，

$$N_2 + H_2 \longrightarrow NH_3$$

窒素原子の数を反応の前後でそろえるために，アンモニア分子の数を 2 個にする。

$$N_2 + H_2 \longrightarrow 2NH_3$$

水素原子の数を反応の前後でそろえるために，水素分子の数を 3 個にする。

$$N_2 + 3H_2 \longrightarrow 2NH_3$$

これで，反応の前後で，すべての原子の種類と数がそろったので，化学反応式の完成である。

▶**14**

(1)イ　(2)ウ

(3)水素　(4)オ

(5)硫化水素　(6)ア

（解説） (1)(2)鉄と硫黄が結びつくときに熱が発生する。反応が始まったら，加熱しなくても，この熱によってさらに反応が進んでいく。

(3)鉄が塩酸と反応して水素が発生する。

(4)鉄と硫黄が結びついて黒色の**硫化鉄**ができる。

(5)硫化鉄と塩酸が反応すると，硫化水素という気体が発生し，卵がくさったようなにおいがする。硫化水素は有毒なので，一度にたくさん吸い込まないように注意する。

鉄と硫化鉄の識別 最重要

①磁石を近づける。

　鉄…磁石に引きつけられる。

　硫化鉄…磁石に引きつけられない。

②塩酸を加える。

　鉄…水素（無臭）が発生する。

　硫化鉄…硫化水素（卵のくさったようなにおい）が発生する。

(6)ゆで卵の黄身と白身の境目の黒緑色になって
いる部分には，硫化鉄ができている。マッチに
はふつう硫黄の単体などが用いられ，写真のフ
ィルムには銀の化合物，ルビーにはアルミニウ
ムの化合物がそれぞれ含まれる。

▶ **15**

(1)ウ

(2)ア

解説 (1)実験Ⅰでは，マグネシウム(Mg)が
空気中の酸素と結びついて(燃焼して)，白色の
酸化マグネシウム(MgO)になる化学変化が起
こる。よって，化学反応式は，

$$2Mg + O_2 \longrightarrow 2MgO$$

実験Ⅱでは，水素(H$_2$)が空気中の酸素(O$_2$)と
結びついて(燃焼して)，水(H$_2$O)になる化学変
化が起こる。よって，化学反応式は，

$$2H_2 + O_2 \longrightarrow 2H_2O$$

よってあ～えはすべて 2 であり，和は 8。

(2)水素が燃えるとき，酸素と結びついて水がで
きる。塩化コバルト紙の変色(青→赤)は水の代
表的な検出方法。

トップコーチ

●**燃　焼**

物質が，熱や光を出しながら激しく酸素と
反応すること。気体になってから燃えるも
のは炎を出す。燃焼とは別に，金属がおだ
やかに酸素と結びつくと「さび」ができる。

▶ **16**

(1)酸素…ウ，オ　水素…ア，カ

(2)$2H_2 + O_2 \longrightarrow 2H_2O$

(3)線香が炎をあげて燃えた。

(4)2 回目…水素　4 回目…酸素

(5)下図

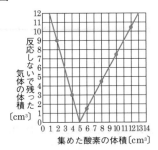

(6)**1：2**

(7)**酸素…3cm³　水素…12cm³**

解説 (2)水素が酸素と結びついて水ができた。

(3)酸素には助燃性がある。

(4)(5)表より各座標に点を打ち，直線で結ぶと上
のようなグラフとなる。これより，1 回目，2
回目は酸素が足りず，3 回目～6 回目は酸素が
あまることがわかる。

(6)(5)でかいたグラフより，酸素 5cm³ と水素
10cm³ が過不足なく反応することがわかる。よ
って，5：10＝1：2　である。

(7)水素が残るのは，酸素の体積が 5cm³ 以下の
ときである。この条件で，反応しないで残った
気体が 6cm³ となるときの酸素の体積を(5)でか
いたグラフから読み取ると，3cm³ であること
がわかる。

▶ **17**

(1)**CO$_2$**

(2)イ…2　エ…2　オ…4　キ…2

(3)**2 分子**　(4)**4 分子**　(5)**5.4g**

(6)**11g**　(7)アルミニウム

解説 (1)反応の前後で原子の種類と数は変化
しない。

(2)(3)B；$2H_2 + O_2 \longrightarrow 2H_2O$

C：$4Al + 3O_2 \longrightarrow 2Al_2O_3$

(4)酸素が 2 分子しかないので，水素 6 分子の
うち 4 分子しか反応できない。よって，水素 4
分子と酸素 2 分子が反応して水 4 分子ができる。

(5)水素 0.6g と酸素 4.8g が反応して水 5.4g が
できて，酸素 0.4g が反応せずに残る。

(6)酸化銅は銅原子と酸素原子が 1：1 の数の比
で結びついているので，銅原子と酸素原子の質
量比は，Cu：O＝4：1 である。二酸化炭素は
酸素原子と炭素原子が 2：1 の数の比で結びつ
いているので，酸素原子と炭素原子の質量比は，
O：C＝8÷2：3＝4：3 である。よって，3つの
原子の質量比をまとめると，Cu：O：C＝16：4：
3 である。よって，2Cu：2O：C＝32：8：3
なので，混合物 43g 中 32g は銅原子で，8g の
酸素と 3g の炭素で二酸化炭素 11g ができる。

▸**18**

(1) $2Na + 2H_2O \longrightarrow 2NaOH + H_2$

(2) $NaHCO_3 + HCl$
$$\longrightarrow NaCl + H_2O + CO_2$$

(3)×

解説 (1)水酸化ナトリウムの化学式（NaOH）
は必ず覚えておくこと。また，反応の前後で原
子の種類と数が同じになるように係数をつける
こと。

(2)炭酸水素ナトリウムの水溶液は弱いアルカリ
性を示し，塩酸（HCl）は酸性なので，これは中
和反応である。したがって，必ず水ができるこ
とに注意すること。また，炭酸水素ナトリウム
に塩酸を加えると二酸化炭素が発生する。

(3)(a)炭酸水素ナトリウムより，炭酸ナトリウム
のほうが水に溶けやすい。

(b)炭酸水素ナトリウム水溶液より，炭酸ナトリ
ウム水溶液のほうが強いアルカリ性を示す。

トップコーチ
●**中　和**
アルカリ性の水溶液と酸性の水溶液が反応
して，たがいの性質を打ち消し合い，中性
に近づく反応を中和という。中和では水と
新たな物質ができ，この物質を塩という。

▸**19**

(1)黒色　(2)イ　(3) $Cu + S \longrightarrow CuS$

(4)物質名…塩化銅　色…青緑色

(5)青色　(6)電気分解　(7) Cl_2

(8)赤かっ色の結晶が出る（銅が出る）。

(9)うすくなる。

解説 (1)(3)赤かっ色の金属である銅が硫黄と
反応して，黒色の硫化銅ができる。

(2)(4)銅と塩素が接している部分に熱が加えられ
ると，銅と塩素が結びつき青緑色の塩化銅とな
る。

(5)塩化銅は水に溶け青色の塩化銅水溶液となる。

(6)化合物の水溶液に電圧を加えて電流を流し，
物質を分解することを電気分解という。

(7)塩化銅（$CuCl_2$）は，電気分解によって銅（Cu）
と塩素（Cl_2）に分解され，－側の電極に銅が付
着し，＋側の電極から塩素が発生する（$CuCl_2$
$\longrightarrow Cu + Cl_2$）。

銅は水溶液中で陽イオン（Cu^{2+}）になり，塩素
は陰イオン（Cl^-〔これを塩化物イオンという〕）
になっているため。

(8)－側には陽イオンである銅イオンが引きよせ
られ，電極に赤かっ色の銅が付着する。

(9)水溶液が青色に見えるのは，水溶液中に銅イ
オンがあるためである。電気分解が進むにつれ
て水溶液中の銅イオンは減少していくため，青
色はうすくなっていく。

トップコーチ
●**イオン**
水に溶かしたとき，その水溶液が電気を通
す物質は，水溶液の中で「イオン」という電
気を帯びた粒子になっている。＋の電気を
帯びた粒子を陽イオン，－の電気を帯びた
粒子を陰イオンという。水溶液に電気を通
すと，陽イオンは－極側の電極（陰極）に，
陰イオンは＋極側の電極（陽極）に集まる。

陽イオン：H^+, Na^+, Cu^{2+}, Zn^{2+}

陰イオン：OH^-, Cl^-, SO_4^{2-}

▶20

(1)①硫化鉄　②化合物　③塩酸

(2)**Fe + S ⟶ FeS**

(3)右図

(4)**10 個**

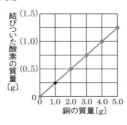

結びついた酸素の質量〔g〕

(1.5) (1.0) (0.5) 0

0 1.0 2.0 3.0 4.0 5.0
銅の質量〔g〕

解説　(1)①②
鉄と硫黄の混合
物を加熱すると，
鉄と硫黄が結び
ついて硫化鉄に
なる。このように，2種類以上の物質が結びつ
いてできた物質を化合物という。

③硫化鉄に塩酸を加えると，硫化水素という卵
のくさったようなにおいのする有毒な気体が発
生する。また，塩酸と水酸化ナトリウム水溶液
の中和では，塩化ナトリウムと水ができる。

(2)それぞれの物質を化学式で表すと，鉄は Fe，
硫黄は S，硫化鉄は FeS である。

(3)図2より銅1.0gと結びついた酸素の質量は，

$$1.25 - 1.00 = 0.25〔g〕$$

したがって，図3の1目盛りは0.25gとなる
ので，2目盛り分の①は 0.5g，②は 1.0g，③
は 1.5g となる。また，銅の質量：結びついた
酸素の質量 = 1.00 : 0.25 = 4 : 1 となる。よっ
て，グラフは，横軸の値：縦軸の値 = 4 : 1 と
なるような原点を通る直線となる。

(4)銅と酸素の反応を化学反応式で表すと，

$2Cu + O_2 \longrightarrow 2CuO$ となる。よって，反応す
る銅原子の数と酸素分子の数は2:1となるので，
銅原子20個と反応する酸素分子の数を x〔個〕
とすると，

$$20 : x = 2 : 1 \qquad x = 10〔個〕$$

単体と化合物 最重要

①単体…1種類の元素のみからなる物質。
　(例)酸素〔O_2〕，炭素〔C〕，銅〔Cu〕

②化合物…2種類以上の元素からなる物質。
　(例)二酸化炭素〔CO_2〕，酸化銅〔CuO〕

▶21

(1)**FeS**

(2)反応するとき熱が発生するから

(3)**3g**　(4)**2.9g**　(5)**5.7g**　(6)**ア**

解説　(1)鉄原子と硫黄原子が1:1の割合で
反応して硫化鉄ができる。

(2)鉄と硫黄が反応するときに熱を出す。この熱
によって，加熱しなくても反応は進んでいく。

(3)実験2の混合物の中の銅の質量を x〔g〕とす
ると，混合物の中の鉄の質量は $(10-x)$〔g〕と
なる。実験1で銅10gと硫黄5gが結びついて
硫化銅15gができることから，実験2で生成
される硫化銅の質量は，$\dfrac{15}{10}x = \dfrac{3}{2}x$〔g〕

また，化学式より，銅原子と硫黄原子は1:1
の割合で結びついていることがわかるので，銅
原子と硫黄原子の質量の比は2:1であるとい
える。銅原子と鉄原子の質量の比が8:7なので，
銅原子：鉄原子：硫黄原子 = 8 : 7 : 4 となる。
さらに，(1)より鉄原子と硫黄原子も1:1の割
合で結びついているので，鉄と硫黄が結びつく
ときの質量比も 7 : 4。これより，$(10-x)$〔g〕
の鉄と結びつく硫黄の質量は，

$\dfrac{4}{7}(10-x)$〔g〕　となる。

よって，実験2で生成される硫化鉄の質量は，

$$(10-x) + \dfrac{4}{7}(10-x) = \dfrac{11}{7}(10-x)$$

したがって，次のような式が成立する。

$$\dfrac{3}{2}x + \dfrac{11}{7}(10-x) = 15.5 \qquad x = 3〔g〕$$

(4)(3)の解説より，鉄と硫黄が結びつくときの質
量比は 7 : 4 なので，鉄5gと結びつく硫黄の
質量を x〔g〕とすると，

$$5 : x = 7 : 4$$

$$x = 2.85\cdots = 約2.9〔g〕$$

(5)硫黄を最も多く必要とするのは，すべて鉄粉
であった場合なので，鉄10gと結びつく硫黄
の質量を x〔g〕とすると，

$$10 : x = 7 : 4$$

$$x = 5.71\cdots = 約5.7〔g〕$$

3 酸化と還元

▶**22**

(1)エ　(2)ア　(3)ウ　(4)オ

解説　(1)ア：酸化銀を加熱すると，酸素と銀に分解される。

イ：石灰石にうすい塩酸を加えると，石灰石の主成分である炭酸カルシウムとうすい塩酸が反応して，二酸化炭素と塩化カルシウムと水ができる。

ウ：塩化アンモニウムと水酸化カルシウムを混ぜて加熱すると，アンモニアと塩化カルシウムと水ができる。

エ：銅板を加熱すると，銅が空気中の酸素と結びついて（酸化），酸化銅になる。

オ：硫酸が水と反応すると熱を発生する。

(2)ア：細かくすると表面積が大きくなる。表面積が大きくなると，空気中の酸素とふれやすくなるので，酸化しやすくなる。

(3)ウ：水素などの燃料を酸化させて電気エネルギーを取り出す装置を，燃料電池という。

(4)オ：鉄鉱石の主成分は酸化鉄である。これを炭素が主成分であるコークスと混ぜて加熱すると，酸化物である酸化鉄は炭素に酸素を奪われて鉄に戻る（還元）。炭素は酸素と結びついて（酸化）二酸化炭素になる。

酸化 最重要

物質が酸素と結びつくこと。

①酸化物…酸化されてできた物質（酸素を含んだ化合物）のこと。

②燃焼…熱や光を出しながらはげしく進む酸化。

還元 最重要

酸化物から酸素を取り去る化学変化のこと。還元に使用した物質は酸化される。

（例）酸化銅＋炭素 ⟶ 銅＋二酸化炭素

①酸化銅は還元されて銅になった。

②炭素は酸化されて二酸化炭素になった。

燃料電池

水素などの燃料を酸化させて，燃料と酸素がもっていた化学エネルギーを電気エネルギーとして取り出す装置。水素を燃料とする場合，発電後に水ができるだけであり，新しいエネルギーとして注目されている。

▶**23**

(1)還元

(2)ウ

(3)銅：酸素＝ 4：1

(4)石灰水

(5)① **0.15g**　② **3.0g**

解説　(1)酸化物が酸素を奪われる反応を還元という。

(2)酸化銅は黒色，銅は赤茶色である。

(3)酸化銅の質量－銅の質量

　　＝酸化銅に含まれている酸素の質量

なので

　銅：酸素＝0.8：(1.0−0.8)＝4：1

(4)炭素は酸化銅から奪った酸素と結びついて二酸化炭素となる。二酸化炭素が石灰水に溶けると，石灰水が白く濁る。

(5)①表より，酸化銅は 2.0g より多くは還元されていない。酸化銅 2.0g が還元されたときに奪われた酸素の質量は，

　2.0−1.6＝0.4〔g〕

このとき起こった反応を化学反応式で示すと，

　$2CuO + C \longrightarrow 2Cu + CO_2$

よって，炭素原子 1 個と酸素原子 2 個が反応することがわかる。酸素原子 1 個の質量は炭素原子 1 個の質量の $\frac{4}{3}$ 倍なので，炭素原子 1 個の質量は酸素原子 1 個の質量の $\frac{3}{4}$ 倍である。したがって，この実験で使った炭素の質量は，

　$0.4 \times \frac{1}{2} \times \frac{3}{4} = 0.15$ 〔g〕

② 2.4g の銅と結びついていた酸素の質量を x 〔g〕とすると，

$2.4 : x = 4 : 1 \quad x = 0.6 (g)$
したがって，反応せずに残った酸化銅の質量は，
$6.0 - (2.4 + 0.6) = 3.0 (g)$

石灰水と二酸化炭素の反応 最重要
水酸化カルシウム＋二酸化炭素
（石灰水）　　　　⟶ 炭酸カルシウム
　　　　　　　　　　　（白色沈殿）

▶**24**
(1)ア…還元　イ…酸化
(2)反応した炭素…**0.3g**
法則名…**質量保存の法則**
計算式…**(4.0−0.8)＋1.1 − 4.0**
(3)**80％**
(4)$CuO + H_2 \longrightarrow Cu + H_2O$

解説 (1)酸化銅は酸素を奪われたので還元された。炭素は酸素と結びついたので酸化された。
(2)反応後の物質の質量＝反応前の物質の質量なので，
　　銅の質量＋二酸化炭素の質量
　　　＝酸化銅の質量＋炭素の質量
となる。炭素の質量をx(g)とすると，
　　$(4.0 - 0.8) + 1.1 = 4.0 + x$
　　$x = (4.0 - 0.8) + 1.1 - 4.0 = 0.3 (g)$
(3)$\dfrac{4.0 - 0.8}{4.0} \times 100 = 80 (\%)$
(4)水素が，酸化銅から酸素を奪って水になる。このとき，酸化銅は還元されて銅にもどる。

▶**25**
(1)**酸素**
(2)**イ**
(3)(a) H_2O　(b) $NaCl$
(4)A…Fe　B…H_2　C…Fe_2O_3　D…C
(5)**エ**
(6)**ア，オ**

解説 (1)ろうそくの火がすぐに消えたことから，ペットボトル内の酸素が減少していることがわかる。
(2)体積の割合で，空気中の酸素の割合は約21％である。
(3)(a)青色の塩化コバルト紙に水をつけると，塩化コバルト紙が赤色になる。
(b)硝酸銀溶液を加えて白色の沈殿ができるのは塩化物イオンであり，黄色の炎色反応を示すのはナトリウムイオンである。水溶液が中性であることからも，塩化ナトリウム(食塩)が含まれていたと考えられる。
(4)A：磁石にくっつくので，鉄である。
B：鉄とうすい硫酸が反応すると，水素が発生する。
C：鉄と硫酸の反応によってできた硫酸鉄に水酸化ナトリウム水溶液を加えると，鉄と硫酸ナトリウムと水ができる。Cは赤色の酸化物なので，鉄の赤さび(三酸化二鉄)と考えられる。鉄の黒さびである四酸化三鉄(Fe_3O_4)ではないので注意すること(一般的に，どちらも酸化鉄とよぶことが多い)。
D：黒色の粉で，るつぼに入れて強熱すると何も残らないことから，カイロに入っていた炭素(強熱すると酸素と結びついて二酸化炭素となる)であると考えられる。
(5)(6)直樹君は，カイロ内の鉄が酸素と反応するため，結びついた酸素の分だけ質量が増加すると考えた。しかし，カイロ内には炭素も含まれており，この炭素が酸素と結びついて二酸化炭素となって出ていったり，鉄が酸素と結びついてできた酸化鉄(三酸化二鉄)と炭素が反応して，酸化鉄が還元され，酸化鉄に含まれていた酸素が炭素と結びついて二酸化炭素となって出ていったりする。そのため，全体の質量の増減を調べると，減少しているのである。

▶*26*

(1)あ…**1** い…**1** う…**1** え…**1**

お…**3** か…**4** き…**2** く…**3**

け…**3** こ…**8** さ…**4** し…**9**

(2)A…**還元** B…**還元** C…**酸化**

(3)**銅原子：酸素原子＝4：1**

(4)**鉄原子：酸素原子＝7：2**

(5)**二酸化マンガン：四酸化三鉄＝3：8**

(6)**鉄原子：銅原子＝7：8**

解説 (1)実験1：この状態で，右辺と左辺の原子の種類と数はつり合っている。

実験2：アルミニウム原子と酸素原子の数の比が2：3とならなければならないので，MnO_2の係数を3，Alの係数を4とすると，右辺のAl_2O_3の係数は2となる。また，Mn原子の数は3個となるため，右辺のMnの係数を3とする。

$$3MnO_2 + 4Al \longrightarrow 2Al_2O_3 + 3Mn$$

実験3：両辺で酸素原子の数をそろえるために，Fe_3O_4の係数を3，Al_2O_3の係数を4とする。これにより，左辺のFe原子の数が9個になるので，右辺のFeの係数を9とする。また，右辺のAl原子の数は8個となるため，左辺のAl原子の係数を8とする。

$$3Fe_3O_4 + 8Al \longrightarrow 4Al_2O_3 + 9Fe$$

(2)A：酸化物である酸化銅が酸素を奪われた化学変化なので還元である。

B：二酸化マンガンは酸素を奪われたので還元されたという。

C：アルミニウムは酸素と結びついたので酸化したという。

(3)酸化銅（CuO）は，銅原子と酸素原子が1：1の割合で結びついている。よって，銅原子1個と酸素原子1個の質量比は，

銅：酸素＝6.4：(8.0−6.4)＝4：1

(4)四酸化三鉄（Fe_3O_4）は，鉄原子と酸素原子が3：4の割合で結びついている。よって，鉄原子1個と酸素原子1個の質量比は，

$$\frac{50.4}{3} : \frac{69.6 - 50.4}{4} = 7 : 2$$

(5)二酸化マンガン（MnO_2）は，マンガン原子と酸素原子が1：2の割合で結びついている。よって，マンガン原子1個と酸素原子1個の質量比は，

$$\frac{33.0}{1} : \frac{52.2 - 33.0}{2} = 55 : 16$$

酸素原子1個の質量を1とすると，二酸化マンガン1個と四酸化三鉄1個の質量比は，

$$\left(2 + \frac{55}{16}\right) : \left(4 + 3 \times \frac{7}{2}\right) = 3 : 8$$

(6)(3)，(4)で求めた答を利用する。酸素原子1個の質量を1とすると，鉄原子1個と銅原子1個の質量比は，

$$\frac{7}{2} : \frac{4}{1} = 7 : 8$$

▶*27*

①**酸素** ②**金，白金（など）**

③**酸化物** ④**還元** ⑤**コークス**

⑥**電気** ⑦**リサイクル**

解説 ①酸素は，酸化物として地表付近の物質に最も多く含まれている。

②金は酸化されにくい物質なので，自然界でも単体として存在している。

③酸素と結びついた化合物を酸化物という。なお，問題文の文章では，化合物と答えても文章は成立する。

④酸化物から酸素を取り除くことを還元という。なお，問題文の文章では，分解と答えても文章は成立する。

⑤一般に行う製鉄では，溶鉱炉に鉄鉱石（主成分は酸化鉄）とコークス（主成分は炭素）を交互に入れて，加熱し，鉄鉱石を還元して銑鉄を得ている。このように，鉱石から金属を取り出すことを製錬という。日本古来の製鉄方法であるたたら製鉄では，砂鉄と木炭を交互に入れて加熱し，砂鉄を還元して鉄を取り出していた。

⑥アルミニウムの製錬では，原料をとかして電気分解する。

⑦金属など限りのある資源は，リサイクル（再資源化）することが重要である。

トップコーチ

●アルミニウムの製錬

①アルミニウムの原鉱石であるボーキサイトから酸化アルミニウムを取り出す。

②酸化アルミニウムに氷晶石を混ぜて熱すると，約1000℃で融解する。

③融解液を電気分解すると，陰極に融解したアルミニウムが得られる。このとき，大量の電力を消費するので，アルミニウムを"電気の缶詰"とよぶこともある。

▶**28**

(1) $2Mg + O_2 \longrightarrow 2MgO$

(2) **4.0g**

(3)試薬 X…HCl　気体 Y…H$_2$

(4) **3：2**

(5) $MgO + 2HCl \longrightarrow MgCl_2 + H_2O$

解説 (1)マグネシウムを加熱すると，酸素と結びついて酸化マグネシウムになる。

(2)(3)試薬 X はマグネシウムと反応して水素を発生する塩酸である。A君の加熱後の物質に塩酸を加えたときに発生した水素の体積がB君の2倍なので，酸素と結びつかずに残っていたマグネシウムの量がB君の2倍であるといえる。また，A君とB君の加熱後の質量差は0.4gなので，完全に加熱したあとの質量はB君の加熱後の質量より0.4g大きい4.0gである。

(4)2.4g のマグネシウムが1.6gの酸素と結びついて4.0gの酸化マグネシウムになるので，

2Mg：O$_2$＝2.4：1.6＝3：2

よって，Mg：O＝3：2

(5)マグネシウムと塩酸が反応したときの化学反応式は，Mg＋2HCl $\longrightarrow$ MgCl$_2$＋H$_2$

酸化マグネシウムと塩酸が反応したときの化学反応式は，MgO＋2HCl $\longrightarrow$ MgCl$_2$＋H$_2$O となる。化合物 Z とは水（H$_2$O）のことである。

▶**29**

(1) $CuO + H_2 \longrightarrow Cu + H_2O$

(2) **6.4g**

(3)コークス

(4) **70kg**

解説 (1)反応の前後で，原子の種類と数は変化しない。

(2)酸化銅は銅原子と酸素原子が1：1の数の比で結びついている。よって，酸化銅8.0g中の銅原子の質量は，

$$8.0 \times \frac{64}{16+64} = 6.4 \, (g)$$

(3)木を蒸し焼きにしたものを木炭といい，石炭を蒸し焼きにしたものをコークスという。

(4) Fe$_2$O$_3$ の中には，鉄原子が2個，酸素原子が3個ある。よって，100kg の Fe$_2$O$_3$ に含まれている鉄の質量は，

$$100 \times \frac{56 \times 2}{56 \times 2 + 16 \times 3} = 70 \, (kg)$$

▶**30**

(1) $CH_4 + 2O_2 \longrightarrow CO_2 + 2H_2O$

(2) **20g**

(3) **エ**

解説 (1)メタンが酸素と反応して二酸化炭素と水になる反応である。反応の前後で，原子の種類と数が等しくなるように係数をつける。

(2)4g のメタンが完全燃焼したときに反応した酸素の質量は，

11＋9－4＝16〔g〕

完全燃焼したときに80gの酸素を必要としたメタンの質量を x〔g〕とすると，

4：16＝x：80　　x＝20〔g〕

(3) CO$_2$ 分子1個の質量：H$_2$O 分子1個の質量

＝ 22：9

である。また，このとき生じた CO$_2$ と H$_2$O の質量比は

8.8：4.8＝11：6

なので，このときの反応でできた

CO₂ 分子の数：H₂O 分子の数 $= x : y$

とすると，

$22 \times x : 9 \times y = 11 : 6$ 　　 $4x = 3y$

よって，$x : y = 3 : 4$ である。

このときの反応を表す化学反応式の右辺は，

$3CO_2 + 4H_2O$

となる。よって，左辺で必要な炭素原子は 3 個，酸素原子は 10 個，水素原子は 8 個となる。炭素原子と水素原子の数の比が 3：8 となるため，このとき反応した炭化水素の化学式は，C_3H_8 となる。この反応を化学反応式で表すと次のようになる。

$$C_3H_8 + 5O_2 \longrightarrow 3CO_2 + 4H_2O$$

▶**31**

(1)$a \cdots$**2**　$b \cdots$**13**　$c \cdots$**8**　$d \cdots$**10**

(2)$O_2 + 2Cu \longrightarrow 2CuO$

(3)**酸素：銅 = 1：4**

(4)**銅：カルシウム = 8：5**

(5)**4.3g**

解説 　(1)まず，炭素と水素の数を合わせるために $c=4$，$d=5$ とすると，右辺の酸素原子の数が奇数となる。左辺の酸素原子は酸素分子に含まれるだけなので，酸素原子の数は偶数でなくてはならない。よって，全体を 2 倍して，$c=8$，$d=10$ とする。すると右辺は，

$8CO_2 + 10H_2O$

となり，左辺も炭素原子 8 個，水素原子 20 個，酸素原子 26 個とするためには，

$2C_4H_{10} + 13O_2$

としなければならないので，$a=2$，$b=13$。

(2)酸素は O_2，銅は Cu，酸化銅は CuO である。

(3)酸素原子と銅原子は 1：1 の割合で結びついているので，酸化銅をつくっている酸素と銅の質量比が，酸素原子 1 個と銅原子 1 個の質量比に等しい。よって，酸素原子と銅原子各 1 個の質量比は，$8.0 : (40 - 8.0) = 1 : 4$ である。

(4)酸化銅 10 のうちの酸素の割合は，

$$10 \times \frac{1}{1+4} = 2$$

なので，同じ質量の酸素と結びつく銅とカルシウムの質量比は，

$(10-2) : (7-2) = 8 : 5$

である。酸化カルシウムも酸化銅と同様，カルシウム原子が酸素原子と 1：1 で結びついているので(CaO)，この比がそのまま，銅原子 1 個とカルシウム原子 1 個の質量比となる(銅とカルシウムが塩素と結びつくときに，どちらも原子 1 個に対して塩素原子 2 個が結合(CuCl₂, CaCl₂)することからも，銅原子 1 個が酸素原子 1 個と結びつくのであれば，カルシウム原子 1 個も酸素原子 1 個と結びつくということがわかる)。

(5)酸化銅 10g に含まれている酸素の質量は，

$$10 \times \frac{1}{1+4} = 2 \text{[g]}$$

過酸化水素が分解されたときの反応を化学反応式で表すと，$2H_2O_2 \longrightarrow 2H_2O + O_2$

過酸化水素の分解で発生した O_2 の質量が 2g で，H：O = 1：16 とすると，分解された $2H_2O_2$ の質量は，

$$2 \times 2 + 2 \times \frac{1}{2} \times \frac{1}{16} \times 4 = 4 + \frac{1}{4}$$

$$= 4.25$$

$$= 約4.3\text{[g]}$$

▶**32**

(1)$\dfrac{m(m+n)}{m+2n}$

(2)$C_3H_8 + 5O_2 \longrightarrow 3CO_2 + 4H_2O$

(3)$\dfrac{am}{m+n}$　(4)$\dfrac{5an}{m+n}$

(5)$a\left(\dfrac{m}{m+n}\right)^2$

解説 　(1)ピストンを引き上げたときに水中から空間に出てくる C_3H_8 の個数を x〔個〕とすると，図 2 の空間中の C_3H_8 の個数は $(n+x)$〔個〕なので，空間 1L あたりの C_3H_8 の個数は n〔個〕から $\dfrac{n+x}{2}$〔個〕になり，水 1L に溶けている C_3H_8 の個数は $(m-x)$〔個〕である。m は n に比例するという条件があるので，

$$m : n = (m-x) : \frac{n+x}{2}$$

これを，x について解くと，$x = \dfrac{mn}{m+2n}$ となる。
水に溶けている C_3H_8 の個数は $(m-x)$〔個〕なので，x を代入すると，

$$m - \frac{mn}{m+2n} = \frac{m(m+n)}{m+2n}$$

(2)反応の前後で原子の種類と数が等しくなるように係数をつける。

(3)a〔個〕の C_3H_8 のうち，水中に溶けているものの個数を求めるので，

$$a \times \frac{m}{m+n} = \frac{am}{m+n}〔個〕$$

(4)1 個の C_3H_8 を燃焼させるために酸素分子 5 個が必要である。空間 1L の中に含まれていた C_3H_8 の個数は，

$$a \times \frac{n}{m+n} = \frac{an}{m+n}〔個〕$$

なので，酸素分子の個数は，

$$\frac{an}{m+n} \times 5 = \frac{5an}{m+n}$$

(5)容器内に残っている C_3H_8 は水に溶けていたもののみなので，$\dfrac{am}{m+n}$〔個〕

容器内にある C_3H_8 のうち，$\dfrac{m}{m+n}$ の割合だけ水に溶けたままの状態で存在するので，

$$\frac{am}{m+n} \times \frac{m}{m+n} = a\left(\frac{m}{m+n}\right)^2$$

4 化学変化と熱

▶**33**

a…カ b…ウ c…キ

解説 お菓子が酸素と結びつき（酸化）味が悪くなったり，カビが発生したりするのを防ぐために，お菓子の袋の中に脱酸素剤を入れて，袋の中の酸素を取り除く。脱酸素剤の中には鉄粉が入っていて，お菓子の袋の中の酸素がこの鉄粉と結びつくことによって，お菓子の袋の中の酸素が取り除かれるというしくみである。このとき，鉄粉と酸素が多いと，鉄粉が酸素と結びつくことによって熱が発生するので，温かくなったのである。

▶**34**

ウ

解説 酸化や中和，及び硫黄と鉄が結びつく変化は発熱反応であるが，硝酸アンモニウムが水に溶けるときはまわりから熱を吸収するので，まわりの温度が下がる。

▶**35**

(1)**ウ**

(2)**試験管…A 物質名…硫化鉄**

(3)**未反応の鉄が残っていたから。**

解説 (1)鉄と硫黄が結びついて硫化鉄になるとき，熱が発生する。加熱をやめても，この熱によって反応が進んでいくため，赤くなった部分（反応している部分）は試験管の底のほうまで広がっていく。

(2)試験管 A には鉄と硫黄が結びついてできた硫化鉄があり，これにうすい塩酸を加えると硫化水素という卵の腐ったような臭いのする気体が発生する。試験管 B にうすい塩酸を加えると，鉄とうすい塩酸が反応し無臭の水素が発生する。

▶**36**

(1)オ　(2)方法…石灰水に通す。

結果…石灰水が白くにごる。

(3)塩化ナトリウム

(4)まわりから熱を吸収する化学変化(吸

熱反応)である。

(5)エ　(6)イ

解説　(1)(3)塩酸に炭酸水素ナトリウムを加え

たときに発生する気体Xは二酸化炭素で，生

じる化合物Aは塩化ナトリウムである。

(2)二酸化炭素と石灰水(水酸化カルシウム水溶

液)が反応すると，水に溶けない白色の固体で

ある炭酸カルシウムが生じるため，白くにごる。

(4)炭酸水素ナトリウムと塩酸の反応は吸熱反応

である。

(5)有機物の燃焼，うすい塩酸とマグネシウムリ

ボンの反応，水素と酸素の反応(水素の燃焼)は

発熱反応であり，塩化アンモニウムと水酸化バ

リウムの反応は吸熱反応である。

(6)炭酸水素ナトリウムの化学式は$NaHCO_3$で

ある(炭酸〜という名称の物質は化学式の最後

にCO_3がつく)。また，反応の前後で原子の種

類と数が変化しないことに注意すること。

▶**37**

(1)①ウ　②イ　(2)燃料電池

(3)イ　(4)エ

解説　(1)①食塩水と活性炭が触媒となり，鉄

粉が酸素と反応しやすくなる。鉄粉と酸素が反

応するときには熱が生じる。

②水酸化ナトリウム水溶液とうすい塩酸の中和

反応でも熱が生じる。

(2)水素と酸素を反応させる燃料電池では水しか

生じないので，クリーンエネルギーとして注目

されている。

(3)反応後にできた物質のほうが，吸収した熱エ

ネルギーの分だけ化学エネルギーが大きい(反

応前の物質がもっていた化学エネルギーのほう

が小さい)。

(4)塩化アンモニウムと水酸化バリウムが反応す

ると，アンモニアと塩化バリウムと水ができる。

5　化学変化と物質の質量

▶**38**

(1)ウ　(2)エ　(3)ウ　(4)イ

解説　(1)石灰石(主成分は炭酸カルシウム)に

うすい塩酸を加えると二酸化炭素が発生する。

(2)測定値2は密閉したまま測定した値なので，

容器の中と外で物質の出入りがない。よって，

測定値2は測定値1と同じ値を示す。

(3)「測定値1−測定値3」という計算によって発

生した気体の質量を求めることができる。よっ

て，各容器内で発生した気体の質量は，aは

0.4g，bは0.8g，cは1.0g，dも1.0gである。

石灰石が1.0gふえるごとに発生する気体の質

量は0.4gずつふえ，最大で1.0gまで発生して

いる。したがって，うすい塩酸$10cm^3$とちょ

うど反応する石灰石の質量をx〔g〕とすると，

$$1.0:x=0.4:1.0 \qquad x=2.5〔g〕$$

(4)反応せずに残っている石灰石の質量は，

$$4.0-2.5=1.5〔g〕$$

1.5gの石灰石がうすい塩酸と反応したときに

発生する気体の質量をx〔g〕とすると，

$$1.0:1.5=0.4:x \qquad x=0.6〔g〕$$

▶**39**

(1)空気中の酸素と結びついたため。

(2)右図

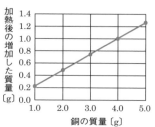

(3)$2Cu + O_2 \longrightarrow 2CuO$

(4)マグネシウム：銅＝50：133

解説 (1)結びついた酸素の分だけ質量が増える。

(2)2.0gの銅と結びついた酸素の質量は，

$$2.5 - 2.0 = 0.5〔g〕$$

銅と結びつく酸素の質量の比は，

$$2.0 : 0.5 = 4 : 1$$

よって，点(2.0，0.5)，(4.0，1.0)を通る直線をひけばよい。

定比例の法則（プルースト） **最重要**

化合物をつくる物質の質量の割合は常に一定で，化合物の種類によって決まっている。

(例)・酸化銅…銅：酸素＝4：1
　　・酸化マグネシウム
　　　…マグネシウム：酸素＝3：2
　　・硫化鉄…鉄：硫黄＝7：4

---

(4)マグネシウム2.00gと結びつく酸素の質量は1.33g(3.33 - 2.00 = 1.33)，銅2.00gと結びつく酸素の質量は0.50g(2.50 - 2.00 = 0.50)である。同じ質量のマグネシウムや銅と結びつく酸素の質量が，マグネシウム：銅＝133：50となるので，同じ質量の酸素と結びつくマグネシウムや銅の質量の比は，マグネシウム：銅＝50：133となる。(3)の式およびマグネシウムが酸素と結びつくときの化学反応式($2Mg + O_2 \longrightarrow 2MgO$)より，どちらの金属も，酸素分子1個に対して原子が2個結びつくので，各原子の質量の比は，同じ質量の酸素と結びつく各金属の質量の比に等しい。よって，マグネシウム原子1個の質量：銅原子1個の質量＝50：133となる。実際のマグネシウム原子1個の質量：銅原子1個の質量は，3：8であるが，50：133は，この値と非常に近く，実験誤差が小さいことを示している。

▶**40**

(1)X…**1.96g**　塩酸…**30.00g**

(2)**77％**

解説 (1)X = 65.26 - 63.30 = 1.96〔g〕

加える塩酸の質量が30.00gになるまでは，新

たにうすい塩酸を5.00g加えるごとに，二酸化炭素が0.11gずつ発生している。しかし，加えたうすい塩酸の量が30.00gから35.00gに増えたときは，全体の質量も94.60gから99.60gと5g増えているので，新たに二酸化炭素が発生していないことがわかる。よって，1.96gのXと過不足なく反応するうすい塩酸の質量は30.00gである。

(2)うすい塩酸を30.00g加えたときに発生する二酸化炭素の質量は，

$$65.26 + 30.00 - 94.60 = 0.66〔g〕$$

Xの中に含まれる炭酸カルシウムの質量をx〔g〕とすると，

$$x : 0.66 = 10.0 : 4.4 \qquad x = 1.5〔g〕$$

X1.96g中に炭酸カルシウム1.5gが含まれているので，その割合を百分率で表すと，

$$\frac{1.50}{1.96} \times 100 = 76.5\cdots = 約77〔\%〕$$

▶**41**

(1)**0.52**　(2)**0.14**　(3)**0.27g**

解説 (1){(67.27 + 75.50 + 68.50) -

(66.76 + 74.97 + 67.98)} ÷ 3 = 0.52

(2){(68.69 + 75.99 + 67.67) -

(68.54 + 75.86 + 67.53)} ÷ 3 = 0.14

(3)炭酸水素ナトリウム1.00gがすべて塩酸と反応すると0.52gの二酸化炭素が発生するので，0.14gの二酸化炭素が発生したときに反応した炭酸水素ナトリウムの質量をx〔g〕とすると，

$$1.00 : x = 0.52 : 0.14$$
$$x = 0.269\cdots = 約0.27〔g〕$$

▶**42**

(1)**銅：酸素＝4：1**　(2)**7.5g**

解説 (1)「結びつく酸素の質量＝酸化銅の質量－銅の質量」なので，

$$0.4 : (0.5 - 0.4) = 0.4 : 0.1 = 4 : 1$$

(2)6.0gの銅がすべて酸素と結びついたときにできた酸化銅の質量をx〔g〕とすると，

$$0.4 : 0.5 = 6.0 : x \qquad x = 7.5〔g〕$$

▶**43**

(1)固体…**2.23g**

気体…**0.17g**

(2)**53cm³**

解説 (1)$\frac{0.93}{1.00} = \frac{1.86}{2.00} = \frac{2.79}{3.00}$ なので，

2.40g の酸化銀から得られる固体（銀）の質量を x〔g〕とすると，

$$2.40 : x = 1.00 : 0.93$$
$$x = 2.232$$
$$= 約2.23 〔g〕$$

発生する気体の質量は，

$$2.40 - 2.23 = 0.17 〔g〕$$

(2) $1.00 - 0.93 = 0.07 〔g〕$

0.07g の気体（酸素）の体積を x〔cm³〕とすると，

$$0.07 : x = 0.00133 : 1$$
$$x = 52.6\cdots$$
$$= 約53 〔cm³〕$$

▶**44**

(1)a…**1**　b…**2**　c…**1**　d…**1**

e…**2**　f…**1**　g…**1**　h…**1**

X…**N₂**　Y…**HCl**　Z…**CaCl₂**

(2)**0.7g**

(3)**1.17g/L**

(4)ア…**465**　イ…**7**　ウ…**11**

エ…**1.83**　オ…**0.85**　カ…**1.71**

解説 (1)実験1：$NH_4NO_2 \longrightarrow 2H_2O + N_2$

実験2：$CaCO_3 + 2HCl \longrightarrow CaCl_2 + H_2O + CO_2$

(2) $1.6 - 0.90 = 0.7 〔g〕$

(3) 600mL = 0.6L

0.6L あたりの質量が 0.7g なので，

$$0.7 〔g〕 \div 0.6 〔L〕 = 1.166\cdots$$
$$= 約1.17 〔g/L〕$$

(4)ア：$600 - 135 = 465 〔mL〕$

イ，ウ：C，N，O の原子の質量比が与えられているので，$N_2 : CO_2 = (7×2) : (6+8×2)$

$$= 14 : 22 = 7 : 11$$

エ：密度の比は分子1個あたりの質量の比と等しくなるので，二酸化炭素の密度を x〔g/L〕とすると，$\frac{0.7}{0.6} : x = 7 : 11$

$$x = 1.833\cdots = 約1.83 〔g/L〕$$

オ：465mL = 0.465L

$$1.833\cdots 〔g/L〕 × 0.465 〔L〕 = 0.8525$$
$$= 約0.85 〔g〕$$

カ：0.5L の水に 0.8525g の二酸化炭素が溶けたのだから，二酸化炭素の溶解度は，

$$0.8525 〔g〕 × \frac{1.0 〔L〕}{0.5 〔L〕} = 1.705 = 約1.71 〔g/L〕$$

トップコーチ

●**気体反応の法則（ゲーリュサック）**

気体の反応において，反応する気体の体積と反応後に生成される気体の体積の間には，簡単な整数比が成り立つ。

●**分子説（アボガドロ）**

すべての気体は，いくつかの原子が結びついた分子という粒子でできている。

●**アボガドロの法則（アボガドロ）**

同温同圧のもとでは，どのような気体でも，体積が同じであれば，その中の気体の分子の数も同じである（分子の数が同じであれば，同じ体積である）。

▶**45**

(1)**イ**

(2)**1.33 倍**

(3)**5.10g**

(4)炭素…**1.95g**

空気…**16.0L**

解説 (1)この化学変化を化学反応式で表すと，$C + O_2 \longrightarrow CO_2$ となる。

(2)0.36g の炭素と結びつく酸素の質量を求めると，$1.32 - 0.36 = 0.96 〔g〕$ となり，これと(1)より，酸素原子2個（酸素分子1個）と炭素原子1個が結びつくことから，

酸素原子 1 個の質量：炭素原子 1 個の質量
$= 0.96 \div 2 : 0.36 = 0.48 : 0.36 = 4 : 3$
したがって，$4 \div 3 = 1.333\cdots$
$= $約 1.33〔倍〕
(3)炭素 2.70g と結びつく酸素の質量を x〔g〕とすると，$2.70 : x = 0.36 : 0.96$ より $x = 7.2$〔g〕。
密閉容器の中に入れた酸素の質量は，
$15.0 - 2.70 = 12.30$〔g〕
よって，密閉容器に残った酸素の質量は，
$12.30 - 7.2 = 5.10$〔g〕
(4)二酸化炭素 7.15g をつくるために必要な炭素の質量を x〔g〕とすると，
$7.15 : x = 1.32 : 0.36$ $x = 1.95$〔g〕
必要な酸素の質量は，
$7.15 - 1.95 = 5.20$〔g〕
空気 1L 中に含まれる酸素の質量は，
1.30〔g〕$\times 0.25 = 0.325$〔g〕
したがって，5.20g の酸素を含む空気の体積を y〔L〕とすると，
1〔L〕$: 0.325$〔g〕$= y$〔L〕$: 5.20$〔g〕
$y = 16.0$〔L〕

▶**46**

(1)$C_3H_8 + 5O_2 \longrightarrow 3CO_2 + 4H_2O$

(2)$0.75g$　(3)カ

解説　(1)反応の前後で原子の種類と数が変化しないように係数をつける。
(2)メタンの燃焼を化学反応式で表すと，
$CH_4 + 2O_2 \longrightarrow CO_2 + 2H_2O$
となる。これより，メタンに含まれる水素はすべて水になることがわかる。生じた水 2.25g に含まれる水素の質量を x〔g〕とすると，
$2.25 : x = 1 + 8 : 1$ $x = 0.25$〔g〕
よって，メタン 1.0g に含まれる水素の質量も 0.25g である。したがって，メタン 1.0g に含まれる炭素の質量は，
$1.0 - 0.25 = 0.75$〔g〕
(3)(2)より，炭素原子 1 個と水素原子 1 個の質量の比は，$0.75 : 0.25 \div 4 = 12 : 1$ である。よ

って，プロパン C_3H_8 の中の炭素の質量と水素の質量の比は，
$12 \times 3 : 1 \times 8 = 9 : 2 = 4.5 : 1$
同様に，エタン C_2H_6 では，
$12 \times 2 : 1 \times 6 = 4 : 1$
同様に，メタン CH_4 では，
$12 \times 1 : 1 \times 4 = 3 : 1$
（メタンは，(2)からも求められる。）
したがって，水素に対して炭素の割合が大きいものから順に並べると，プロパン＞エタン＞メタンの順となる。

▶**47**

(1)A…$8 : 11$　B…$4 : 3$

(2)560　(3)$2H_2 + O_2 \longrightarrow 2H_2O$

(4)$180g$

(5)$C_3H_8 + 5O_2 \longrightarrow 3CO_2 + 4H_2O$

(6)$44g$

解説　(1)分子 1 個の質量の比は，同じ体積の質量の比と同じである（同じ体積には同じ数の分子が入っているため）。同じ体積の質量の比は同じ質量の体積の比の逆比（反比例）となるため，酸素分子 1 個と二酸化炭素分子 1 個の質量の比は，
$44.8 : 61.6 = 8 : 11$　……A
次に，酸素分子は O_2 で，二酸化炭素分子は CO_2 で，O_2 が 8，CO_2 が 11 なので，C の質量は，$11 - 8 = 3$　となる。よって，酸素原子 1 個と炭素原子 1 個の質量の比は，
$(8 \div 2) : 3 = 4 : 3$　……B
となる。
(2)酸素 61.6L の質量が 88g なので，水素 61.6L の質量は，$88 \div 16 = 5.5$〔g〕
よって，水素 50g の体積を x〔L〕とすると，
$5.5 : 50 = 61.6 : x$ $x = 560$〔L〕
(3)水素 H_2 と酸素 O_2 が反応すると水 H_2O ができる。化学反応式では反応の前後で原子の種類と数が変化しないように係数をつけて調節する。

(4)(3)より，水素分子と酸素分子は 2：1 の数の比で反応するので，質量の比は，

水素：酸素 = $1 \times 2 : 16 \times 1 = 1 : 8$

となる。よって，水素 20g と反応する酸素の質量を x〔g〕とすると，

$20 : x = 1 : 8$　　$x = 160$〔g〕

したがって，生じる水の質量は，

$20 + 160 = 180$〔g〕

(5)液体 D は水 H_2O，気体 E は二酸化炭素 CO_2 である。反応の前後で原子の種類と数が変化しないように係数をつける。

(6)二酸化炭素 67.2L の質量を x〔g〕とすると，

$44.8 : 67.2 = 88 : x$　　$x = 132$〔g〕

酸素分子 1 個と二酸化炭素分子 1 個の質量の比が 8：11 で，この化学変化で $3CO_2$ を生じるためには $5O_2$ が必要なので，このときプロパンと反応した酸素の質量は，

$$132 \times \frac{8}{11} \times \frac{5}{3} = 160 〔g〕$$

$5O_2$（$10 \times O$）を 160g とすると，$4 \times O$ は 64g となる。

よって，$4H_2$（$8 \times H$）の質量は，

$$64 \times \frac{8}{4} \times \frac{1}{16} = 8 〔g〕となる。$$

よって，このときできる水の質量は，

$64 + 8 = 72$〔g〕

したがって，反応に用いたプロパンの質量は，

$132 + 72 - 160 = 44$〔g〕

▶*48*

(1)①オ　②ウ　③カ

(2)①エ　②ウ

(3)**$40cm^3$**　(4)**$85cm^3$**

(5)右図

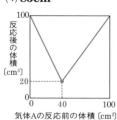

(6)**4**

解説　(1)気体 A が $67cm^3$ のときに，互いに過不足なく反応しているので，①では気体 B が残り，③では気体 A が残る。また，すべてで気体 A と気体 B の反応によって気体 C ができている。

(2)① $V = 0$ ということは，生じた化合物 C が液体であることを示す。また，P のときの気体 A の体積が $67cm^3$ なので，気体 A と気体 B が過不足なく反応したときの体積比は，

A：B = $67 : 100 - 67 = 67 : 33 =$ 約 2：1

よって，反応する分子数も，A：B = 2：1

② $V = 67$ ということは，生じた化合物は気体で，その体積は反応前の気体 A の体積 $67cm^3$ と等しいことを示す。体積が等しいということは分子数も等しいということなので，

A：B：C = 2：1：2

(3)エ：$2A + B \longrightarrow 2C$（液体）。反応前の気体 B の体積は，$100 - 80 = 20$〔$cm^3$〕なので，これと反応する A の体積：20 = 2：1

よって，A = 40〔cm^3〕

化合物 C は液体なので，最初の体積から反応した気体の体積を除けば，反応後の気体の体積となる。

$100 - (20 + 40) = 40$〔cm^3〕

(4)ウ：$2A + B \longrightarrow 2C$（気体）。気体 A はすべて反応するので，気体 A $30cm^3$ と反応する気体 B の体積は，30〔cm^3〕$\times \frac{1}{2} = 15$〔cm^3〕

よって，反応せずに残った気体 B は，

$100 - 30 - 15 = 55$〔cm^3〕

また，この反応で気体 A と同体積 $30cm^3$ の気体 C が発生するので，反応後に残った気体の体積は，$55 + 30 = 85$〔cm^3〕

(5)A：B：C = 2：3：1

また，A + B = 100〔cm^3〕なので，

気体 A = 100〔cm^3〕$\times \dfrac{2}{2+3} = 40$〔$cm^3$〕

気体 C = 100〔cm^3〕$\times \dfrac{1}{2+3} = 20$〔$cm^3$〕

したがって，気体 A が $40cm^3$ のときに過不足なく反応し，反応後の気体の体積 V は $20cm^3$

になっているグラフとなる。

(6)気体 B の分子 1 個の中の炭素原子(C)の数は m 個，気体 C の分子 1 個の中の炭素原子(C)の数も m 個なので，反応前の気体 B の分子数と反応後にできた気体 C の分子数は等しい。よって，反応前の気体 B の体積と反応後にできた気体 C の体積も等しく，この値が V の値 33 である。よって，

気体A：気体B：気体C＝100－33：33：33
＝約2：1：1

したがって，次のような化学反応式となる。

$$2H_2 + C_mH_n \longrightarrow C_mH_{n+4}$$

▶ 49

(1)$2NaHCO_3$
$$\longrightarrow Na_2CO_3 + CO_2 + H_2O$$

(2)$91g$

解説 (1)炭酸水素ナトリウム
$\longrightarrow$ 炭酸ナトリウム＋二酸化炭素＋水

(2)反応せずに乾燥した白色の固体となった炭酸水素ナトリウムの質量を x〔g〕，反応後にできた炭酸ナトリウムの質量を y〔g〕とする。100g の炭酸水素ナトリウムがすべて分解されると 63.1g の炭酸ナトリウムが生じるので，

$$100-x：y＝100：63.1$$

これを整理すると，

$$631x + 1000y = 63100 \quad \cdots\cdots①$$

次に白色固体を塩酸に入れたときのことを考える。ここでいう白色固体とは，**反応せずに乾燥した白色の固体となった炭酸水素ナトリウムと反応によってできた炭酸ナトリウムの合計の質量**$(x+y)$である。これに塩酸を加えた質量から残った溶液545gを引いた値が，発生した二酸化炭素量と考えられるので，次の式が成立する。

$$(x+y) + 500 - 545$$
$$= 52.4 \times \frac{x}{100} + 41.5 \times \frac{y}{100}$$

この式を整理すると，

$$476x + 585y = 45000 \quad \cdots\cdots②$$

①，②の式を連立させると，

$$\begin{cases} x = 75.67\cdots〔g〕 \\ y = 15.35\cdots〔g〕 \end{cases}$$

したがって，白色固体の質量$(x+y)$は，

$$75.67\cdots + 15.35\cdots = 91.02\cdots$$
$$= 約91〔g〕$$

▶ 50

(1)$Zn + 2HCl \longrightarrow ZnCl_2 + H_2$

(2)① 2　② 1　(3)$A：B = 2：1$

(4)$8g$　(5)カ　(6)$3.9g$　(7)$9.0g$

解説 (1)亜鉛に希塩酸(うすい塩酸)を加えると，塩化亜鉛ができ，水素が発生する。

(2)反応の前後で，酸素原子とナトリウム原子の数をそろえるためには NaOH の係数は 2 でなければならない。このとき，反応前の水素原子は 2 個なので，反応後の H_2 の係数は 1 になる。

(3)1 個の亜鉛原子に対しては塩化水素分子 2 個が反応し，水酸化ナトリウム分子の場合も 2 個反応するので，溶液 A，B に溶けている塩化水素や水酸化ナトリウムの分子数は，その溶液と過不足なく反応する亜鉛の質量に比例する。また，塩化水素分子 1 個と水酸化ナトリウム分子 1 個が過不足なく反応するので(HCl＋NaOH $\longrightarrow$ NaCl＋H_2O)，実験 1，2 より，亜鉛 1g と過不足なく反応する溶液 A 30cm³ と溶液 B 15cm³ は過不足なく中和するとわかる。

$$A：B = 30：15 = 2：1$$

(4)実験 2 で，反応後の水溶液を加熱したあとに得られた固体 2.2g は，すべて反応によってできた亜鉛酸ナトリウムである。また，実験 3 で，反応後の水溶液を加熱したあとに得られた固体 2.6g のうち，0.4g(2.6－2.2＝0.4)は反応しなかった水酸化ナトリウムで，実験 3 で加えた水溶液 B の中で反応しなかった分の体積は 20－15＝5〔cm³〕なので，溶液 B 5cm³ 中に 0.4g の水酸化ナトリウムが溶けていることがわかる。したがって，溶液 B 100cm³ に溶けている水酸化ナトリウムの質量を x〔g〕とすると，

$$5 : 100 = 0.4 : x$$
$$x = 8 \text{(g)}$$

(5)マグネシウムと塩酸の反応を化学反応式で表すと，$Mg + 2HCl \longrightarrow MgCl_2 + H_2$ となり，マグネシウムも亜鉛と同じように，マグネシウム原子：塩化水素分子 $= 1 : 2$ の割合で反応している。また，金属と反応した溶液Aの体積は発生した水素の体積に比例するので，実験4でマグネシウム 1.0g と過不足なく反応する溶液Aの体積を $x \text{(cm}^3\text{)}$ とすると，

$$374 : 30 = 1000 : x$$
$$x = 80.2\cdots$$
$$= 約80 \text{(cm}^3\text{)}$$

溶液A 30cm³ と過不足なく反応するマグネシウムの質量を $y \text{(g)}$ とすると，

$$1.0 : 80 = y : 30$$
$$y = 0.375 \text{(g)}$$

同じ体積の溶液A(溶けている塩化水素の分子数が同じ)と反応する亜鉛とマグネシウムの原子数は同じなので，

亜鉛原子の質量：マグネシウム原子の質量
$$= 1.0 : 0.375 = 8 : 3$$

(6)実験1より，亜鉛 1.0g と結びついた塩素の質量は，$2.1 - 1.0 = 1.1 \text{(g)}$
反応した塩酸の分子数は発生した水素の体積に比例するので，実験4で生じた塩化マグネシウムに含まれる塩素の質量を $x \text{(g)}$ とすると，

$$374 : 1.1 = 1000 : x$$
$$x = 2.94\cdots$$
$$= 約2.9 \text{(g)}$$

したがって，実験4で生じた塩化マグネシウムの質量は，$1.0 + 2.9 = 3.9 \text{(g)}$

(7)マグネシウムは水酸化ナトリウム水溶液とは反応しないので，0.7g がそのまま残る。0.3g の亜鉛に対して，明らかに溶液Bはじゅうぶんにあるので，亜鉛の量から反応後にできる亜鉛酸ナトリウム(Na_2ZnO_2)の質量を求める。
亜鉛 0.3g が溶液Bと反応したときにできる亜鉛酸ナトリウムの質量を $x \text{(g)}$ とすると，実験2より，

$$1.0 : 2.2 = 0.3 : x$$
$$x = 0.66 \text{(g)}$$

このとき反応した水酸化ナトリウム水溶液の体積を $y \text{(cm}^3\text{)}$ とすると，実験2より，

$$1.0 : 15 = 0.3 : y$$
$$y = 4.5 \text{(cm}^3\text{)}$$

よって，反応せずに残る溶液Bの体積は，

$$100 - 4.5 = 95.5 \text{(cm}^3\text{)}$$

溶液B 95.5cm³ に含まれる水酸化ナトリウムの質量を $z \text{(g)}$ とすると，(4)より，

$$100 : 8 = 95.5 : z$$
$$z = 7.64 \text{(g)}$$

したがって，反応後に得られる固体の質量は，

$$0.7 + 0.66 + 7.64 = 9.0 \text{(g)}$$

▶ **51**

(1)①こまごめピペット
②枝付きフラスコ
③洗浄びん
(2) a…ウ　b…カ　c…ク　d…コ
e…シ　f…チ
(3) $NaClO + 2HCl$
$\longrightarrow NaCl + H_2O + Cl_2$
(4)次亜塩素酸ナトリウム…7.5g
発生した気体…7.2g
(5) $A \rightarrow C \rightarrow B$

解説　(1)①こまごめピペットは，比較的少量の液体を必要なだけはかりとる器具である。
②枝付きフラスコは，蒸留などのように液体を加熱し，生じた蒸気を送り出す器具である。
③洗浄びんには蒸留水を入れておき，実験中に使用した試験管などのガラス器具を蒸留水で洗浄する。
(2)次亜塩素酸ナトリウムと塩酸が反応すると有害な塩素が発生する。塩素は黄緑色で刺激臭があり，空気より重く，水に溶けやすい。また，塩化銅水溶液を電気分解すると陽極から塩素が発生し，陰極には銅が付着する。

(3)次亜塩素酸ナトリウムと塩酸が反応すると，塩素が発生するとともに，塩化ナトリウムと水が生じる。

(4)原子の質量比は問題文より，

Na＝23，Cl＝36，O＝16，H＝1

なので，

$$NaClO + 2HCl \longrightarrow NaCl + H_2O + Cl_2$$

の質量比はそれぞれ，

NaClO…(23＋36＋16)＝75

2HCl…2×(1＋36)＝74

NaCl…(23＋36)＝59

H_2O…(1×2＋16)＝18

Cl_2…(36×2)＝72

水が1.8g生じたので，用いた次亜塩素酸ナトリウムの質量は，

$$75 \times \frac{1.8}{18} = 7.5 〔g〕$$

発生した気体(塩素)の質量は，

$$72 \times \frac{1.8}{18} = 7.2 〔g〕$$

(5)A：炭酸カルシウムに塩酸を加えると塩化カルシウムと水と二酸化炭素が生じる。これを化学反応式で表すと，

$$CaCO_3 + 2HCl \longrightarrow CaCl_2 + H_2O + CO_2$$

となる。

この化学反応式の炭酸カルシウムと二酸化炭素の質量比はそれぞれ，

$CaCO_3$…(40＋12＋16×3)＝100

CO_2…(12＋16×2)＝44

よって，炭酸カルシウム20gがすべて反応したときに発生する二酸化炭素の質量は，

$$44 \times \frac{20}{100} = 8.8 〔g〕$$

B：亜鉛に塩酸を加えると，塩化亜鉛と水素が生じる。これを化学反応式で表すと，

$$Zn + 2HCl \longrightarrow ZnCl_2 + H_2$$

となる。

この化学反応式の亜鉛と水素の質量比はそれぞれ，

Zn…65

H_2…(1×2)＝2

よって，亜鉛20gがすべて反応したときに発

生する水素の質量は，

$$2 \times \frac{20}{65} = 0.61 \cdots = 約0.6 〔g〕$$

C：炭酸水素ナトリウムを加熱すると炭酸ナトリウムと水と二酸化炭素が生じる。これを化学反応式で表すと，

$$2NaHCO_3 \longrightarrow Na_2CO_3 + H_2O + CO_2 \quad となる。$$

この化学反応式の炭酸水素ナトリウムと二酸化炭素の質量比はそれぞれ，

$2NaHCO_3$…2×(23＋1＋12＋16×3)＝168

CO_2…44

よって，炭酸水素ナトリウム20gがすべて反応したときに発生する二酸化炭素の質量は，

$$44 \times \frac{20}{168} = 5.23 \cdots = 約5.2 〔g〕$$

1編 実力テスト

▶ **1**

(1)ア→エ→イ→ウ

(2)生じた水が加熱している部分に流れ込み，試験管 **A** が割れるのを防ぐため。

(3)石灰水…白くにごる(白色の沈殿を生じる)。

BTB 溶液…黄色になる。

(4)青色の塩化コバルト紙につけたとき，塩化コバルト紙が桃色(うすい赤色)になれば水である。

(5)ガラス管を試験管 **B** からぬく。

(6)① **2NaHCO₃**

$\longrightarrow$ Na₂CO₃ + H₂O + CO₂

② **0.44g**

(7)**2Ag₂O $\longrightarrow$ 4Ag + O₂**

解説 (1)火をつけてから空気の量を調節する。

(2)炭酸水素ナトリウムを加熱すると水が生じる。これが，加熱している部分に流れ込むと試験管の一部が急冷されてひずみ，割れることがある。

(3)気体Xは二酸化炭素である。二酸化炭素を石灰水に通すと炭酸カルシウムの白色の沈殿を生じる。また、二酸化炭素が水に溶けると酸性を示す。BTB溶液は酸性で黄色、中性で緑色、アルカリ性で青色になる。

(4)水の検出には、塩化コバルト紙を使う。

(5)ガラス管を試験管Bの中の各溶液からぬかずに火を消すと、試験管Aの中の水蒸気が冷えて、一部が水になるため、試験管Aの中の気圧が急激に下がる。すると、試験管Bの中の溶液がガラス管を通して逆流してきて、まだ熱い試験管Aが急激に冷やされて割れる。

(6)①炭酸水素ナトリウムの化学式は$NaHCO_3$、炭酸ナトリウムはNa_2CO_3。反応の前後で、原子の種類と数が変化しないように注意する。

② $1.68 - (1.06 + 0.18) = 0.44$〔g〕

(7)酸化銀(Ag_2O)を加熱すると、銀(Ag)と酸素(O_2)に分解される。この場合も、反応の前後で原子の種類と数が変化しないように注意する。

2

(1)鉄と硫黄が結びつくときに熱が発生したから。

(2)$Fe + S \longrightarrow FeS$

(3)化合物

(4)硫化水素

(5)**16.5g**

解説 (1)鉄と硫黄が結びつくときに熱が発生し、いちど反応が始まると、加熱をやめても反応で発生した熱によってさらに反応が進む。

(2)鉄原子(Fe)と硫黄原子(S)が1:1の割合で結びついて黒色の硫化鉄(FeS)ができる。

(3)2種類以上の物質が結びついてできる物質を化合物という。一方、1種類の元素からできている物質を単体という。

(4)硫化鉄(FeS)にうすい塩酸(HCl)を加えると、硫化水素(H_2S)という卵がくさったようなにおいのする気体が発生し塩化鉄($FeCl_2$)ができる。化学反応式は次のとおり。

$$FeS + 2HCl \longrightarrow FeCl_2 + H_2S$$

(5)質量が7:4の割合で混ぜた鉄粉と硫黄がすべて反応したのだから、硫黄6gと反応する鉄粉の質量をx〔g〕とすると、

$$x : 6 = 7 : 4$$
$$x = 10.5 〔g〕$$

したがって、このときできる硫化鉄の質量は、

$$10.5 + 6 = 16.5 〔g〕$$

3

(1)還元

(2)エ

(3)$2CuO + C \longrightarrow 2Cu + CO_2$

(4)**3:40**

(5)**32.0g**

(6)**16.0g**

(7)**20.0%**

解説 (1)酸化銅のように酸素を含んだ物質を酸化物といい、酸化物から酸素を取り除く化学変化を還元という。還元が起きたときには、必ず酸化も起きている。この問題の場合、酸化銅が還元されて銅になり、炭素が酸化されて二酸化炭素になる。

(2)エ:ふくらし粉の中には炭酸水素ナトリウム(重曹)が含まれていて、これに酢を加えたり、熱したりすると、二酸化炭素が発生する。アでは酸素、イでは水素、ウではアンモニア、オでは水素が発生する(鉄と硫黄はまだ反応していないので、塩酸と鉄が反応して水素が発生する)。

(3)酸化銅の炭素による還元である。このとき、反応の前後で原子の種類と数が変わらないように係数をつける。

(4)炭素1gのとき、炭素はすべて反応して(炭素2gを反応させたほうが発生する気体が多い

ため），2.0Lの気体が発生する。よって，1.5L
の気体が発生するためには0.75gの炭素が必要
である。また，酸化銅10gのとき，酸化銅は
すべて反応して（酸化銅20gを反応させたほう
が発生する気体が多いため），1.5Lの気体が発
生する。よって，炭素0.75gと酸化銅10gが
過不足なく反応して，1.5Lの気体が発生する。
したがって，炭素と酸化銅の質量比は，

   $0.75 : 10 = 3 : 40$

(5)合計の質量が43gで，過不足なく反応する
ときの炭素と酸化銅の質量比は3：40なので，
炭素3gと酸化銅40gが反応したときは過不足
なく反応しているといえる。このとき発生する
気体の体積をx〔L〕とすると，

   $1〔g〕: 3〔g〕= 2.0〔L〕: x〔L〕$

   $x = 6.0〔L〕$

このとき起こった化学変化を表す反応式は，

   $2CuO + C \longrightarrow 2Cu + CO_2$

このうち，酸化銅40g，炭素3gであり，発生
した気体（CO_2）の質量は，

   $1.83〔g/L〕× 6.0〔L〕= 10.98〔g〕$

したがって，還元されたあとに残った固体
（Cu）の質量は，

   $43〔g〕- 10.98〔g〕= 32.02〔g〕= 約32.0〔g〕$

(6)酸化銅の質量は20gなので，これと反応す
る炭素の質量をx〔g〕とすると，

   $20 : x = 40 : 3 \qquad x = 1.5〔g〕$

発生する二酸化炭素の質量は，

   $1.83〔g/L〕× 3.0〔L〕= 5.49〔g〕$

この中から反応した炭素の質量を除けば，炭素
が酸化銅から奪った酸素の質量が求められる。

   $5.49 - 1.5 = 3.99〔g〕$

よって，酸化銅20gが還元されてできた銅（赤
色の物質）の質量は，

   $20 - 3.99 = 16.01 = 約16.0〔g〕$

(7)酸化銅20g中3.99gが酸素であったので，

   $\dfrac{3.99}{20} × 100 = 19.95 = 約20.0〔％〕$

4

(1)エ　(2)下図　(3)オ　(4)ケ

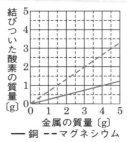

── 銅　--- マグネシウム

解説　(1)加熱前に皿ごと重さをはかっておき，
加熱後も皿ごと重さをはかる。

(2)結びついた酸素の質量
　　＝加熱後の質量－加熱前の質量

(3)化学式からもわかるように，マグネシウムの
酸化物である酸化マグネシウム（MgO）は，マ
グネシウム原子と酸素原子が1：1の個数の割
合で結びついているので，結びつくときの質量
の比が，そのまま原子1個あたりの質量の比と
なる。したがって，(2)でかいたグラフより，
Mg：O＝3：2とわかる。

   $3 ÷ 2 = 1.5〔倍〕$

(4)加熱後の銅の酸化物は加熱前の銅の質量の$\dfrac{5}{4}$
倍，加熱後のマグネシウムの酸化物の質量は加
熱前のマグネシウムの質量の$\dfrac{5}{3}$倍なので，混合
物の中のマグネシウムの質量をx〔g〕とすると，
次のような式が成立する。

   $\dfrac{5}{4}(6.5 - x) + \dfrac{5}{3}x = 10 \qquad x = 4.5〔g〕$

2編 生物の体のつくりとはたらき

1 生物と細胞

▶52

エ

解説 細胞の中で，酢酸カーミン溶液や酢酸オルセイン溶液などの染色液で赤く染まるのは核である。核の中の染色体が染まるのである。

▶53

イ

解説 ミジンコ，ベンケイソウ，オオカナダモは多細胞生物，クロレラ，アメーバ，ゾウリムシは単細胞生物である。

> **単細胞生物** 最重要
> 1個の細胞だけで体ができている生物。
> (例)クロレラ，アメーバ，ゾウリムシ，ミカヅキモ，ケイソウ，ミドリムシ
>
> **多細胞生物**
> 多数の細胞からできている生物。単細胞生物以外の生物が多細胞生物なので，ふつう肉眼で見える生物は，すべて多細胞生物であると考えてよい。

▶54

(a：細胞壁)，(e：葉緑体)

解説 aは細胞壁，bは細胞膜，cは細胞質，dは核，eは葉緑体である。細胞膜・細胞質・核は動物の細胞にもある。この問題では記号で示されていないが，大きく発達した液胞も植物の細胞の特有のつくりである。

> **植物細胞だけに見られるつくり** 最重要
> 葉緑体(光合成を行う)，細胞壁(植物の形を保つ)，大きな液胞(不要物などをためる)。

▶55

(1)ア　(2)①○　②×　③×

解説 (1)ミジンコのみ多細胞生物で，ほかは単細胞生物である。

(2)①すべての植物細胞は細胞壁をもち，すべての動物細胞は細胞壁をもたないので正しい。

②植物細胞には，葉緑体をもたない細胞もあるので(表皮の細胞など)誤りである。

③動物細胞でも，細胞分裂のときに染色体が見られるので誤りである。

▶56

イ，オ，キ，サ

解説 核はそれぞれの細胞に1個ずつある。

▶57

(1)細胞壁　(2)液胞

解説 (1)コルクとは，コルクガシという植物の樹皮からできていて，死んだ細胞の細胞壁だけが残ったものである。

(2)液胞は，植物の成長した細胞の中にある。

▶58

(1)①細胞壁　②核　(2)ア，ウ

解説 (1)①植物の細胞では，細胞膜のまわりを細胞壁という厚い層がおおっている。

②核は1つの細胞に1個ある。

(2)二酸化炭素の有無以外は，十分光合成ができる条件をあたえておかなければならない。よって，光はすべてに十分当てておかなければならない。

▶59

(1)酢酸オルセイン溶液(酢酸カーミン溶液，酢酸ダーリア溶液)

(2)ウ　(3)**0.2 倍**　(4)**B 班**
(5)**16 個**　(6)**320 個**

解説　(1)細胞を観察するときは，酢酸オルセイン溶液や酢酸カーミン溶液などの染色液で核を赤色に染色するとわかりやすい。
(2)タマネギのりん片葉の細胞には葉緑体は見られない。光が当たらないので，光合成ができないためである。
(3)細胞の長径の長さに対する核の長さの割合の平均を求めると，A班の平均は 0.15，C班の平均は 0.03 である。核の大きさは一定なので，長径の長さはこの値に反比例する。よって，長径の長さの比は，

　　A：C＝0.03：0.15＝1：5

したがって，求める値は，1÷5＝0.2〔倍〕
(4)内側のりん片葉ほど，新しくて小さい細胞でできているので，長径が短い。長径が短いということは，表で示している長径の長さに対する核の長さの割合は大きくなる（核の長さは一定のため）。よって，表で示している値が最も大きいB班が観察した細胞が最も小さく，一番内側の細胞である。
(5)表の値のF班の平均値は 0.12 である。長径の長さの比は表の値の比に反比例するので，

　　A：F＝0.12：0.15＝4：5

短径の長さは等しいと考えているので，同じ倍率の顕微鏡の視野に見える細胞の数の比は，この長径の比に反比例する。したがって，F班で，倍率 400 倍の顕微鏡で観察したときに見える細胞の数をxとすると，

　　A：F＝20：x＝5：4　　x＝16〔個〕

(6)倍率を$\frac{1}{4}$倍にすると，視野の直径は 4 倍になる。よって，視野の広さは，4×4＝16〔倍〕になる。したがって，タカシ君の班で，倍率100 倍で観察したときに見える細胞の数は，

　　20〔個〕×16＝320〔個〕

2　植物の体のつくりとはたらき

▶**60**
(1)茎…④　葉…①　(2)**A，C，B，D**

解説　(1)問いの左の図は葉の断面図，右の図は茎の断面図である。赤く染まるのは，吸い上げた赤色に着色した水が通る道管の部分である。茎の断面では，道管は維管束の中の形成層より内側の部分を通っている。葉の断面では，道管は維管束（葉脈）の中の表側（柵状組織が見られる側）の部分を通っている。
(2)蒸散できる部分を，「葉の表」「葉の裏」「茎」に分け，A～Dで，それぞれどの部分から蒸散できるのか考える。
A：葉の表・葉の裏・茎
B：葉の表・茎
C：葉の裏・茎
D：茎
以上から，Aでの蒸散が最もさかんで，Dでの蒸散量が最も少ないことは明らかである。また，葉の表側よりも葉の裏側のほうが気孔が多く，蒸散がさかんに行われているので，BよりもCのほうが蒸散がさかんで，水の減り方が大きいといえる。

▶**61**
(1)a…**維管束**　e…**平行**　f…**網状**
(2)**ア**　(3)**ウ，カ，キ**　(4)**ウ**
(5)**砂漠周辺の乾燥した地域**
(6)**昼間に光合成を行うため。**
(7)**もっと内径の小さなメスシリンダーを用いる。もっと多くの葉がついた枝を用いる。枝を水にさしてから水位の変化を調べるまでの時間を長くする。**

解説　(1)(2)葉脈の中では，葉の表側に道管が通っていて，裏側に師管が通っている。また，単子葉類の葉脈は平行に通っていて，平行脈と

よばれる。双子葉類の葉脈は網目状に枝分かれしていて，網状脈とよばれる。

(3)葉脈が平行脈のものを選ぶ。

(4)タンパク質をつくるためには窒素が必要で，窒素化合物は植物が育つための肥料となる。

(5)砂漠周辺などの乾燥した地域では，昼に気孔を開いていると，植物の体から多くの水蒸気が出ていき，植物が乾燥して枯れてしまう。

(6)昼間に気孔を閉じたままでは，空気中から二酸化炭素を取り入れることができない。よって，気孔を開いている夜間に二酸化炭素を取り入れて貯蔵しておき，この二酸化炭素を昼間に行う光合成で使うのである。

(7)内径の小さいメスシリンダーを使うと，減った水の量は同じでも，水位の変化は大きくなる。また，多くの葉がついたものを用いたり，時間を長くしたりして，植物の蒸散量を大きくするということも考えられる。

蒸散がさかんになる条件 最重要
①日当りがよい(晴れている)。
②気温が高い。
③風通しがよい。

▶ **62**
(1)① **A と B** ② **A と D**
(2)ア… **$f-a$**，イ… **$a+b-f$**
(3) **28.4g**

解説 (1)A〜Fの条件を，下の表のように整理する。

	葉の表	葉の裏	茎	光
A	×	○	○	○
B	○	×	○	○
C	×	×	×	○
D	×	○	○	×
E	×	×	○	×
F	○	○	○	○

表側と裏側の条件が異なり，その他の条件が同じであるのはAとBである。また，光の条件が異なり，その他の条件が同じであるのはAとDである。このように，調べたい条件以外の条件が同じであるものどうしを比較する。

(2)ア，イのどちらも光が当たっているときの蒸散量なので，DとE（dとe）は使えない。よって，A，B，C，Fで考えると，光が当たっているときの葉の表からの蒸散量は，

$$F(表・裏・茎)-A(裏・茎)=f-a$$

光が当たっているときの茎からの蒸散量は，

$$A(裏・茎)+B(表・茎)-F(表・裏・茎)$$
$$=a+b-f$$

(3)$a=$ 裏からの蒸散量＋茎からの蒸散量
$$=25.8+2.6=28.4〔g〕$$

トップコーチ

●蒸散と気孔の分布
ふつう，双子葉類の気孔の数は，葉の表側より裏側に多い。これは葉の表側と裏側に当たる日光の量に大きな差があるからである。日光が多く当たる面に気孔があると，葉の水分が必要以上に放出されることになる。一方，おもな単子葉類の葉は，縦向きについているものが多く，葉の表側と裏側に当たる日光の量の差があまりない。そのため，気孔は葉の表側と裏側にほぼ同じように分布している。

▶ **63**
(1)① **葉緑体** ② **B**
(2) **気孔**
(3) **イ，ウ**
(4) **イ**

解説 (1)①光合成は，植物の細胞内の葉緑体の中で行われる。

②図1で，細胞がぎっしり並んでいるのはBの側である。

(2)表皮の細胞は，ふつう葉緑体をもたないが，孔辺細胞だけ葉緑体をもつ。孔辺細胞は対になっていて，その間にすき間をつくる。図2のEはこのすき間で，気孔とよばれる。気孔では，気体の出入りが行われている。

(3)風があまりなくても，晴れた昼間であれば蒸散により気孔から水蒸気が出ていっている（風があるほうが蒸散はさかんになる）。また，晴れた昼間であれば呼吸より光合成のほうがさかんに行われているので，気孔から二酸化炭素を吸収して酸素を放出している。

(4)同じ葉の表皮の細胞が，図2のほうが大きく示されているので，図2のほうが倍率が高いといえる。

▶**64**

(1)① **B**

② **イ**

(2)① **維管束**

② **根から吸収した水や養分を全身に運ぶ。**

(3)① **ウ**

② **8個**

③ **6個**

④ **蒸散**

⑤ **右図**

視野

解説 (1)葉緑体をもつ細胞がぎっしり並んでいるほうが表側である。裏側の細胞と細胞の間には空間がある。

(2)道管は，根から吸収した水や養分を全身に運ぶ管で，師管は，葉でつくられた栄養分（糖など）を運ぶ管である。道管と師管が集まって束になっている部分を維管束といい，葉では維管束が通っている部分が葉脈となっている。

(3)①顕微鏡の視野と細胞の大きさから判断して，約100倍であると考えられる。ふつう，顕微鏡で葉の細胞を観察するときは，100倍〜150倍で行う。

②気孔は細胞ではないので注意して数えること。

③気孔のまわりの孔辺細胞のみ葉緑体が含まれている。

④植物体内から水が水蒸気として出ていくことを蒸散といい，根からの水の吸水量などを調節している。

⑤下図参照

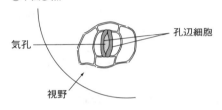

気孔　　　　　　　　　　　　　孔辺細胞

視野

▶**65**

(1)**ア**　(2)**下図**

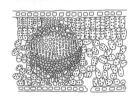

(3)**気孔**　(4)**ア，イ，ウ**

解説 (1)図1は，表皮近くに見られる維管束を表していて，いちばん下に並んでいる細胞が表皮の細胞で，上にいくほど中心に近い。Aは維管束の中の内側にあり，比較的太い管なので道管である。Bは維管束の中の外側にあり，比較的細い管なので師管である。根を食紅などで着色した水につけておくと，根から吸収された着色した水がAを通って運ばれていくのでAは赤く染まるが，Bは葉でつくられた栄養分を運ぶ管なので着色した水は通らず，赤く染まることはない。

●茎では，師管が外側を通り，道管が内側
を通っている。

(2)葉の維管束（葉脈）では，道管は表側を，師管
は裏側を通っている。図2では，細胞がぎっ
しり並んでいる上のほうが表側で，細胞どうし
のすき間がたくさんある下のほうが裏側である。

●葉の葉脈では，師管が裏側（下側）を通り，
道管が表側（上側）を通っている。

(3)葉の裏側の表皮にはCのようなすき間があ
いていて，ここで気体の交換を行っている。こ
のCのようなすきまを気孔といい，このすき
間をつくっている1対の細胞を孔辺細胞という。
(4)ア：ホウセンカは日中，蒸散により気孔から
水蒸気を出すと同時に，光合成によって二酸化
炭素を気孔から取り入れ，酸素を気孔から放出
する。
イ：アサガオは夜間はあまり蒸散を行わない。
また，呼吸を行うために気孔から酸素を取り入
れ，二酸化炭素を気孔から放出する。
ウ，エ：Dは空どうとなっていて，酸素や二酸
化炭素，水蒸気などの気体が含まれている。

▶**66**
(1)イ
(2)エ
(3)エ
(4)ウ
(5)気孔

解説 (1)円周率を3.14として計算すると，
視野の面積は，

$$(0.8 \div 2)^2 \times 3.14 = 0.5024 〔mm^2〕$$

この中に，Aが56個見られるので，$1mm^2$あ
たりに見られるAの個数は，

$$56〔個〕 \div 0.5024〔mm^2〕 = 111.4\cdots$$
$$= 約111〔個 /mm^2〕$$

(2)葉の元の部分：
$$b \div a = 122 \div 86 = 1.418\cdots = 約1.41$$
$1.2 \leq 1.41$ なので，裏は表よりきわめて多い。
葉の元から20cmの部分：
$$b \div a = 85 \div 78 = 1.089\cdots = 約1.09$$
$1 \leq 1.09 < 1.1$ なので，裏は表よりやや多い。
葉の元から40cmの部分：
$$b \div a = 61 \div 86 = 0.709\cdots = 約0.71$$
$0.71 < 1$ なので，裏は表より少ない。
平均値： $b \div a = 89 \div 83 = 1.072\cdots = 約1.07$
$1 \leq 1.07 < 1.1$ なので，裏は表よりやや多い。
ア：葉の元の部分では，裏側のAの数は表側
よりきわめて多い。また，葉の元から40cmの
部分では，裏側のAの数は表側より少ないの
で誤り。
イ：葉の表側のAの数は，葉の元から先端に
かけて少し減少してから再び増加しているので
誤り。
ウ：アが不適な理由と同様に誤り。
エ，オ：平均値では裏側のAの数は表側より
やや多いので，エは正しいが，オは誤り。
(3)ススキはイネ科なので，葉が細長く，上に立
ち上がっている。また，葉の表と裏で光の当た
り方にあまり差がないため，葉の表と裏で気孔
の数にあまり差がない。
(4)気孔は昼間に開き，夜は必要以上に開かず，
閉じていることが多い（呼吸のため多少は開く
が，ほとんど閉じている）。
(5)葉の表皮に見られる気体の出入りするあなを
気孔という。

3 光合成と呼吸

▶**67**

(1)葉を脱色するため。
(葉の緑色をぬくため。葉の中の葉緑素をぬくため。なども可)
(2)下図　(3)デンプン

解説　(1)ヨウ素液につけたときの色の変化を見やすくするために，温めたエタノールにつけて緑色の色素である葉緑素を溶かし出して脱色しておく。

(2)(3)デンプンができている部分のみ青紫色に染色される。ふの部分(葉の白っぽい部分)は葉緑体がないため光合成ができないので，デンプンはできていない。また，アルミホイルをかぶせた部分には日光が当たらないため光合成ができないので，デンプンはできていない。

●光合成の実験では，デンプンがつくられた部分だけがヨウ素液で青紫色に染まる。
①ふの部分⇨葉緑体がないので光合成が行われない。
②アルミニウムはくでおおわれた部分⇨光が当たらないので光合成が行われない。

▶**68**

(1)A…ウ　B…イ　C…ア
(2)デンプン
(3)薬品X…エタノール
理由…葉から緑色をなくすため。
(4)光合成には二酸化炭素が必要である。

解説　(1)(2)二酸化炭素は石灰水や水酸化ナトリウム水溶液などのアルカリ性の水溶液に非常に溶けやすい。そのため，Aのビニル袋の中の二酸化炭素はほとんど綿にしみこませた石灰水の中に溶けこむ。よって，Aの葉は光合成の材料である二酸化炭素を吸収できないため，光合成を行えず，デンプンはまったくできない。したがって，ヨウ素液につけてもヨウ素液のうすい茶色に染まるだけである。Bの葉は，ビニル袋内のわずかな二酸化炭素を使って，少しだけ光合成を行い，少しだけデンプンをつくるので，ヨウ素液につけるとうすい紫色になる。Cの葉は，じゅうぶんに光合成を行えるので，多くのデンプンをつくる。そのため，ヨウ素液につけると紫色になる。

(3)緑色の葉のままだとヨウ素液につけたときの色の変化がわかりにくいため，葉をエタノールで脱色しておく(葉の緑色の色素である葉緑素がエタノールに溶け出す)。

(4)二酸化炭素の量が少なくなるにつれて，光合成によってつくられるデンプンの量が少なくなっていることから，光合成には二酸化炭素が必要であることがわかる。

光合成のしくみ 最重要

光
⇩
水＋二酸化炭素 ──────→ デンプン＋酸素
　　材料　　　〔葉緑体〕

トップコーチ

●**光合成の速さを決める条件**
光合成の速さは常に一定というわけではなく，材料である二酸化炭素の濃度や水の量，光の強さ，温度などによって変化する。そして，これらのうち最も足りない条件によって光合成の速さが決まる。したがって，1つの条件の量だけを増加させても，他の条件の量のどれかが限度に達すれば，光合成の速さは変化しなくなる。

▶**69**

(1)葉脈…平行脈　根…ひげ根

(2)2月～5月

(3)(例)カタクリが伸びた下草におおわれて光合成をできなくなるため。

解説 (1)カタクリはユリ科の植物なので，単子葉類である。

(2)図2より，カタクリが葉をつけているのは2月～5月までであることがわかる。他の月は，この時期に光合成によってたくわえた栄養分を使って，地下の鱗茎や根だけで過ごしている。

(3)カタクリの高さは15cmほどとそれほど高くないので，下草がはえてくると，日光を受けることができなくなる。

▶**70**

(1)**C・青色，D・黄色**

(2)はじめの実験で，溶液中の二酸化炭素をほとんど吸収してしまったから。

解説 (1)AとBは水が入っているだけなので，光を当てても当てなくても変化しない。Cでは，水草が光合成によって溶液中の二酸化炭素を使い，溶液がアルカリ性になったと考えられる。Dでは，水草が呼吸しか行えないために，呼吸により二酸化炭素が放出され，溶液が酸性になったと考えられる。BTB溶液は，酸性で黄色，中性で緑色，アルカリ性で青色を示す。

(2)うすい塩酸を加えると中和して中性になったのだから(緑色は中性)，うすい塩酸を加えたのはアルカリ性になったCの試験管であると考えられる。Cの試験管の溶液中の二酸化炭素は初めの実験でほとんど水草に吸収されてなくなっていたとすると，この溶液を使ってもう一度同じ実験を行っても，呼吸によってできた二酸化炭素を光合成に使うため，溶液中の二酸化炭素の量は変化しない。

水草とBTB溶液を使った光合成の実験

BTB溶液の色は，二酸化炭素の量の増減によって変化する。酸素の量の増減はまったく関係ないので注意すること。

①緑色→青色…二酸化炭素が減少 ⇨ 呼吸より光合成のほうがさかんに行われている。

②緑色→黄色…二酸化炭素が増加 ⇨ 光合成より呼吸のほうがさかんに行われている。または，呼吸しか行われていない。

③緑色→緑色(変化なし)…光合成の量と呼吸の量がつり合っている。

▶**71**

(1)石灰水が白くにごる。

(2)二酸化炭素

(3)(a)ア　(b)オ　(c)ア　(d)ア

(4)デンプン

(5)物質X…水　物質Y…酸素

解説 (1)(2)試験管Aには二酸化炭素を多く含んだ呼気を吹き込んだままなので，石灰水を入れて振ると，二酸化炭素が石灰水に溶け，石灰水が白くにごる。これに対して，試験管Bでは，タンポポが光合成によって二酸化炭素をほとんど吸収してしまうので，石灰水を入れて振っても，ほとんど変化しない。

(3)ふの部分には，光合成を行うところである葉緑体がない。また，アルミはくでおおった部分には，光合成を行うために必要な日光が当たらない。したがって，ふの部分である(a)と(c)，アルミはくでおおった部分である(c)と(d)では光合成は行われないため((c)は重なっているので，全部で(a)と(c)と(d))，デンプンはできておらず，ヨウ素液につけても色は変化しない。これに対して，(b)は葉緑体のある緑色の部分で，日光も当たっているので，光合成によってデンプンがつくられている。したがって，ヨウ素液につけたときに青紫色になる。

(4)デンプンは，ヨウ素液に反応して青紫色に変化する。

(5)Wは二酸化炭素((2)より)，Zはデンプン((4)より)なので，Xは光合成の材料である水，Yは光合成によってできる酸素である。

$$\underset{W}{\underline{\text{二酸化炭素}}} + \underset{X}{\underline{\text{水}}} \xrightarrow[]{\overset{\text{光}}{\downarrow}} \underset{Y}{\underline{\text{酸素}}} + \underset{Z}{\underline{\text{デンプン}}}$$

▶72

(1)ア

(2)イ

(3)イ

(4)反比例

(5)右図

(6)オ

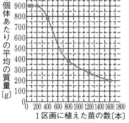

解説 (1)図2，図3より，葉の質量の合計は植物Aのほうが大きいが，茎の質量の合計は植物Aのほうが小さい。また，植物Aの葉の質量が最大である高さ(地面から20～30cm)の照度は約40%で，植物Bの葉の質量が最大である高さ(地面から40～50cm)の照度は約15%である。

(2)植物Bは，植物Aと比べて葉が最もよくしげっている高さの照度が低くても(暗くても)育っているので，日光のうばい合いに強いと考えられる。

(3)植物Aは下のほうまで日光が届くので，葉があまり混み合っていない単子葉類であると考えられる。

(4)1区画に植えた苗の数を400本から2倍の800本，3倍の1200本，4倍の1600本と増やしていくと，1個体あたりの平均の質量は400本の788gから$\frac{1}{2}$倍の394g，$\frac{1}{3}$倍の263g，$\frac{1}{4}$倍の197gと変化している。

(6)植物がじゅうぶんに成長したときの1個体あたりの質量は895gであるといえる。1区画

に植えた苗の数が400本のときを基準とすると，1個体あたりの質量は$\frac{895}{788}$倍なので，1区画に植えた苗の数は，$400 \times \frac{788}{895}$〔本〕ということになる。1区画は100m²なので，1個体あたりの面積は，

$$100 \div \left(\frac{400 \times 788}{895} \right) = 0.28\cdots$$
$$= \text{約}0.3\,[\text{m}^2]$$

▶73

(1)二酸化炭素　(2)エ　(3)オ

(4)アミラーゼ

(5) Ⅰ…発芽種子が呼吸により吸収した酸素の体積。

Ⅱ…発芽種子が呼吸により吸収した酸素の体積と，放出した二酸化炭素の体積との差。

解説 (1)実験1～実験3で，増減する気体は酸素と二酸化炭素である。酸素は，水に溶けにくく，少し溶けたとしても，その水溶液は中性を示すので，BTB溶液の色の変化には関係ない。これに対して，二酸化炭素は水に少し溶けて，その水溶液は酸性を示すので，アルカリ性のBTB溶液に溶かすと，青色(青緑色)→緑色→黄色と変化する。実験3では，緑色の葉が光合成によってつくった酸素を，発芽種子が呼吸をするために取り入れて，二酸化炭素を放出する。この二酸化炭素がBTB溶液に溶けて酸性となるため黄色に変わる。

発芽しかけの種子 最重要

光合成は行わず，さかんに呼吸をして二酸化炭素を放出する。⇨緑色(中性)のBTB溶液の色を黄色(酸性)にする。

---

(2)Aを通るのは空気なので，二酸化炭素は0.04%含まれている。実験1で，このような空気中の二酸化炭素がBTB溶液に溶けても酸性に近づいていく(実験1ではアルカリ性から中性になっている)ことがわかる。①のフラスコ

内では，発芽種子が呼吸をして二酸化炭素を放出するので，Bを通る二酸化炭素の量はAより多い。また，実験2で③のBTB溶液が緑色のままであったことから，Cを通る気体に含まれた二酸化炭素の量はAを通る空気に含まれた二酸化炭素の量より少ないことがわかる（まったく含まれていないか，含まれていたとしても5分間に送られてきた量では③のBTB溶液の色が変化しないほどごくわずかであったといえる）。このように，Cを通る気体に二酸化炭素が含まれていないのは，Bのフラスコ内の緑色の葉が光合成をするために吸収したためであると考えられる。これらをまとめると，各管を通る二酸化炭素の量はB＞A＞Cとなる。

(3)暗室では緑色の葉は光合成を行えず，呼吸のみを行うため，緑色の葉は酸素を吸収して二酸化炭素を放出する。よって，Bを通って②に送られてくる酸素の量が減少するので，発芽種子の行う呼吸の量が減り，種子が放出する二酸化炭素の量も減少する。しかし，BTB溶液の色が黄色になるまでの時間が短くなったということから，Cを通って③へ同じ時間あたりに送られてくる二酸化炭素の量は増加したといえる。したがって，実験3の装置を暗室に置いたときに種子が行う呼吸量と葉が行う呼吸量を合わせた量は，実験3を日のよく当たるところに置いたときの種子が行う呼吸量より多かったといえる。

> **明るさと植物の光合成量・呼吸量**
> ①じゅうぶんに明るいところ…呼吸も光合成も行うが，光合成量のほうが多い。そのため，見かけの上では光合成のみを行っているようになる。
> ②暗室…呼吸のみを行う。明るさ以外の条件がすべて同じであれば，暗室で行う呼吸量は明るいところで行う呼吸量と同じである。

(4)ヒトのだ液に含まれる消化酵素をアミラーゼといい，デンプンを分解して麦芽糖をつくる。

(5)Ⅰ：発芽種子は呼吸により酸素を吸収し，二酸化炭素を放出する。しかし，放出された二酸化炭素は，ほとんど水酸化カリウム水溶液に吸収されるので，発芽種子が吸収した酸素の分だけフラスコ内の気体の体積が減る。

Ⅱ：発芽種子が呼吸により酸素を吸収し，二酸化炭素を放出するので，吸収した酸素の体積と放出した二酸化炭素の体積の差の分だけ，体積が変化する。このとき，吸収した酸素の体積のほうが多ければ，差の分だけガラス管内の色素液は左に動き，放出した二酸化炭素の体積のほうが多ければ，差の分だけガラス管内の色素液は右に動く。吸収した酸素の体積と放出した二酸化炭素の体積が同じであれば，色素液は動かない。

トップコーチ

●補償点

植物を暗室に入れ，植物に当てる光の強さを少しずつ強くしていくと，一定時間に行う光合成量と呼吸量の関係は，下の図のようになる（下の図は，1時間あたりに増減する二酸化炭素の量で表している）。

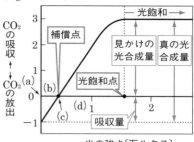

(a)光合成量＝0（暗室）
(b)光合成量＜呼吸量（補償点より暗い）
(c)光合成量＝呼吸量（補償点）
(d)光合成量＞呼吸量（補償点より明るい）
①（図の(a)）：暗室（光の強さ0）では呼吸のみが行われる。

②（図の(b)）：光が強くなるほど真の光合成量は大きくなるが，まだ呼吸量のほうが大きい。

③（図の(c)）補償点：呼吸量と真の光合成量が等しくなり，見かけ上二酸化炭素の出入りがなくなる。このときの光の強さを，その植物の補償点という。植物は補償点以下の光の強さでは生育できない。

④（図の(d)）：補償点以上の明るさになると，見かけ上光合成のみを行っているようになる。これを見かけの光合成量といい，これは，真の光合成量と呼吸量との差である。

また，光を強くするほど光合成量は多くなるが，ある強さの光以上の明るさになると，それ以上光を強くしても光合成量は変わらなくなる。この状態を光飽和といい，光の強さを光飽和点という。

4 消化と吸収

▶74
(1)イ，ウ，オ　(2)オ

解説 (1)ア：胃液中の消化酵素はタンパク質のみにしかはたらかない。エ：胆汁中には消化酵素は含まれない。

おもな栄養物質の消化 最重要

	デンプン	タンパク質	脂肪
だ　液	分解する	×	×
胃　液	×	分解する	×
胆　汁	×	×	細かくする
すい液	分解する	分解する	分解する
小腸の壁	分解する	分解する	×
最終物質	糖(ブドウ糖)	アミノ酸	脂肪酸,モノグリセリド

※胆汁は消化酵素をもたない。

▶75
オ

解説 脂肪が消化されると脂肪酸とモノグリセリドとなるが，小腸で柔毛から吸収される（小腸の壁を通りぬける）とすぐに脂肪にもどり，柔毛内のリンパ管の中に入る。そして，リンパ管を通って首の下まで運ばれ，首の下の太い静脈に入り，血液によって全身に運ばれる。

▶76
(1)(a)胃液　(b)タンパク質
(2)(a)脂肪酸　(b)○
(3)(a)○　(b)毛細血管
(4)(a)○　(b)脂肪

解説 (1)(a)ペプシンを含む消化液は胃液である。だ液に含まれている消化酵素はアミラーゼである。(b)ペプシンはタンパク質を分解してペプチド（ペプトンともよばれる）に変える。

(2)脂肪は脂肪酸とモノグリセリドに分解される。
(3)ブドウ糖とアミノ酸は柔毛の中の毛細血管に
入る。脂肪酸とモノグリセリドは柔毛に入ると
再び結びつき，脂肪の状態でリンパ管に入る。
(4)胆汁は脂肪を細かくし，脂肪を分解する消化
酵素（リパーゼ）のはたらきを助ける。

▶ *77*
(1)記号…**A**　名前…だ液せん
記号…**F**　名前…すい臓
記号…**G**　名前…小腸
(2)ア，オ　(3)毛細血管　(4)反射
解説 (1)デンプン（炭水化物）は A のだ液せ
んから出るだ液，F のすい臓から出るすい液，
G の小腸の壁の消化酵素によって消化される。
(2)脂肪は脂肪酸とモノグリセリド，デンプン（炭
水化物）はブドウ糖，タンパク質はアミノ酸に
分解されてから吸収される。
(3)タンパク質が分解されてできたアミノ酸と，
デンプン（炭水化物）が分解されてできたブドウ
糖は，毛細血管の中に入り，血液によって静脈
から心臓へ，そして動脈から全身に運ばれる。
(4)消化器官の無意識に起こる反応は反射である。

▶ *78*
(1)柔毛
(2)a…ア　b…ウ　c…ア　d…イ　(3)**A**
解説 (1)小腸の内側の表面に柔毛が多数ある
ことによって，小腸の内側の表面積が大きくな
り，栄養分を吸収しやすくなっている。
(2)トースト（パン）はおもに小麦粉でつくられて
いる。小麦粉とご飯（米）の主成分はデンプンな
ので，消化されるとブドウ糖になる。バターの
主成分は脂肪なので，消化されると脂肪酸とモ
ノグリセリドになる。納豆はダイズを発酵させ
た食品だが，主成分はタンパク質（デン
プンも多く含まれているが，タンパク質のほうが
多い）なので，消化されるとアミノ酸になる。
(3)A は毛細血管，B はリンパ管である。

▶ *79*
(1)**b**　(2)脂肪酸，モノグリセリド
解説 (1)胃液によって分解されている b が
タンパク質である。a はだ液によって消化され
ているのでデンプン，c は胆汁がはたらきかけ
ているので脂肪である。
(2)脂肪はすい液中の消化酵素によって脂肪酸と
モノグリセリドに分解される。

▶ *80*
(1)ウ　(2)エ
解説 (1)A の胆のうと B の肝臓は細い管で
つながっていて，その２つの器官からの管が
つながったあと，C のすい臓からの細い管とも
つながり，その細い管が十二指腸へつながって
いる。よって，胆汁とすい液は十二指腸の同じ
ところに出される。
(2)ア：胆汁は脂肪のみにはたらく。イ，ウ：胃
液は，胃液中のペプシンという消化酵素によっ
てタンパク質を分解してペプチド（アミノ酸が
複数結びついた物質）にするだけで，アミノ酸
にまで分解するはたらきはない。ペプシンは消
化酵素の名前なので注意すること。

▶ *81*
(1)①アミラーゼ　②ペプシン
(2)物質…デンプン　消化液…だ液
解説 (1)だ液に含まれる消化酵素はアミラー
ゼのみ，胃液に含まれる消化酵素はペプシンの
みである。すい液中および小腸の壁にはそれぞ
れ数種類の消化酵素が存在する。
(2)だ液に含まれるアミラーゼはデンプンを分解
して麦芽糖に変える。胃液に含まれるペプシン
はタンパク質を分解してペプチドに変える。

▶ *82*
(1)①細胞壁　②ペプシン　(2)微生物
(3)イ，ウ

解説（1）①植物の細胞に細胞壁があることによって，骨格などがなくても体を支えることができる。

②胃液にはペプシンという消化酵素が含まれている。ペプシンは，タンパク質を消化してペプチドに変える。

（2）牛の消化管の中には草を消化できる細菌類などの微生物がたくさん存在していて，ウシが草を食べると，この微生物が草を消化して，他の栄養分として体内にたくわえる。ウシは，このようにして栄養分を得た微生物を消化して吸収し，栄養分を得る。

（3）食物は小腸を通ったあとに盲腸で細菌類などの微生物によって消化されるが，大腸ではこれを吸収できないため，大腸を通って肛門から出された糞には，まだ栄養分を得た微生物がたくさん含まれている。よって，この糞をすぐに食べ，胃や小腸で微生物を消化し，小腸で栄養分を吸収すると考えられる。また，ヒトの盲腸には現在は何もはたらきがないため短いが，ウサギは盲腸で食物と食物を消化する細菌類をあわせて消化するので，体の大きさに対する盲腸の大きさの割合がヒトより大きい。

トップコーチ

●**いろいろなビタミン**

ビタミンは，体の調子を整えるはたらきのある物質で，不足すると病気になる。

ビタミンはヒトの体内ではつくることができないから食物からとらなければならない。不足すると目の機能が損なわれるビタミンAや，不足すると骨の形成に影響があるビタミンDは脂溶性（水に溶けずに脂肪に溶ける）で，脂肪とともに小腸の柔毛のリンパ管に吸収される。不足すると疲労から回復しにくくなるビタミンB群（B_1，B_2，B_6 など）や，体内のアミノ酸などの重要な物質の合成に必要なビタミンCは水溶性で，ブドウ糖やアミノ酸などと同様に柔毛の毛細血管に吸収される。

（2）動物は，食物の中から吸収した栄養分を全身の細胞で酸素を使って分解することによって生きるためのエネルギーを得ている。このはたらきを呼吸といい，動物だけでなく植物も行っている。一般的に呼吸に使われるのはブドウ糖などの炭水化物が多いが，アミノ酸や脂肪なども呼吸に使われる。

▶**83**

（1）①…ビタミン

②，③…アミラーゼ，マルターゼ（順不同）

（2）呼吸

解説（1）①ビタミンは有機物であり，生物がつくりだす物質である。

②，③デンプンはアミラーゼ（だ液やすい液に含まれる）という消化酵素によって分解されて麦芽糖になり，麦芽糖はマルターゼ（すい液に含まれ，小腸の壁からも分泌される）という消化酵素によって分解されてブドウ糖になる。

▶**84**

（1）ア，オ

（2）沸騰石を加えて加熱する。

（3）ヨウ素液…キ　ベネジクト液…イ

（4）アミラーゼ

（5）40℃ では活発にはたらくが，15℃では少ししかはたらかない。

（6）まったくはたらかなくなった。

（7）記号…カ　構造…柔毛

（8）エ

解説 (1)だ液があるものとないもので，どちらも温度が消化に適当な 40℃であればよい。
(2)糖にベネジクト液を加えて加熱すると，赤褐色の沈殿が生じる。このとき，沸騰石を入れておくと，突沸を防ぐことができる。
(3)ヨウ素液をデンプンに加えると青紫色になり，ベネジクト液を糖に加えて加熱すると赤褐色の沈殿が生じる。
(5)沸騰させていないだ液を加えていて，温度の条件だけが異なるのはアとイなので，アとイの結果を比較する。アの 40℃のときは，内液の中のデンプンがなくなっていて(内液のヨウ素デンプン反応がない)，消化されてできた糖が外液にかなり出ているので(外液のベネジクト反応が明らか)，だ液が活発にはたらいたといえる。イの 15℃のときは，内液の中にデンプンがたくさん残っており(内液のヨウ素デンプン反応が明らか)，内液に少しだけ糖ができていて一部の糖が少しだけ袋の外に出てきているので(内液と外液のベネジクト反応が少し見られる)，だ液が少ししかはたらかなかったことがわかる。
(6)沸騰させて冷やしたものはウとエであるが，どちらも内液ではデンプンが残っていて(内液のヨウ素デンプン反応が明らか)，内液と外液に糖が存在していない(内液と外液のベネジクト反応がない)ので，だ液がまったくはたらかなかったといえる。
(7)消化されて小さくなった糖は通すが，消化されずに大きな粒のままのデンプンは通さない，小腸の柔毛の膜をモデル化している。セロハンの膜の穴と柔毛の膜の穴の大きさが，ほぼ同じくらいなのでセロハンを実験で使用しているのである。
(8)デンプンはセロハンの膜の穴を通らないのでセロハンの膜の穴より大きい。糖はセロハンの膜の穴を通るのでセロハンの膜の穴より小さい。

5 | 呼吸・排出・血液とその循環

▶*85*
呼吸(内呼吸)
解説 生物は，全身の細胞で酸素を使って有機物を水と二酸化炭素に分解する。そしてこのとき得られるエネルギーによって生きている。これは，植物，動物にかかわらず，すべての生物が行っていて，このはたらきを呼吸，または内呼吸という(細胞の呼吸でもよいが，ここでは漢字のみで答える)。

▶*86*
(1)○ (2)× (3)○
解説 (1)静脈では血液の流れが弱いので，逆流しないように弁がついているところがある。
(2)肺循環では，肺動脈に全身を回ってきたあとの二酸化炭素を多く含んだ血液が流れていて，肺静脈には肺で酸素を受け取って酸素を多く含む血液が流れている。
(3)二酸化炭素が体外へ捨てられるのは肺で，血液から尿素などの不要物がこし取られて尿がつくられるのはじん臓である。

トップコーチ
●**動脈と静脈**
動脈は，心臓から送り出される血液が流れる血管で，筋肉でできていて，その壁は厚く弾力性に富む。体の奥を通っているものが多いが，手首や首筋などは比較的皮膚に近いところを通っているので(手首に青い筋のように見える血管は静脈なので間違えないように)，脈拍を打っているのがわかりやすい。静脈は，心臓に送り返される血液が流れる血管で，動脈に比べて壁がうすい。静脈の中を流れる血液の勢いは弱く，ほとんど重力に逆らって流れているため，逆流を防ぐために弁がついているところもある(肺静脈には弁はついていない)。

▶**87**

ア，ウ

解説　ア…×：アンモニアを尿素に変えるのは肝臓のはたらきである。じん臓は，血液中の尿素や余分な塩分や水分をこし取って尿をつくり，体外へ排出する器官である。

イ…○：「養分流通センター」的なはたらきとは，血液によって送られてきた養分をたくわえて，血液中の養分が足りないときは肝臓でたくわえていた養分を血液中に流しこむはたらきのことである。「有害物処理場」的なはたらきとは，肝臓のもつ解毒作用や，有害なアンモニアを害の少ない尿素に変えるはたらきのことである。また，「胆汁生産工場」としてのはたらきとは，胆汁をつくるはたらきのことである。

ウ…×：赤血球は酸素を運ぶはたらきはあるが，二酸化炭素を運ぶはたらきはない。二酸化炭素は血しょうの中に溶けこんで運ばれる。また，ヘモグロビンは，酸素の濃度の大きいところでは酸素と結びつき，酸素の濃度の小さいところでは酸素を放すという性質があるため，肺で酸素を受け取って，全身の細胞に酸素を受け渡す。

▶**88**

(1)横隔膜（おうかくまく）　(2)左心房　(3)肺胞

(4)ア　(5)ウ

解説　(1)肺は心臓などとは異なり，筋肉でできていない。そのため，体の中を上下にしきる横隔膜という筋肉でできた膜が動いて，肺が入っている胸腔（きょうこう）の容積を変えることで，肺のまわりの気圧を変化させ，肺を収縮させている。

(2)血液は心臓の心房に入って心室から押し出される。体循環からもどってくるのは右心房，肺循環からもどってくるのは左心房である。

心臓の4つの部屋と血液の循環

```
   ┌→肺静脈→左心房→左心室→大動脈→┐
肺 肺循環      心臓     体循環 体
   └─肺動脈←右心室←右心房←大静脈←┘
```

(3)気管が枝分かれした管を気管支という。気管支はさらに枝分かれをくり返して細くなっていき，その先は肺胞という小さな袋の集まりになっている。

(4)じん臓は，血液中の尿素などの不要物や有害物質，余分な塩分や水分をこし取って尿をつくり，ぼうこうへ送って，体外へ排出する。また，じん臓では，体に必要なタンパク質や糖分は排出しないようなしくみになっている。血液中に含まれるタンパク質の量を調節しているのは肝臓である。

(5)肝臓がつくる胆汁は脂肪を分解はせず，小さい粒にするだけである。

▶**89**

ウ

解説　有機物は，通常，炭素(C)と水素(H)を含んでいるので，細胞の呼吸によって分解されてエネルギーを生産するときに水と二酸化炭素ができる。しかし，細胞の呼吸によって窒素化合物であるアンモニア(NH_3)ができるのは，窒素を含むタンパク質やアミノ酸が分解されたときであり，窒素を含まないデンプン，脂肪，ブドウ糖，モノグリセリドなどが細胞の呼吸で分解されてもアンモニアはできない。

▶**90**

(1)肺胞　(2)34畳（じょう）

(3)二酸化炭素…エ　酸素…ア

(4)①肝臓　②尿素　③じん臓

解説　(2)$1m^2 = 1000000mm^2$

肺は2つあるので，2つの肺の表面積は，

$$0.09 \times 300000000 \div 1000000 \times 2 = 54 \,〔m^2〕$$

畳（たたみ）1畳は $1.6m^2$ なので，$54m^2$ は，

$$54 \div 1.6 = 33.75 = 約34〔畳〕$$

(3)酸素は，赤血球の中のヘモグロビンと結びついて運ばれる。二酸化炭素や栄養分，不要物などは血しょうに溶けて運ばれる。

(4)アンモニアは人体にとって有害なので，肝臓で害の少ない尿素に変えられる。尿素は肝臓から血液中に出され，血液がじん臓を通るときにこし取られ，尿に溶けた状態で排出される。

▶**91**

(1)A…ア，カ　B…ウ，オ

(2)イ

(3)動脈血と静脈血が混ざらないため。

解説　(1)図2で，大静脈につながっている心臓の部屋は右心房，その下の①は右心室で，ここからつながっているBの血管は肺動脈である。肺動脈は，全身から大静脈を通って心臓へもどってきた酸素が少なくて二酸化炭素を多く含む血液（オ）が，心臓から肺へ送り出される（ウ）ときに通る血管である。そのあと，肺で酸素を受け取り二酸化炭素を排出した血液（カ）は，Cの肺静脈を通って心臓の左心房へもどり，左心房の下の②の左心室からAの大動脈を通って全身へ送り出される（ア）。

(2)①の右心室は肺へ血液を送り出す部屋，②の左心室は全身へ血液を送り出す部屋である。血液を肺へ送り出すよりも全身へ送り出すほうが強い力が必要なので，②の左心室をつくる筋肉のほうが厚くて丈夫になっている。

トップコーチ

●心臓の筋肉

心臓は筋肉でできているが，心室は収縮によってポンプのように血液を送り出さなければならないため，厚くなっている。特に左心室のまわりの筋肉は，血液を全身へ送り出さなければならないため，肺へ送り出す右心室の筋肉よりも厚くなっている。また，心室と心房の間，心室と動脈の間には，それぞれ血液が逆流しないように弁がついている。

---

(3)両生類であるカエルの心臓のように，心室が1つだと，肺静脈を通ってもどってきた動脈血（酸素を多く含み二酸化炭素が少ない血液）と大静脈を通ってもどってきた静脈血（酸素が少なく，二酸化炭素を多く含む血液）が混ざってしまい，全身へ酸素を送るのに効率が悪い。

トップコーチ

●セキツイ動物の心臓のつくり

セキツイ動物の心臓は，動物の種類によって心房と心室の数が違う。

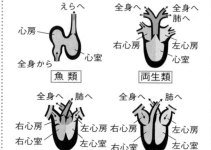

①魚類の心臓…1心房1心室で，心臓の中を流れている血液はすべて静脈血である。静脈血は，心臓から送り出されたあとえらへ行き，そこで酸素を受け取って動脈血となり，全身へ向かう。

②両生類の心臓…2心房1心室で，心室が分かれていないため，心室で動脈血と静脈血が混ざり合い，その血液がそのまま全身をめぐる。これは，酸素運搬の効率から考えると，2心房2心室の心臓よりおとっている。

③ハチュウ類の心臓…2心房1心室（不完全な2心房2心室）で，心室で動脈血と静脈血の一部が混ざり合い，その血液がそのまま全身をめぐる。ただし，ハチュウ類のなかでもワニの心臓だけは2心房2心室である。

④鳥類・ホニュウ類の心臓…2心房2心室で，動脈血と静脈血が混ざり合うことはなく，効率のよい酸素の運搬ができる。

▶**92**

①イ　②エ　③ア　④ウ

解説　中央がへこんだ円盤状の①は赤血球である。赤血球の中には鉄を含むヘモグロビンという赤色の色素があり，これが酸素と結びついて酸素を運んでいる。ヘモグロビンが酸素と結びつくと鮮やかな赤色となるが，酸素と結びついていないと暗赤色となる。そのため，動脈血は鮮やかな赤色をしているが，静脈血は暗赤色である。②は血小板である。出血したときには血小板が壊れて血液が凝固するため，止血につながる。大きな核のある③は白血球である。白血球は，体内に侵入した病原体や異物を包み込んでとらえるはたらきがあり，病気を防ぐのに役立つ。液体成分の④は血しょうである。二酸化炭素や栄養分，不要物などを溶かして運ぶ。

血液の成分　最重要

赤血球…ヘモグロビンという色素を含み，ヘモグロビンが酸素と結びついて酸素を運ぶ。
白血球…細菌などを包み込んでとらえる。
血小板…出血したとき，血液を固める。
血しょう…液体成分で，二酸化炭素，栄養分，不要物などを溶かして運ぶ。

▶**93**

(1) A…肺　B…心臓　C…肝臓
D…小腸
(2)あ…右心房　え…左心室
(3)ウ
(4)イ
(5)①ア，エ　②オ　③ケ
(6)ア…胆のう　イ…胆汁　ウ…脂肪
エ…糖（ブドウ糖）　オ…グリコーゲン

解説　(1) B は 4 つの部屋のつくりから心臓である。B の心臓と A だけで循環しているので A は肺である。このような循環を肺循環という。心臓の弁の向きから血液の流れを考えると，⒠の血管を通った血液が D の器官に行き，⒟の血管を通って C の器官に送られているので，D は消化された栄養分を吸収する小腸，C は小腸で吸収した栄養分の一部をたくわえる肝臓である。また，(4)で，D に柔毛があることが示されているので，このことからも D が小腸であることが明らかとなる。

(2) B の心臓の弁の向きから血液の流れを考えると，あは全身をめぐったあとの血液が流れ込む部屋なので右心房であり，えは全身へ血液を送り出す部屋なので左心室である。問題文に，「正面から見た図である。」などの条件が書かれていないので，向かって左だから右心房，向かって右だから左心室であるという考え方は適切ではない。

(3)ヒトの消化管は，身長の 6 倍くらいである。
(4)柔毛の細胞 1 つ 1 つにはさらに微柔毛という表面突起がある。微柔毛まで入れるとヒトの小腸の内側の全表面積は 200m² くらいである。
(5)①⒠の血管を通って D の小腸に血液が送られてくる。小腸内の消化された栄養分のうち，糖（ブドウ糖）とアミノ酸（デンプンはブドウ糖に，タンパク質はアミノ酸に分解されている）は柔毛内の毛細血管に吸収され，⒟の門脈という血管を通って C の肝臓に運ばれて，ブドウ糖の一部はグリコーゲンに，アミノ酸の一部はタンパク質につくり変えられてたくわえられる。
②脂肪酸やモノグリセリドは柔毛の壁を通りぬけると再び結びついて脂肪になり，⒞のリンパ管を通って首の下までできたあと，静脈に合流して，全身に運ばれる。
③⒜の肺動脈には全身をめぐってきた静脈血（二酸化炭素が多く含まれる血液）が流れ，⒝の肺静脈には肺で二酸化炭素を排出して酸素を受け取った動脈血（酸素が多く含まれる血液）が流れる。
(6) C の肝臓でつくられる胆汁は，胆のうに一時貯蔵され，十二指腸に出される。胆汁は消化

酵素を含んでいないので，栄養分を分解することはないが，脂肪を細かくして，すい液中の脂肪を分解する消化酵素（リパーゼ）のはたらきを助けている。デンプンは分解されて糖（最終的にはおもにブドウ糖）の状態で小腸で吸収されて毛細血管の中に入り，門脈を通って肝臓に運ばれる。肝臓ではブドウ糖からグリコーゲンを合成して，貯蔵する。

血液の循環と成分 最重要
①酸素を最も多く含む血液…肺静脈を流れる血液。
②二酸化炭素を最も多く含む血液…肺動脈を流れる血液。
③食後，ブドウ糖やアミノ酸を最も多く含む血液…門脈（小腸を通って肝臓へ向かう血液が流れる血管）を流れる血液。
④尿素が最も少ない血液…じん静脈（じん臓を通ったばかりの血液が流れる血管）を流れる血液。

▶94
(1)効率よく酸素を吸収できる。
(2)a…横隔膜　b…470
c…ヘモグロビン
解説 (1)表面積が広がるため，水に溶けた酸素を効率よく吸収できる。肺が細かく肺胞に分かれているのと同じ利点がある。
(2)a：図2の呼吸運動を模した装置で，ゴム膜は横隔膜，風船は肺，ガラス管は気管や気管支，ガラスの容器内は胸腔を表している。肺は，筋肉でできているのではなく，筋肉とつながってもいないので，体の内部を上下にしきる横隔膜という筋肉の膜を上下させることによって胸腔内の容積を変え，肺のまわりの気圧を変えて肺を収縮させる。
b：1分間に体内に取り入れられた酸素の量は，
$(114.8-91.3)\times20=470$〔cm³〕

▶95
オ
解説 動物に限らず，植物や菌類，細菌類なども含めて，生きている細胞はすべて細胞の呼吸を行っている。体内には細胞の呼吸を行っていない死んだ細胞もあるので，選択肢のオでは，ほぼすべてとなっている。

▶96
(1)①肺　②じん臓　③グリコーゲン
(2)ア
(3)D → C の部分
(4)インスリン
(5)腹を切って傷をぬい合わせる作業が結果に影響しないことを確かめるため。
(6)④高　⑤低
(7)マウスⅠ…ウ　マウスⅡ…イ
解説 (1)①肺で血液中に酸素を取り入れ，血液中から肺へ二酸化炭素や水蒸気を放出する。②血液中の尿素や余分な塩分，余分な水分はじん臓でこしとられ，尿となって体外へ排出される。③小腸で血液中に吸収されたグルコース（ブドウ糖）の一部は，肝臓でグリコーゲンという物質につくりかえられてたくわえられる。血液中の栄養分が少なくなると，肝臓にたくわえていたグリコーゲンを分解してグルコースにもどし，再び血液中に送りこむ。
(2)各器官のつながり方から，Cが肝臓でDが小腸であると考えられる（小腸を通ったばかりの血液はすぐに肝臓へ向かい，肝臓へは小腸を通っていない血液も流れこむため）。したがって，Bの肺を通ったばかりの血液はaの向きに流れて心臓に入り，心臓から出た血液はcの向きに流れて小腸や肝臓などの全身へ送られる。
(3)Dの小腸を通った血液は心臓へ戻る前にCの肝臓へ送られる。この，小腸を通った血液を肝臓へ送る血管を門脈という。
(4)実験1より，グルカゴンは血糖値を上げる

機能があることがわかる。実験2より，インスリンは血糖値を下げる機能があることがわかる。よって，血糖値が下がらなくなるということは，血糖値を下げるはずのインスリンの機能が低下したと考えられる。

(5)実験1と実験3の比較では，すい臓があるかないかという違いだけでなく，腹を切って傷をぬい合わせたかどうかという条件の違いも生じてしまう。そのため，腹を切って傷をぬい合わせるという条件も同じにした実験4を行い，実験3と比較する必要がある。

(6)マウスIは，すい臓の機能に異常がないということから，血糖値が高いので，すい臓からインスリンが分泌され続け，血液中のインスリン濃度が異常に高くなっていると考えられる（マウスIは，インスリンを注射しても血糖値が下がらない異常マウスなので，血液中のインスリン濃度が高くなっても血糖値が下がらない）。マウスIIは，インスリンを体内でつくることができないので，血液中のインスリン濃度が異常に低くなり，血糖値が下がらないと考えられる。

(7)マウスIは，インスリンがあっても血糖値は下がらないので，血糖値は正常より高いままである。マウスIIは，マウスIからインスリンを多く含んだ血液が流れこむので，血糖値は正常値より低くなる。

▶**97**

(1) 1…筋肉　2…組織液　3…肺
4…肝臓　5…高い

(2)ウ　(3)ウ

(4)左心室

(5)A…タンパク質　B…ブドウ糖

(6)ナトリウム　(7)**7200mL**　(8)**960mg**

解説　(1)1：心臓は心筋という筋肉でできていて，常に動いている。

2：血しょうが血管から染み出して細胞を満たしている液を組織液という。栄養分や不要物は，組織液を仲介して血管と細胞の間を移動する。

3：血液が肺を通るとき，血液中の二酸化炭素を肺胞に出し，肺胞の中に入ってきた空気中から酸素を血液の中に取り入れている。

4：血液中の有害なアンモニアは，肝臓で害の少ない尿素に変えられる。

5：体に必要な成分は再吸収される割合が高く，尿中にはあまり含まれない。

(2)アンモニアは，窒素を含んでいるタンパク質が分解されて生じる。

(3)ヘモグロビンは，酸素の多い肺を通るときは酸素と結びついて，酸素の少ないところを通るときには酸素と離れ，全身の細胞に酸素を受け渡す。

(4)全身に血液を送り出している心臓の部屋を左心室，肺へ血液を送り出している部屋を右心室という。また，全身からもどってきた血液が入る部屋を右心房，肺からもどってきた血液が入る部屋を左心房という。

(5)タンパク質は血管からこし出されず，原尿には含まれていないため，Aはタンパク質である。ブドウ糖はすべて再吸収され，尿には含まれていないため，Bはブドウ糖である。尿素はあまり再吸収されないために濃縮され，尿の中の尿素の濃度は原尿の中の濃度より高くなるため，Cは尿素である。

(6)原尿と尿の中の濃度をそれぞれ比較すると，原尿の中の濃度に対して尿の中の濃度が高くなっているものほど再吸収されずに濃縮されたと考えられる（Cの尿素のようになっている）。ナトリウムはそれほど濃くなっていないので，ある程度再吸収されると考えられるが，カリウムは濃度が7.5倍に濃縮されているので，あまり再吸収されないと考えられる。再吸収されるもののほうが，より体に必要な成分である。

(7)原尿と尿の中のイヌリンの濃度を比較すると，120倍に濃縮されていることがわかる。よって，原尿は尿の120倍つくられていることになるので，1時間につくられる原尿の量は，

$$60 \times 120 = 7200 〔mL〕$$

(8)原尿7200mLの中に含まれているCの量は，

$$0.03〔g〕× \frac{7200〔mL〕}{100〔mL〕} = 2.16〔g〕$$

尿 60mL の中に含まれている C の量は，

$$2〔g〕× \frac{60〔mL〕}{100〔mL〕} = 1.2〔g〕$$

よって，1 時間に再吸収される C の量は，

$$2.16 - 1.2 = 0.96〔g〕= 960〔mg〕$$

トップコーチ

●**じん臓のろ過のしくみと尿の形成**

じん臓は背中側の体内に左右 1 つずつあり，1 個のじん臓には次の図のようなつくりが約 100 万個ある。

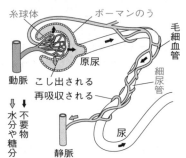

じん臓に入ったじん動脈の先端は，細かく枝分かれして毛細血管となり，ボーマンのうというろ過装置の中に入る。ボーマンのうに入った毛細血管は糸玉状となり，糸球体を形成する。糸球体へ入ってきた血液はろ過され，血液の血球成分と分子の大きいタンパク質以外の血しょう成分がボーマンのうへこし出される。ボーマンのうへこし出されたものを原尿といい，1 日に約 170L つくられる。原尿がすべて尿になるわけではなく，細尿管（腎細管）を通るうちに，ブドウ糖や塩類，水など，体に必要な成分は，細尿管を取り巻いている毛細血管へと再吸収される。水が再吸収されるため，再吸収されなかったものは濃縮されて尿となり，排出されるのである。

---

6 刺激と反応

▶**98**

(1) **d** (2) **b**

解説 (1) d の鼓膜で空気の振動をとらえる。

(2) a は音の振動を伝える耳小骨で，b のうずまき管の中に音の振動を刺激として受け取る聴細胞がある。c は b で受け取った（電気信号に変換された）刺激を大脳へ伝える聴神経である。

▶**99**

(1)網膜 (2)イ (3)エ (4)ア

解説 (1) A の網膜に像がうつる。

(2) B を虹彩といい，縮んだり広がったりして光の入り口であるひとみの大きさを変え，レンズを通って目に入る光の量を調節している。

(3)目の中の網膜にできる像なので，非常に小さい倒立の実像である。

(4)焦点は，倒立の実像とレンズの間にある。

目のつくり 最重要

①レンズ（水晶体）…光を屈折させ，網膜上に倒立の実像をつくる。

②網膜…視細胞が集まっていて，ここに像ができ，刺激として受け取る。

③虹彩…ひとみの大きさを変え，レンズに入る光の量を調節する。

④視神経…網膜で受けた刺激の信号を大脳へ伝える。

▶**100**

ア…感覚神経 イ…運動神経

解説 感覚器官で受け取った刺激の信号を脳やせき髄に伝える神経を感覚神経，脳や脊髄からの命令の信号を筋肉などに伝える神経を運動神経という。

▶**101**

(1)ウ　(2)①**A**　②**B**　③**A**

解説 (1)アやイについていたら，腕がのびない。エでは，腕が曲がらない。
(2)腕を曲げるときはAの筋肉が収縮し，腕をのばすときはBの筋肉が収縮する。①腕を曲げるのだからA。②腕立て伏せは，体を持ち上げるときは腕をのばすのでB。③懸垂は，腕を曲げ体を引き上げるのでA。

▶**102**

(1)カ　(2)ウ　(3)イ，オ

解説 (1)感覚器官が刺激を受け取り，感覚神経を通して脳へ伝え，脳からの命令を運動神経を通して筋肉などの運動器官へ伝えて反応が起こる。
(2)実験2では，まわりの縦じま模様の動きを目で見て，自分が流されていると勘違いして縦じま模様の回転する向きと同じ向きに泳ぎだすのである。
(3)実験1では，水の流れを感じて，流されないように水の流れと反対向きに泳ぎはじめる。実験2では，(2)の解説でも説明したように，目でまわりの景色の変化を感じ取って行動を起こしている。

▶**103**

(1)① **C → E**
②運動
(2)①右図
②反射

解説 (1)①大脳から出された命令の信号が筋肉に伝わるまでの経路なので，大脳→C→E→筋肉　となっている。

②命令の信号を筋肉などに伝える神経を運動神経という。
(2)①この場合，刺激が大脳へ伝わって「熱い」と感じるまでの経路と，刺激を受けて熱いと感じる前に手を引っ込めるまでの経路をかく必要がある。まず，刺激が大脳へ伝わるまでの経路であるが，D→A→Bの順に伝わるので，これを問題の図にならってかき込む。次に，刺激を受けてすぐに手を引っ込めるまでの経路であるが，Dの感覚神経によってせき髄に伝わり，せき髄で命令の信号が出されて，命令の信号がEの運動神経によって筋肉に伝わるのであるが，せき髄上でDとEをつなぐ神経(経路)がかかれていないので，これをかき加えて，D→かき加えた神経→Eとなる。
②このように，無意識に起こる反応を反射という。反射では，命令の信号を出すのは大脳ではなく，せき髄や延髄，間脳，中脳などである。

▶**104**

(1)**0.20秒**　(2)**皮膚**　(3)**0.09秒**
(4)**0.18秒**　(5)目をおおいかくす。
(6)実験2…**0.18秒**　実験3…**0.20秒**
(7)カ

解説 (1)実験1の平均を求めると，
　(22＋18＋20＋22＋18)÷5＝20〔cm〕
表2より，20cmのときは0.20秒。
(2)BさんがAさんに左手の指を触られたことを皮膚で感じてから起こしている行動である。
(3)実験2の平均を求めると，
　(19＋12＋15＋19＋15)÷5＝16〔cm〕
表2より，16cmのときは0.18秒。大脳から右指に伝えるまでの経路はこの半分なので，大脳から右指へ伝えるまの時間も半分である。よって
　0.18÷2＝0.09〔秒〕
(4)左指→せき髄→大脳という経路→が，右指→せき髄→大脳と変わるだけなので，実験2と同じ0.18秒である。

(5)目が見えていると，皮膚や耳で受け取った刺激による反応であるのかどうかがはっきりしないので，目をおおいかくしておく。

(6)実験1の平均時間の 0.20 秒より，実験2の平均時間の 0.18 秒のほうが速いので，実験2の実験結果は 0.18 秒のまま変わらない。次に，実験3の平均を求めると，

$$(33 + 30 + 34 + 34 + 29) \div 5 = 32 \text{〔cm〕}$$

表2より，32cm のときは 0.26 秒。

よって，実験3の耳で刺激を受け取った反応より，実験1の目で刺激を受け取った反応のほうが速いので，目をおおいかくさないまま実験3を行うと，実験1と同じ 0.20 秒という結果が出る。

(7)実験1～実験3までの時間差は，実験1での「目→大脳」，実験2での「左手の指の皮膚→大脳」，実験3での「耳→大脳」まで刺激の信号が伝わる時間の差であり，「左手の指の皮膚→大脳」（実験2）のときが最も短く，「耳→大脳」（実験3）のときが最も長いので，感覚器官から大脳までの距離に関係しないことがわかる。

▶ **105**

(1) **144**　(2) **2067cm**

(3) **毎秒 12.0m**　(4) **1134cm**

(5) **2.20**　(6) **毎秒 5.2m**　(7) **2.3**

〔解説〕 (1) $1280 : 1152 = 160 : \mathcal{P}$　なので，
　　　$\mathcal{P} = 144$

(2)刺激や命令の信号は c の部分を往復するので，1人あたりの刺激を伝えた神経の長さは，
　　　$b + 2c$
となる。よって，10人の合計では，
　　　$1431 + 2 \times 318 = 2067 \text{〔cm〕}$

(3) $2067 \text{cm} = 20.67 \text{〔m〕}$
　　　$\dfrac{20.67 \text{〔m〕}}{1.72 \text{〔s〕}} = 12.01 \cdots = 約12.0 \text{〔m/s〕}$

(4) 1人あたりの刺激を伝えた神経の長さは，
$10 + \dfrac{b}{2} + c$ となる。よって，10人の合計では，

$$10 \times 10 + \frac{1431}{2} + 318 = 1133.5$$
$$= 約1134 \text{〔cm〕}$$

(5) $(2.58 + 2.32 + 2.15 + 2.10 + 2.00 + 2.12 + 2.02 + 2.32 + 2.22 + 2.17) \div 10 = 2.20 \text{〔s〕}$

(6) $1134 \text{cm} = 11.34 \text{〔m〕}$
　　　$\dfrac{11.34 \text{〔m〕}}{2.20 \text{〔s〕}} = 5.15 \cdots = 約5.2 \text{〔m/s〕}$

(7) $12.0 \text{〔m/s〕} \div 5.2 \text{〔m/s〕} = 2.30 \cdots = 約2.3 \text{〔倍〕}$

2編 **実力テスト**

▶ **1**

(1)①**オ**　②**カ**　③**キ**　④**ケ**　⑤**コ**
⑥**イ**　⑦**ア**　⑧**ウ**
(2)**間脳，延髄**

〔解説〕 (1)①目，耳，鼻などのように刺激を受け取る器官を感覚器官という。

②筋肉などの運動器官や汗腺やだ液腺など，刺激に対する反応が起こる器官を効果器という。

③～⑤問題文の図より，ニューロン（神経細胞）は，細胞体という核をもつ1つの細胞から長くのびた軸索（神経突起）という1本の突起と，樹状突起という細かく枝分かれした多数の突起が伸びている。

⑥受け取った刺激の信号を中枢へ伝えるニューロンを感覚神経という。

⑦中枢からの信号を筋肉などの効果器へ伝えるニューロンを運動神経という。

⑧中枢にたくさん分布している神経を介在神経という。

(2)大脳…記憶・理解・感情・感覚・意識して行う行動など。中脳…直立歩行の動作，虹彩の動き（ひとみの大きさの調節）など。小脳…体のつりあいを保つなど。間脳…体温を一定に保つなど。延髄…呼吸や血液の循環，だ液の分泌，消化器官の運動など。

2

(1) **B, C, D**

(2) **ベネジクト液**

(3) **加熱する。**

(4) **糖**

(5) ⅰ …**対照実験**

ⅱ …**だ液の有無以外の条件を同じにするため。**

(6) ⅰ …**ア**　ⅱ …**イ**　ⅲ …**イ**　ⅳ …**イ**

解説 (1)デンプンにヨウ素液を加えると青紫色になる。Aではだ液がデンプンを分解しているのでデンプンはないが、B、Dにはだ液がなく、Cでは温度が低すぎてだ液がはたらかないため、B、C、Dではデンプンが残っている。

(2)～(4)糖にベネジクト液を加えて加熱すると、赤かっ色の沈殿が生じる。Aではデンプンがだ液によって分解されて糖(麦芽糖)ができているため、ベネジクト液を加えて加熱すると赤かっ色の沈殿が生じる。

(5)対照実験では、調べる条件以外の条件は、すべて同じにしなければならないのでだ液のかわりに同じ量の水を入れてデンプンの濃度や温度をそろえる。

(6)デンプンが分解されても、消化酵素は変化せず、そのまま残っていることがポイントである。
ⅰ：新たにデンプンを加えると、それらが消化されて糖がさらに増えていくが、加えたデンプンがすべて消化されると、それ以上、糖の量も増えない。
ⅱ～ⅳ：それまでのグラフが途中から水平になっているということは、はじめにあったデンプンはすべて消化されたことを示している。よって、新たなデンプンを加えないかぎり、だ液を加えたり温度を変化させても変化は見られない。

3

(1) **4**

(2) **番号…Ⅱ　名称…門脈(肝門脈)**

(3) **6**

(4) **B**

解説 (1)Aは、吸収と放出のどちらもあるので、酸素を吸収して二酸化炭素を放出する肺である。Bは、管の中を移動する物質から吸収したものが最初に送られてくる臓器である。この管は消化管、吸収している部分が小腸であると考えられるので、Bは肝臓である。Cは、血管との間では物質の出し入れがあるが、外部に対しては放出しているだけなので、不要物を放出するじん臓である。血管との間で出し入れがあるのは、一度こし取ったものの中から、体に必要な物質は血管へもどすことを表している。Dは、血液がそのまま通っているので心臓である。

(2)(1)の解説にあるように、消化管から栄養分を吸収している矢印からBの臓器(肝臓)までの間のⅡの血管に、最も栄養分に富んだ血液が流れている。このように、小腸で吸収した栄養分を肝臓へ送る血液が流れるⅡの血管を門脈または肝門脈という。

(3)アは、空気中の酸素を吸収し、空気中へ二酸化炭素を放出していることを示している。イは、(1)、(2)の解説で説明したように、小腸から栄養分を吸収することを示している。ウは、イのあとなので、大腸から水分を吸収することを示している(水分は小腸でも吸収される)。エは、(1)の解説で説明したように、じん臓でこし取った老廃物を尿として体外へ排出していることを示している。このとき糖などの体に必要な物質は血液中に再吸収される。

(4)有害物質であるアンモニアを害の少ない尿素に変えるのはBの肝臓である。尿としてそれを血液からこし出すじん臓(C)と区別すること。

4

(1) **b，c**

(2) ① **エ** ② **d，葉緑体**

③ **e，ミトコンドリア** ④ **c，核**

(3) ① **d** ② **A**

解説 (1) b の細胞壁と c の核は，細胞質ではない。

(2) ①② (あ) は，d の葉緑体である。葉緑体の大きさはおよそ 5 μm（マイクロメートル）なので，100 倍だと約 0.5mm，600 倍だと約 3mm の大きさに見える。

③エネルギーをつくり出すのは，細胞の呼吸を行う e のミトコンドリアである。ミトコンドリアの大きさはおよそ 2 μm で，d の葉緑体より小さい。

④細胞を観察するときは，酢酸オルセイン液などで c の核や，その中の染色体を染めてから行うと観察しやすい。

(3) ① d の葉緑体の中の葉緑素という緑色の色素がエタノールに溶け出し，葉は脱色されて白っぽくなり，エタノールは緑色になる。葉緑素は水や湯には溶けないが，エタノールなどの有機溶媒に溶けやすい。

②ヨウ素液に反応して青紫色になるのはデンプンである。よって，光合成によりデンプンがつくられた部分では顕著に色の変化が見られる。B と C のふの部分の細胞には光合成を行う葉緑体がなく，C と D の部分には光合成を行うためのエネルギーとなる日光が当たらないので，B，C，D の部分ではデンプンができない。これに対して，A の部分では葉緑体があり（緑色をしている），日光も当たっているので，光合成によってデンプンがつくられていると考えられ，ヨウ素液に浸すと青紫色に変化する。

3編 電流とその性質

1 電流の性質

▶ 106

(1) **2A**

(2) **6V**

解説 (1) 並列回路では，各電熱線の両端に電源の電圧と等しい電圧が加わるので，各電熱線を流れる電流の大きさは抵抗に反比例する。また，電流計 2 は 3A を示している。

3 $\left[\Omega\right]$：6 $\left[\Omega\right]$＝1：2 なので，各電熱線を流れる電流の大きさの比は，2：1 である。したがって，電流計 1 を流れる電流の値は，

$$3\left[A\right] \times \frac{2}{1+2} = 2\left[A\right]$$

(2) 3 $\left[\Omega\right]$ の電熱線の両端に加わる電圧の大きさと等しいので，オームの法則より，

$$
\begin{aligned}
電圧\left[V\right] &= 抵抗\left[\Omega\right] \times 電流\left[A\right] \\
&= 3\left[\Omega\right] \times 2\left[A\right] \\
&= 6\left[V\right]
\end{aligned}
$$

> **直列回路と並列回路** **最重要**
> ①直列回路…どこでも等しい大きさの電流が流れている。
> ②並列回路…各並列部分の両端に電源の電圧と等しい大きさの電圧が加わる。
>
> **オームの法則** **最重要**
> 電圧を $V\left[V\right]$，電流を $I\left[A\right]$，抵抗を $R\left[\Omega\right]$ とすると，
> $$V = RI \qquad I = \frac{V}{R} \qquad R = \frac{V}{I}$$

▶ 107

(1) **イ** (2) **ウ**

解説 (1) 並列回路では，どちらの抵抗（豆電球）にも，電源の電圧と同じ大きさの電圧が加わる。

(2)並列回路では電圧が等しいので，抵抗が小さいほうに強い電流が流れ，豆電球が明るくなる。豆電球Ｂより豆電球Ａのほうが明るく点灯したので，豆電球Ａのほうが抵抗が小さい。

▶ *108*

(1)導体　(2)ア

(3)① **3：8**

②下図

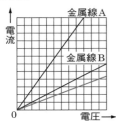

③ $I \times \dfrac{b}{a+b}$

(4)①ア

②カ

解説　(1)電流を通しやすい物質を導体，電流を通しにくい物質を絶縁体または不導体という。

(2)電流計は電流の大きさをはかりたい部分に対して直列につなぎ，電圧計は電圧をはかりたい部分に対して並列につなぐ。

(3)①同じ大きさの電圧を加えたときに流れる電流の大きさの比が，Ａ：Ｂ＝8：3なので，抵抗の大きさの比は，Ａ：Ｂ＝3：8である。

②抵抗の大きさは金属線Ａの $\dfrac{3+8}{3}=\dfrac{11}{3}$〔倍〕となる。抵抗が $\dfrac{11}{3}$ 倍のとき，同じ大きさの電圧を加えたときに流れる電流の大きさは，金属線Ａを流れる電流の大きさの $\dfrac{3}{11}$ 倍$\left(\text{Ｂの}\dfrac{8}{11}\text{倍}\right)$。よって，直列につないだ回路のグラフの傾きは金属線Ａのグラフの傾き$\left(\dfrac{4}{3}\right)$の $\dfrac{3}{11}$ 倍となる。よって，

$\dfrac{4}{3} \times \dfrac{3}{11} = \dfrac{4}{11}$（電圧 11 のとき電流 4）

③並列回路では，回路全体に流れる電流が並列部分の各抵抗の大きさに反比例して配分される。金属線ＡとＢの抵抗の大きさの比がＡ：Ｂ＝a：b なので，流れる電流は，I をＡ：Ｂ＝b：a の比で配分することになる。

(4)①加える電圧が等しいのであれば，抵抗が小さいほど大きい電流が流れる。

②長さが 1m，断面積が 1mm² の金属線Ｃの抵抗の大きさを c〔Ω〕とすると，

$$c\,〔\Omega〕 \times \dfrac{4.5\,〔\mathrm{m}〕}{1\,〔\mathrm{m}〕} \times \dfrac{1\,〔\mathrm{mm}^2〕}{0.2\,〔\mathrm{mm}^2〕} = 24.75\,〔\Omega〕$$

$$c = 1.1\,〔\Omega〕$$

よって，金属線Ｃはカのニクロムでできている。

▶ *109*

(1)図 1…**234** Ω　　図 2…**250** Ω

(2)**6** Ω

(3)記号…**イ**　　R の値…**244** Ω

(4)**ウ**

(5)**図 2**

(6)①**イ**　②**ア**

解説　(1)抵抗〔Ω〕＝$\dfrac{\text{電圧}〔\mathrm{V}〕}{\text{電流}〔\mathrm{A}〕}$

図 1：$\dfrac{11.7\,〔\mathrm{V}〕}{0.05\,〔\mathrm{A}〕} = 234\,〔\Omega〕$

図 2：$\dfrac{12.0\,〔\mathrm{V}〕}{0.048\,〔\mathrm{A}〕} = 250\,〔\Omega〕$

(2)図 1 の電流計の両端に加わる電圧は，

$$12.0 - 11.7 = 0.3\,〔\mathrm{V}〕$$

電流計を流れる電流は 50.0mA＝0.05A

$$X〔\Omega〕 = \dfrac{0.30\,〔\mathrm{V}〕}{0.05\,〔\mathrm{A}〕} = 6\,〔\Omega〕$$

(3)電圧〔V〕＝抵抗〔Ω〕×電流〔A〕

$$12.0〔\mathrm{V}〕 = (R+X)〔\Omega〕 \times 0.0480〔\mathrm{A}〕$$

$$12.0 = 0.0480(R+X)　よって答えは ア。$$

これに，$X = 6〔\Omega〕$ を代入して R を求めると，

$$R + 6 = \dfrac{12.0}{0.048}$$

$$R = 244〔\Omega〕$$

(4)抵抗器 r の両端と電圧計の両端のどちらにも
11.7V の電圧が加わるので，抵抗器 r を流れる
電流と電圧計を流れる電流はそれぞれ
$\dfrac{11.7 \text{〔V〕}}{R \text{〔Ω〕}}$，$\dfrac{11.7 \text{〔V〕}}{Y \text{〔Ω〕}}$ で表せる。
電流計を流れる 50.0mA＝0.0500A の電流は，
抵抗器 r を流れる電流と電圧計を流れる電流の
和にあたるので，
$$0.0500 = \dfrac{11.7}{R} + \dfrac{11.7}{Y}$$ よって答はウ。

(5)図 1 のときの誤差＝244－234＝10〔Ω〕
図 2 のときの誤差＝250－244＝6〔Ω〕
図 2 のほうが誤差が小さい。

(6)電流計の電気抵抗が小さいほど，電流計以外
の部分に加わる電圧が電源の電圧に近くなる。
また，電圧計の電気抵抗が大きいほど，電圧計
を流れる電流が小さくなり，電圧計以外の部分
への影響が小さくなる。

▶***110***

(1) **3.6V**

(2) **0.8A**

(3) **6.0V**

(4) **3 Ω**

(解説)　(1)$V=RI$ なので，
　　　　1.8〔Ω〕× 2〔A〕＝3.6〔V〕

(2)並列部分では，電流が抵抗に反比例して分か
れて流れる。抵抗器②と③の抵抗の比は 3 : 2
なので，流れる電流の大きさの比は 2 : 3 であ
る。したがって，抵抗器②を流れる電流は，
　　　2〔A〕× $\dfrac{2}{2+3}$ ＝0.8〔A〕

(3)抵抗器②の両端に加わる電圧は，
　　　3〔Ω〕× 0.8〔A〕＝2.4〔V〕
直流電源の電圧は，抵抗器①の両端に加わる電
圧との和に等しく，
　　　3.6〔V〕＋ 2.4〔V〕＝6.0〔V〕

(4)回路全体に加わる電圧は 6.0〔V〕，回路全体
を流れる電流(直流電源を流れる電流)は 2〔A〕
なので，回路全体の抵抗は，$\dfrac{6\text{〔V〕}}{2\text{〔A〕}}$ ＝3〔Ω〕。

(別解)並列部分の合成抵抗を求めて解く方法も
ある。この場合，(1)→(4)→(3)→(2)の順で解くこ
とになる。並列部分の全抵抗を R，抵抗器②と
抵抗器③の抵抗をそれぞれ R_2, R_3 とすると，
$$\dfrac{1}{R} = \dfrac{1}{R_2} + \dfrac{1}{R_3}$$ となるので，
$$\dfrac{1}{R} = \dfrac{1}{3} + \dfrac{1}{2}$$
$$= \dfrac{6}{5}$$
$$= 1.2 \text{〔Ω〕}$$

(4)回路全体の抵抗は，
　　　1.8〔Ω〕＋ 1.2〔Ω〕＝3.0〔Ω〕

(3)3 Ω の抵抗に 2A の電流が流れているので，
直流電源の電圧は，
　　　3〔Ω〕× 2〔A〕＝ 6〔V〕

(2)抵抗器②の両端に加わる電圧は，
　　　6－3.6＝2.4〔V〕
よって，抵抗器②を流れる電流は，
$$\dfrac{2.4 \text{〔V〕}}{3 \text{〔Ω〕}} = 0.8 \text{〔A〕}$$

トップコーチ

●**合成抵抗**
　合成抵抗とは，複数の抵抗を，それらを
合わせたものと同じ役割をする 1 本の抵抗
として考えたものである。
①直列部分の合成抵抗 R

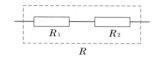

$$R = R_1 + R_2$$

②並列部分の合成抵抗 R

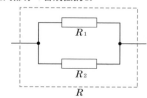

$$\dfrac{1}{R} = \dfrac{1}{R_1} + \dfrac{1}{R_2} \ \rightarrow \ R = \dfrac{R_1 \times R_2}{R_1 + R_2}$$

▶*111*

(1)① イ　② ウ

(2)① **50**　② **0**

(3)ア…$\dfrac{E}{x}$　イ…$\dfrac{1.5-E}{y}$

ウ…**40**　エ…**30**　オ…**50**

カ…**10**　キ…**30**　ク…**20**

解説 (1)①電流計の－端子は電源の－極から
の導線につなげる。

②小さい値の－端子につなぐと，大きな電流が
流れたとき電流計が壊れるおそれがある。

(2)①電流計 1, 2 は直列につながっているので，
電流計 2 は電流計 1 と同じ値を示す。

②電流計 1 には電流が流れない。

(3)ア：電流〔A〕＝$\dfrac{\text{電圧〔V〕}}{\text{抵抗〔}\Omega\text{〕}}$

イ：電熱線 Y の両端に加わる電圧は，

$\quad (1.5-E)\,\text{〔V〕}$

ウ：$x=\dfrac{E}{0.0375}$，$y=\dfrac{1.5-E}{0.0375}$

$\quad x+y=\dfrac{E+1.5-E}{0.0375}$

$\qquad\quad =40\,\text{〔}\Omega\text{〕}$

エ：電熱線 X の両端に加わる電圧を E として，
同様に等式をつくると，

$\quad \dfrac{E}{x}=\dfrac{1.5-E}{z}=0.0500$

よって，$x=\dfrac{E}{0.0500}$，$z=\dfrac{1.5-E}{0.0500}$ なので，

$\quad x+z=\dfrac{E+1.5-E}{0.0500}$

$\qquad\quad =30\,\text{〔}\Omega\text{〕}$

オ：電熱線 y の両端に加わる電圧を E として，
同様に等式をつくると，

$\quad \dfrac{E}{y}=\dfrac{1.5-E}{z}=0.0300$

よって，$y=\dfrac{E}{0.0300}$，$z=\dfrac{1.5-E}{0.0300}$ なので，

$\quad y+z=\dfrac{E+1.5-E}{0.0300}$

$\qquad\quad =50\,\text{〔}\Omega\text{〕}$

カ～ク：$\begin{cases} x+y=40 & \cdots① \\ x+z=30 & \cdots② \\ y+z=50 & \cdots③ \end{cases}$

①～③を連立させて，x, y, z を求める。

▶*112*

(1)下図　(2)オームの法則

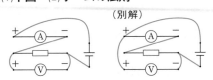

（別解）

(3) **15V**　(4) **7.5V**　(5) **3V**　(6) **8 Ω**

解説 (1)電流計は直列につなぎ，電圧計は並
列につなぐ。また，どちらも＋端子には電源装
置の＋極からの導線を，－端子には電源装置の
－極からの導線をつなぐ。

(3) 35 Ω と 25 Ω と 15 Ω の抵抗が直列につなが
れた回路なので全抵抗は 35＋25＋15＝75〔Ω〕
ここに 0.2A の電流が流れているので，
電源 E の電圧：75〔Ω〕×0.2〔A〕＝15〔V〕

(4) S_1，S_2 をともに入れたときの回路は，下図
のとおり。15 Ω の抵抗には 0.5A の電流が流れ
ているので，この抵抗の両端に加わる電圧は，

$\quad 15\,\text{〔}\Omega\text{〕}×0.5\,\text{〔A〕}=7.5\,\text{〔V〕}$

したがって，AB 間に加わる電圧は，

$\quad 15-7.5=7.5\,\text{〔V〕}$

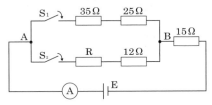

(5) 35 Ω の抵抗や 25 Ω の抵抗に流れる電流は，

$\quad \dfrac{7.5\,\text{〔V〕}}{35\,\text{〔}\Omega\text{〕}+25\,\text{〔}\Omega\text{〕}}=0.125\,\text{〔A〕}$

よって，抵抗 R や 12 Ω の抵抗を流れる電流は，

$\quad 0.5-0.125=0.375\,\text{〔A〕}$

12 Ω の抵抗の両端に加わる電圧は，

$\quad 12\,\text{〔}\Omega\text{〕}×0.375\,\text{〔A〕}=4.5\,\text{〔V〕}$

したがって，抵抗 R の両端に加わる電圧は，

$\quad 7.5-4.5=3\,\text{〔V〕}$

(6)両端に 3V の電圧が加わって 0.375A の電流
が流れているので，

$\quad \dfrac{3\,\text{〔V〕}}{0.375\,\text{〔A〕}}=8\,\text{〔}\Omega\text{〕}$

▶**113**

(1)端子…**c と d** 電流…**0.3A**

(2)端子…**c と e，d と f** 電流…**0.45A**

(3)端子…**a と g，d と h**(または，**a と h，d と g**) 電流…**0.0375A**

(4)**0.09A** (5)**0.15A**

解説 (1)乾電池が直列つなぎになるようにすればよい。乾電池3個の直列にはどのようにつないでもならないので，2個の直列で，間に抵抗が入るような回路であればよい。

このとき，電圧は3.0Vになるので，電流は，

$$I = \frac{V}{R} = \frac{3.0\,\text{(V)}}{10\,\text{(}\Omega\text{)}} = 0.30\,\text{(A)}$$

(2)図1の抵抗と乾電池2個，及び図2の乾電池が直列になって，図2の抵抗を通らない回路とすればよい。

このとき，電圧は4.5Vになるので，電流は，

$$I = \frac{V}{R} = \frac{4.5\,\text{(V)}}{10\,\text{(}\Omega\text{)}} = 0.45\,\text{(A)}$$

(3)図1の抵抗と乾電池1個，及び図2の抵抗3個が直列になって，図2の乾電池を通らない回路にすればよい。

このとき，抵抗は40Ωになるので，電流は，

$$I = \frac{V}{R} = \frac{1.5\,\text{(V)}}{40\,\text{(}\Omega\text{)}} = 0.0375\,\text{(A)}$$

(4)下図のような回路となる。並列部分の抵抗を R とすると，

$$\frac{1}{R} = \frac{1}{10} + \frac{1}{20} \qquad R = \frac{20}{3}\,\text{(}\Omega\text{)}$$

よって，この回路の全抵抗は，

$$\frac{20}{3} + 10 = \frac{50}{3}\,\text{(}\Omega\text{)}$$

図1の抵抗を流れる電流は，回路全体に流れる電流(電源を流れる電流)に等しいので，

$$I = \frac{V}{R} = 1.5\,\text{(V)} \div \frac{50}{3}\,\text{(}\Omega\text{)} = 0.09\,\text{(A)}$$

(5)下図のような回路となる。端子hと直列になっている2つの抵抗の部分はショートするので，乾電池2個と抵抗2個が直列につながれた回路となっている。

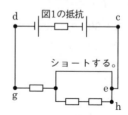

よって，電圧は3.0V，抵抗は20Ωで，図1の抵抗を流れる電流は回路全体を流れる電流に等しいので，

$$I = \frac{V}{R} = \frac{3.0\,\text{(V)}}{20\,\text{(}\Omega\text{)}} = 0.15\,\text{(A)}$$

▶**114**

(1)$(I_1 - I_A)$ (A) (2)$\dfrac{V_1}{I_1 - I_A}$ (Ω)

(3)$(V_2 - V_B)$ (V) (4)$\dfrac{V_2 - V_B}{I_2}$ (V)

(5)$\dfrac{V_A}{I_A} > \dfrac{V_1}{I_1}$ (6)**イ** (7)**18.0 Ω**

解説 (1)電流計に流れている I_1 (A)の電流が抵抗Rと電圧計に分かれて流れる。抵抗Rに流れる電流は I_A (A)なので，

電圧計に流れる電流 $= (I_1 - I_A)$ (A)

(2)電圧計の両端には V_1 (V)の電圧がかかり，電圧計には $(I_1 - I_A)$ (A)の電流が流れるので，

電圧計の抵抗 $= \dfrac{V}{I} = \dfrac{V_1}{I_1 - I_A}$ (Ω)

(3)並列部分のそれぞれには等しい電圧(電源装置の電圧と等しい電圧)がかかるので，

$V_2 = $ 電流計の両端にかかる電圧 $+ V_B$

電流計の両端にかかる電圧 $= (V_2 - V_B)$ (V)

(4)電流計の両端には $(V_2 - V_B)$ (V)の電圧がかかり，電流計には I_2 (A)の電流が流れるので，

電流計の抵抗 $= \dfrac{V}{I} = \dfrac{V_2 - V_B}{I_2}$ (Ω)

(5)$\dfrac{V_1}{I_1}$ は，図1の回路の全抵抗で，$\dfrac{V_A}{I_A}$ は，抵抗

Rの抵抗値である。図1のような並列回路の全抵抗は，各並列部分の抵抗より小さくなるので，$\frac{V_A}{I_A} > \frac{V_1}{I_1}$となる。

(6) $I_B = I_2$ であるが，V_2 は抵抗 R と電流計にかかる電圧の和なので $V_B < V_2$。よって，$\frac{V_B}{I_B} < \frac{V_2}{I_2}$

であり，(5)および R の抵抗 $= \frac{V_A}{I_A} = \frac{V_B}{I_B}$から，

$$\frac{V_1}{I_1} < \frac{V_A}{I_A} = \frac{V_B}{I_B} < \frac{V_2}{I_2}$$

(7) $1.0k\Omega = 1000\,\Omega$なので，電圧計に流れる電流は，

$$I = \frac{V}{R} = \frac{0.46[V]}{1000[\Omega]}$$
$$= 0.00046[A]$$

25mA は 0.025A で，並列回路では，抵抗に反比例して電流が分かれて流れるので，電流計と抵抗 R の抵抗値の和を$x[\Omega]$とすると，

$$0.00046 : 0.025 = x : 1000 \qquad x = 18.4[\Omega]$$

電流計の抵抗は 0.40 Ωなので，抵抗 R の抵抗値は，

$$18.4 - 0.40 = 18.0[\Omega]$$

2 電流のはたらき

▶**115**

(1) **1.2W**

(2) **1W の電力で 1 秒間電流を流したときに発生する熱の量。　読み…ジュール**

解説 (1)電力は，次の式によって求めることができる。

　電力[W]＝電流[A]×電圧[V]

よって，$0.80[A] \times 1.5[V] = 1.2[W]$

(2)熱量[J]＝電力[W]×時間[s]

電力・熱量・電力量 最重要

①電力…電気器具が，熱や光，音などを出したり，物体を動かしたりする能力。
　単位は，ワット（記号：W）。
　電力[W]＝電流[A]×電圧[V]

②熱量…電力と時間の積で求められる。
　単位：ジュール（記号：J）
　熱量[J]＝電力[W]×時間[s]
　※熱量にはカロリー（cal）という単位もある。（1cal…水 1g の温度を 1℃上げるのに必要な熱量）
　1cal ≒ 4.2J（1J ≒ 0.24cal）

③電力量…ある一定の時間に消費した電力の総量。
　単位：ジュール（記号：J）
　電力量[J]＝電力[W]×時間[s]
　※理科では，熱量と同じジュール[J]を使うことが多いが，実用的には，ワット時（記号：Wh）やキロワット時（記号：kWh）も使われる。
　電力量[Wh]＝電力[W]×時間[h]
　1kWh=1000Wh

▶**116**

(1)電圧計…ア　電圧計の＋端子…エ
電流計…イ　電流計の＋端子…オ
(2)**2A**　(3)**20 Ω**　(4)**ア**

解説 (1)電圧計は電熱線と並列に，電流計は直列につなぐ。また，どちらも，電源の＋極側からの導線を＋端子につなぎ，電源の－極側からの導線を－端子につなぐ。

(2)オームの法則を使って求めると，

$$\frac{100[V]}{50[\Omega]} = 2[A]$$

(別解) 消費電力を使って求めると，
電力[W]＝電流[A]×電圧[V]　なので，

$$電流[A] = \frac{電力[W]}{電圧[V]} = \frac{200[W]}{100[V]} = 2[A]$$

(3)同じ電熱線の電気抵抗は，長さに比例する。
よって，$50[\Omega] \times \frac{40[cm]}{100[cm]} = 20[\Omega]$

(4)電源の電圧が 30V のとき，並列回路では，どちらの電熱線にも 30V の電圧がかかる。よって，長さが短いほど抵抗が小さいので，大き

な電流が流れる。電圧が等しい場合，電力は電流に比例するため一定時間の発熱量も電流に比例する。したがって，長さが短い 40cm の電熱線のほうが発熱量が大きい。

▶ *117*

(1) **0.72W**

(2) **0.12A**

(3) **0.08A**

(4) **30 Ω**

解説 (1)抵抗 R_1 の両端に加わる電圧は，

$$18 [\Omega] \times 0.20 [A] = 3.6 [V]$$

これより，抵抗 R_1 での消費電力は，

$$0.20 [A] \times 3.6 [V] = 0.72 [W]$$

(2)抵抗 R_2 の両端に加わる電圧は，

$$6 [V] - 3.6 [V] = 2.4 [V]$$

R_2 の抵抗は $20 [\Omega]$ なので，b 点を流れる電流は，

$$\frac{2.4 [V]}{20 [\Omega]} = 0.12 [A]$$

(3) $0.20 [A] - 0.12 [A] = 0.08 [A]$

(4)抵抗 R_3 の両端に加わる電圧は抵抗 R_2 の両端に加わる電圧と等しいので 2.4V である。したがって，抵抗 R_3 の抵抗の大きさは，

$$\frac{2.4 [V]}{0.08 [A]} = 30 [\Omega]$$

▶ *118*

$\dfrac{3}{25}$ **倍(0.12 倍)**

解説 時間が同じなので，発熱量は電力に比例する。電力 [W] = 電流 [A] × 電圧 [V] なので，電流と電圧の積に比例する。A を流れる電流を $a [A]$，B を流れる電流を $b [A]$ とすると，B の発熱量が A の発熱量の 3 倍であることから，消費電力も B は A の 3 倍になるので，

$$a [A] \times 5.0 [V] : b [A] \times 3.0 [V] = 1 : 3$$
$$a : b = 1 : 5$$

したがって，A と B の抵抗の比は，

$$\frac{5.0}{1} : \frac{3.0}{5} = 25 : 3$$

▶ *119*

(1)**熱が空気中から水へ移動しやすくなり，誤差が大きくなる。**

(2)**下図**

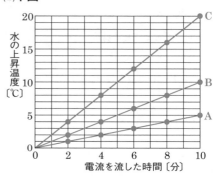

(3)**比例** (4)**エ** (5)**ア**

(6) **1V の電圧を加えて 1A の電流を流したときの電力。**

(7) **1W の電力を 1 秒間使用したときに発生する熱量。**

解説 (2)表の各値から 0 分時の温度を引いたものを黒点としてグラフにかき，最も近いところを通る直線を引く。この問題では誤差が小さいので，直線がほぼ黒点上を通る。

(3)すべて原点を通る直線となっていることから，水の上昇温度は電流を流した時間に比例しているといえる。

(4)水の上昇温度が大きいものほど発熱量が大きい。電圧が一定なので，発熱量が大きい順に流れた電流が大きかったといえる。

(5)電圧が一定なので，流れた電流が大きいものほど，抵抗が小さい。

▶ *120*

(1)**25W** (2)**2A** (3)**12V**

解説 (1) R_5 の両端に加わる電圧は，

$$1 [\Omega] \times 5 [A] = 5 [V]$$

これより，R_5 で消費される電力は，

$5(A) \times 5(V) = 25(W)$

(2) R_1 と R_2 の並列部分の合成抵抗 R は，

$$\frac{1(\Omega) \times 1(\Omega)}{1(\Omega) + 1(\Omega)} = \frac{1}{2}(\Omega) = 0.5(\Omega)$$

これと，R_3，R_4 が直列になっているので，この部分の抵抗は，$1 + 0.5 + 1 = 2.5(\Omega)$

この部分は R_5 と並列になっているので，R_5 と同じ 5V が加わる。よって，流れる電流は，

$$\frac{5(V)}{2.5(\Omega)} = 2(A)$$

(3) R_6 を除いた部分の合成抵抗 R' は，

$$\frac{1(\Omega) \times 2.5(\Omega)}{1(\Omega) + 2.5(\Omega)} = \frac{5}{7}(\Omega)$$

この部分と 1Ω の R_6 が直列につながっている。R_6 とそのほかの部分の合成抵抗 R' の比は，$R_6 : R' = 7 : 5$ で，直列部分での電池 E の電圧は抵抗に比例して配分される。R' の両端に加わる電圧は R_5 の両端に加わる電圧 5V に等しいので，R_6 の両端に加わる電圧を $V(V)$ とすると，$V(V) : 5(V) = 7 : 5$

$x = 7(V)$

したがって，電池 E の電圧は，

$7(V) + 5(V) = 12(V)$

▶**121**

A ① 電力　② 電力量　③ Wh

B (1) 最も明るい電球…B2

電流…1A

(2) 最も暗い電球…B1　① 4W

(3) 4.3J

解説 A：③ Wh は「ワット時」と読む。

電力量(Wh)＝電力(W)×時間(h)

B：(1) 図1のように直列につなぐと，各電球に加わる電圧は電源の電圧より小さくなるが，図2のように並列につなぐと，各電球に電源の電圧と等しい電圧が加わる。また，図2では，各電球に 100V の電圧が加わるので，A2 は 25W，B2 は 100W が消費されるため，B2 が最も明るくなる。このとき流れている電流は，

$100(W) \div 100(V) = 1(A)$

(2) 図1のとき，どちらの電球にも等しい電流が流れるので，電圧は抵抗に比例して加わる。100V－25W の電球 A1 に 100V の電圧を加えたときに流れる電流は，

$25(W) \div 100(V) = 0.25(A)$

よって，100V－25W の電球 A1 の抵抗は，

$$\frac{100(V)}{0.25(A)} = 400(\Omega)$$

100V－100W の電球 B1 に 100V の電圧を加えたときに流れる電流は，

$100(W) \div 100(V) = 1(A)$

よって，100V－100W の電球 B1 の抵抗は，

$$\frac{100(V)}{1(A)} = 100(\Omega)$$

A1 と B1 の抵抗の比は 4：1 なので，図1の電源の電圧 100V は A1 と B1 に 4：1 と分かれ，A1 に 80V，B1 に 20V 加わる。よって，B1 が最も暗くなる。このとき B1 を流れる電流は，

$$\frac{20(V)}{100(\Omega)} = 0.2(A)$$

なので，B1 で消費される電力は，

$0.2(A) \times 20(V) = 4(W)$

(3) 2Ω の電熱線を流れる電流は，

$$\frac{4(V)}{2(\Omega)} = 2(A)$$

よって，2Ω の電熱線から発生する熱量は，

$2(A) \times 4(V) \times 300(秒) = 2400(J)$

また，100g の水が 5.6℃ 上昇したので，水が受けた熱量は，

$100(g) \times 5.6(℃) = 560(cal)$

$2400(J) = 560(cal)$

となるので，1cal を J で表すと，

$$\frac{2400(J)}{560(cal)} = 4.28\cdots$$

$$= 約4.3(J)$$

▶**122**

(1) 0.15W

(2) ウ，オ，キ

(3) エ

解説 (1)並列回路では，どの豆電球にも電源の電圧と等しい電圧が加わる。よって，

$$I = \frac{V}{R} = \frac{1.5\,(\text{V})}{15\,(\Omega)} = 0.1\,(\text{A})$$

したがって，消費電力は，

$$0.1\,(\text{A}) \times 1.5\,(\text{V}) = 0.15\,(\text{W})$$

(2)ア～ウ：直列につないだ場合，流れる電流は等しいが，電圧が抵抗に比例して配分されるので，抵抗が大きいものほど電圧が大きくなり，消費電力も大きくなるため明るくなる。

エ，オ：左の回路と右の回路の全抵抗の大きさを比べると，③(c)と⑥(b)の差の分だけ右の回路のほうが抵抗が小さいため，大きな電流が流れる。よって，①を流れる電流より④を流れる電流のほうが大きいので，オは正しい。また，②と⑥は抵抗の大きさが同じで，⑥を流れる電流のほうが②を流れる電流より大きいので，⑥に加わる電圧は②に加わる電圧より大きい。したがって，⑥の消費電力のほうが大きいため明るい。

カ：②と⑤は抵抗の大きさが同じで，⑤を流れる電流のほうが②を流れる電流より大きいので，⑤に加わる電圧は②に加わる電圧より大きい。

キ：⑤と⑥は抵抗の大きさが同じで，流れる電流の大きさも同じなので，加わる電圧の大きさも同じである。

(3)電圧〔V〕＝抵抗〔Ω〕×電流〔A〕 なので，電圧が一定のときは電流は抵抗に反比例する（積が一定）。また，電力〔W〕＝電流〔A〕×電圧〔V〕で，電圧が一定のときは，電力は電流に比例する。したがって，電圧が一定のときは，電力は抵抗に反比例するといえる。反比例のグラフはエである。

▶ *123*

(1)**8400J** (2)**2A** (3)**160g**
(4)**6Ω** (5)**26V** (6)**20V**
(7)**1A** (8)**a＞b＞c** (9)**イ**

解説 (1)200gの水の温度が10℃上昇しているので，電熱線aから発生した熱量は，

$$4.2\,(\text{J/g·℃}) \times 200\,(\text{g}) \times 10\,(\text{℃}) = 8400\,(\text{J})$$

(2)電熱線aを流れる電流と等しい。電熱線aを流れる電流をI〔A〕とすると，

$$I\,(\text{A}) \times 5I\,(\text{V}) \times 420\,(\text{s}) = 8400\,(\text{J})$$
$$I^2 = 4 \qquad I > 0 \text{ なので，} I = 2\,(\text{A})$$

(3)電熱線aと電熱線bを流れる電流は等しい。電流が等しいとき，電圧は抵抗に比例するので，発熱量も抵抗に比例する。よって，電熱線aと電熱線bの同じ時間あたりの発熱量の比は，

$$a : b = 5 : 2$$

また，図2より，ビーカーAとビーカーBの同じ時間あたりの水の上昇温度の比は，

$$A : B = 10 : 5 = 2 : 1$$

水の上昇温度は，水の量に反比例するので，ビーカーAとビーカーBの水の量の比は，

$$A : B = 5 \times 1 : 2 \times 2 = 5 : 4$$

したがって，ビーカーBの水の質量は，

$$200\,(\text{g}) \times \frac{4}{5} = 160\,(\text{g})$$

(4)直列につないでいるので，電熱線aと電熱線cに流れる電流は等しい。よって，同じ時間あたりの発熱量は電圧に比例する。また，電流が一定のとき，電圧は抵抗に比例する。これらのことをふまえて，図2のAとCの同じ時間あたりの水の上昇温度を比較すると，

$$A : C = 10 : 16 = 5 : 8$$

水の量は

$$A : C = 200 : 150 = 4 : 3$$

したがって，発熱量を比較すると，

$$a : c = 5 \times 4 : 8 \times 3 = 5 : 6$$

よって，電熱線aと電熱線cに加わる電圧の比も，a：c＝5：6 である。

したがって，抵抗の比も，a：c＝5：6なので，電熱線cの抵抗は，

$$5\,(\Omega) \times \frac{6}{5} = 6\,(\Omega)$$

(5)この回路の全抵抗は，

$$5 + 2 + 6 = 13\,(\Omega)$$

流れる電流は2Aなので（(2)より），電源装置の

電圧 V は,

$$V = RI = 13\,(\Omega) \times 2\,(A)$$
$$= 26\,(V)$$

(6)電熱線 b と電熱線 c が並列になっている部分の全抵抗を $R\,(\Omega)$ とすると,

$$\frac{1}{R} = \frac{1}{2} + \frac{1}{6} \qquad R = \frac{3}{2} = 1.5\,(\Omega)$$

電圧は, 抵抗に比例して配分されるので, 電熱線 a にかかる電圧は,

$$26\,(V) \times \frac{5\,(\Omega)}{5\,(\Omega) + 1.5\,(\Omega)} = 20\,(V)$$

(7)並列部分には 6V(26−20＝6) ずつかかるので, 6 Ω の電熱線 c を流れる電流は,

$$I = \frac{V}{R} = \frac{6\,(V)}{6\,(\Omega)} = 1\,(A)$$

(別解) 電熱線 a を流れる電流は,

$$I = \frac{V}{R} = \frac{20\,(V)}{5\,(\Omega)} = 4\,(A)$$

これが, 抵抗に反比例して並列部分を分かれて流れるので, 電熱線 b と電熱線 c を流れる電流の比は, b：c＝6：2＝3：1

したがって, 電熱線 c を流れる電流は,

$$4\,(A) \times \frac{1}{3+1} = 1\,(A)$$

(8)電熱線 a ＝ 20〔V〕× 4〔A〕＝ 80〔W〕

電熱線 b ＝ 6〔V〕× 3〔A〕＝ 18〔W〕

電熱線 c ＝ 6〔V〕× 1〔A〕＝ 6〔W〕

(9)消費電力〔W〕÷ 水の質量〔g〕の値が大きいものほど, 水の上昇温度が大きくなる。

電熱線 a ＝ 80〔W〕÷ 200〔g〕＝ 0.4

電熱線 b ＝ 18〔W〕÷ 300〔g〕＝ 0.06

電熱線 c ＝ 6〔W〕÷ 100〔g〕＝ 0.06

したがって, A ＞ B ＝ C となる。

▶ **124**

① **10** ② **1000** ③ **9.6** ④ **96.2** ⑤ **75**

⑥ **0** ⑦ **20** ⑧ **大きい** ⑨ **大きくなる**

解説 ①並列部分には電源と同じ大きさの電圧がかかるので,

$$\frac{100\,(V)}{10\,(\Omega)} = 10\,(A)$$

② 10〔A〕× 100〔V〕＝ 1000〔W〕

③並列部分の全抵抗を $R'\,(\Omega)$ とすると,

$$\frac{1}{R} = \frac{1}{10} + \frac{1}{10} \qquad R' = 5\,(\Omega)$$

図 1 の回路全体の抵抗は,

$$5 + 0.1 + 0.1 = 5.2\,(\Omega)$$

回路全体に流れる電流は,

$$\frac{100\,(V)}{5.2\,(\Omega)} = \frac{250}{13}\,(A)$$

これが, 2 つに分かれて流れるので,

$$\frac{250}{13}\,(A) \div 2 = \frac{250}{26} = 9.61\cdots$$
$$= 約9.6\,(A)$$

④ $10\,(\Omega) \times \dfrac{250}{26}\,(A) = 96.15\cdots$

$$= 約96.2\,(V)$$

⑤③と④の解答の値を使うと, 引き込み線全体にかかる電圧は, 100−96.2＝3.8〔V〕

電流は, $\dfrac{250}{13}\,(A) = 19.23\cdots$

$$= 約19.2\,(A)$$

したがって引き込み線全体で消費される電力は,

$$19.2\,(A) \times 3.8\,(V) = 72.96$$
$$= 約73.0\,(W)$$

最も近いのは, 75W である。

⑥電気器具を 2 個とも使うと, 白の引き込み線はショートして電流が流れない。

⑦全電圧は 200V, 全抵抗は 20.2 Ω なので, 回路全体を流れる電流は,

$$\frac{200\,(V)}{20.2\,(\Omega)} = 9.90\cdots$$
$$= 約9.9\,(A)$$

赤と黒の 2 本の引き込み線の抵抗の和は 0.2 Ω なので, 2 本の引き込み線にかかる全電圧は,

$$0.2\,(\Omega) \times 9.9\,(A) = 1.98\,(V)$$

したがって, 引き込み線で無駄に消費される電力は,

$$9.9\,(A) \times 1.98\,(V) = 19.6\cdots\,(W)$$

最も近いのは, 20W である。

⑧⑨危険ということなので, ⑨は（電圧が）「大きくなる」ということである。また, 断線したとき 2 つの抵抗にかかる電流は等しくなり, 電圧は抵抗に比例してかかるので, 抵抗の大きいほうの電気器具に大きな電圧がかかる。

▶ **125**

(1) **6.5A** (2) **カ** (3) **ウ** (4) **5.0A**

(5)(ア) **2.5A** （イ）**12W**

(6) $P = P_1 + P_2$ (7) **エ**

解説 (1)1m あたり 100 Ω ということは，1cm あたり 1 Ω ということなので，X が 40cm のときは 40 Ω である。したがって，電流 I は，

$$\frac{60〔V〕}{40〔Ω〕} + \frac{60〔V〕}{12〔Ω〕} = 6.5〔A〕$$

(2)$X = 0$ のときは，ショートして，測定できないほど大きな電流が流れる。

$X = 20$ のとき，

$$I = \frac{60〔V〕}{20〔Ω〕} + \frac{60〔V〕}{12〔Ω〕} = 8.0〔A〕$$

$X = 40$ のとき，(1)より $I = 6.5〔A〕$

$X = 60$ のとき，

$$I = \frac{60〔V〕}{60〔Ω〕} + \frac{60〔V〕}{12〔Ω〕} = 6.0〔A〕$$

このあと，X を大きくするにつれて，I は限りなく 5.0A に近づいていくので，カのようなグラフとなる。

(3)X の値を大きくすると，AB 間に加わる電圧は変化しないが，AB 間を流れる電流は小さくなるので，消費電力は減少する。

(4)12 Ω の抵抗にしか電流が流れなくなるので，

$$I = \frac{60〔V〕}{12〔Ω〕} = 5.0〔A〕$$

(5)(ア) $X = 12$ のとき，

$$I = \frac{60〔V〕}{12〔Ω〕+12〔Ω〕} = 2.5〔A〕$$

(イ) $X = 48$ のとき，

$$I = \frac{60〔V〕}{48〔Ω〕+12〔Ω〕} = 1.0〔A〕$$

抵抗の両端に加わる電圧は，

$$12〔Ω〕×1.0〔A〕= 12〔V〕$$

したがって，

$$P_1 = 1.0〔A〕×12〔V〕= 12〔W〕$$

(6)電源の電力は，抵抗での電力と抵抗線での電力の和である。

(7)X の値を大きくしていくと，AB 間に加わる電圧は大きくなっていくが，AB 間の抵抗が大きくなっていくため AB 間を流れる電流（回路

全体を流れる電流 I）は小さくなっていく。X の値と抵抗線での電力 P_2 との関係を，実際の数値を求めて考える。

$X = 8$ のとき，

$$I = \frac{60〔V〕}{8〔Ω〕+12〔Ω〕} = 3.0〔A〕$$

AB 間に加わる電圧は，

$$8〔Ω〕×3.0〔A〕= 24〔V〕$$

したがって，

$$P_2 = 3.0〔A〕×24〔V〕= 72〔W〕$$

$X = 12$ のとき，

$$I = \frac{60〔V〕}{12〔Ω〕+12〔Ω〕} = 2.5〔A〕$$

AB 間に加わる電圧は，

$$12〔Ω〕×2.5〔A〕= 30〔V〕$$

したがって，

$$P_2 = 2.5〔A〕×30〔V〕= 75〔W〕 （最大）$$

$X = 28$ のとき，

$$I = \frac{60〔V〕}{28〔Ω〕+12〔Ω〕} = 1.5〔A〕$$

AB 間に加わる電圧は，

$$28〔Ω〕×1.5〔A〕= 42〔V〕$$

したがって，

$$P_2 = 1.5〔A〕×42〔V〕= 63〔W〕$$

$X = 48$ のとき，

$$I = \frac{60〔V〕}{48〔Ω〕+12〔Ω〕} = 1.0〔A〕$$

AB 間に加わる電圧は，

$$48〔Ω〕×1.0〔A〕= 48〔V〕$$

したがって，

$$P_2 = 1.0〔A〕×48〔V〕= 48〔W〕$$

これらの結果より，エが適当となる。

3 | 静電気と電子

▶**126**

(1)―

(2)③**しりぞけ合う力** ④**引き合う力**

(3)**磁力，重力など** (4)**雷**

解説 (1)●は，②で綿布からストローに移動している。このように，物体間を移動するのは，－の電気をもった電子である。

(2)ストローは－の電気をもった電子(●)のほうが＋の電気をもった粒子(○)より多くなっているので，－の電気をもっている。また，綿布は＋の電気をもった粒子(○)のほうが－の電気をもった電子(●)より多くなっているので，＋の電気をもっている。

③同じ種類の電気をもったものどうしには，しりぞけ合う力がはたらく。

④異なる種類の電気をもったものどうしには，引き合う力がはたらく。

▶**127**

①**―** ②**電子**

解説 ①図3で，陰極線の上下(c と d)に電圧をかけたとき，陰極線が＋極側(c 側)に曲がっていることから，陰極線は＋極に引かれる－の電気を帯びていると考えられる。

②陰極線は，－の電気を帯びた電子の流れである。

▶**128**

(1)**自由電子** (2)**⑦**

解説 (1)金属の中では，自由電子が動きまわっている。

(2)金属に電圧を加えると，自由電子が－極から＋極へ向かって移動する。電流の向きは，＋極から－極へ向かうと決められているので，電圧を加えたときに電子が移動する向きは，電流の向きと逆である。これは，電子の向きがわかる前に電流の向きを決めたからである。

▶**129**

(1)①**イ** ②**ア** ③**イ**

(2)**イ** (3)**開かない。**

解説 (1)同じ物質でできているものどうしは同じ種類の電気を帯びるのでしりぞけ合い(①，③など)，異なる物質でできているものどうしは異なる種類の電気を帯びるので引き合う(②)。

> **静電気を帯びた物質** 最重要
> ①＋の電気を帯びたものどうし
> …しりぞけ合う。
> ②－の電気を帯びたものどうし
> …しりぞけ合う。
> ③＋の電気を帯びたものと－の電気を帯びたもの…引き合う。

(2)ストローが帯びていた－の電気が金属板を通して箔に移動し，すべての箔が－の電気を帯びる。よって，－の電気を帯びた箔どうしがしりぞけ合って開くのである。

(3)ストローが－の電気を帯びていたのだから，アクリル管は＋の電気を帯びている。ストローが帯びている－の電気の量とアクリル管が帯びている＋の電気の量は同じなので，お互いにちょうど打ち消し合ってしまい，箔は電気を帯びないので開かない。

▶**130**

(1)**陰極線(電子線)** (2)**電子** (3)**c**

解説 (1)(2)蛍光板を入れた真空放電管(クルックス管)に電圧を加えたときに，蛍光板を光らせる光の線を陰極線(電子線)という。陰極線は電子の流れなので，－極から＋極へ向かっている。

(3)電流の向きは電子の向きと逆で＋極から－極へ向かう向きなので，陰極線上の＋極から－極へ向かう向き(図の右から左)に向けて左手の中指が指す向きを合わせ，左手の人指し指を磁界の向き(N極からS極へ向かう向き…図のaの

向き）に合わせ，フレミングの左手の法則を使うと，電流に対してはたらく力の向き（左手の親指の向き）は図のcの向きとなる。よって，陰極線はcの向きに曲がる。逆に言えば，電子がcの向きに曲がろうとするから，電流がcの向きに動こうとする力がはたらくのである。

▶*131*

(1)放射線　(2)存在する。

(3)医療診断（レントゲン，**CT**，**PET** など），遺跡調査　など

解説　(1) $\overset{\text{アルファ}}{\alpha}$ 線，$\overset{\text{ベータ}}{\beta}$ 線，$\overset{\text{ガンマ}}{\gamma}$ 線以外にレントゲン撮影などに利用されるX線も放射線である。

(2)人工的につくられた放射線を人工放射線といい，自然界に存在する放射線は自然放射線という。自然放射線の主な原因は，岩石などに微量に含まれる放射性カリウムや，大気に微量に含まれるラドン，宇宙からのものなどである。

(3)医療分野では，放射線の透過力（物体を通り抜ける能力）のほかに放射線のもつ電離作用（原子をイオンにする能力）によって，腫瘍細胞を殺すがん治療などにも利用されている。また，遺跡調査のほかにも，美術品の調査や飛行場での荷物検査など，さまざまな分野に放射線の透過力が利用されている。さらに，ジャガイモに照射して発芽を防止したり，食品の保存性の向上にも利用されている。

放射線の特徴　最重要

①目に見えない。

②透過力（物体を通り抜ける能力）がある。透過性ともいう。

③電離作用（原子をイオンにする能力）がある。

④大量に浴びると人体や農作物に被害が出る。動物が大量の放射線を浴びると，細胞の中の遺伝子が傷ついてがんが発生しやすくなったりする。

放射線の種類

①α線（アルファ線）…ヘリウムの原子核の流れである。透過力は最も弱い。＋の電気をもっている。

②β線（ベータ線）…高速の電子の流れである。透過力はα線の次に弱い。－の電気をもっている。

③γ線（ガンマ線）…電磁波（電気と磁気の波で，光や電波なども電磁波のなかまである）の一種である。透過力が強い。電気をもたない。

④X線（エックス線）…電磁波の一種である。透過力が強い。電気をもたない。

▶*132*

(1)イ　(2)ウ

(3)記号…ア　理由…たまっていた静電気は，電気が流れやすいほかの物体に触れると流れ出すから。

解説　(1)アクリルのような電気を通しにくい物質でできたものを，同じように電気を通しにくいティッシュペーパーで摩擦すると，どちらも静電気を帯びる。しかし，スチール（鉄）などのように電気を通しやすい物質でできたものは，摩擦しても静電気はたまらない。－の静電気がたまったアクリル製の定規を箔検電器の金属板に触れさせると，電気が金属板に流れ込み，さらに箔まで移動して箔が同じ種類の電気を帯びるので，それぞれがしりぞけ合って開く。

(2)ストローどうしは同じ種類の電気をもっているのでしりぞけ合い，糸でつるしたストローはもう1本のストローから離れるように回転する。そして，この実験では行っていないが，異なる種類の電気をもったものどうしは引き合う。また，導線の中を－の電気が移動しているが，導線がもっている＋の電気と－の電気の数は同じでつり合っているので，電気的な力はもたない。

(3)ポリ塩化ビニルでできた管をティッシュペーパーでこすると，ポリ塩化ビニルの管に静電気がたまる。これに蛍光灯の電極を触れさせると，ポリ塩化ビニルでできた管にたまっていた電気が流れだし，蛍光灯の中を電流が流れるため，蛍光灯は一瞬光る。しかし，すぐにポリ塩化ビニルの管にたまっていた電気がなくなって，電流は流れなくなり，蛍光灯も光らなくなる。このとき電流は循環しないので，回路ができたとはいえない。

放　電　最重要
電気が空間を移動する現象を放電とよぶ。いなずまも放電の一例であり，蛍光灯などは放電を利用している。たまっていた電気が流れ出す現象のことも放電という。

▶**133**
ウ
解説　自然界の中にも，ラドンやカリウム40 のような放射性物質が存在している。

---

4 電流と磁界

▶**134**
(1)ウ　(2)結果…3
理由…並列のほうが直列より多くの電流が流れるから。

解説　(1)U 字型磁石の磁界の向き（N 極→S極）と導線のまわりの磁界の向き（次の「右ねじの法則」を参照）が同じ向きになる側（磁界を強め合う側）から逆向きになる側（磁界を弱め合う側）に向かって力がはたらく。フレミングの左手の法則を使って解いてもよい。
(2)U 字型磁石の間の導線に流れる電流が強いほど，導線にはたらく力も強くなる。また，各電熱線を直列につなぐと合成抵抗が強くなるので電流は小さくなるが，各電熱線を並列につなぐと合成抵抗が抵抗の小さいほうの電熱線よりさらに小さくなるので電流は大きくなる。

右ねじの法則　最重要
導線を流れる電流のまわりにできる磁界の向きに関する法則。
①右ねじの進む向き…電流の向き。
②右ねじを回す向き…電流のまわりにできる磁界の向き。

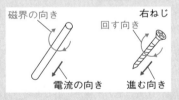

フレミングの左手の法則　最重要
右図のように，左手の親指，人さし指，中指をたがいに直角になるようにする。
そして，中指を電流の向きに，人さし指を磁界の向きに合わせたとき，親指の指す向きが電流が磁界から受ける力の向きになる。

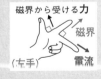

▸**135**

エ

解説 右図の矢印の向きの磁界が生じ，方位磁針のN極は矢印の向きに振れさせようとする。Dははじめから矢印の向きと

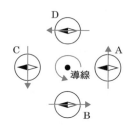

N極の向きが同じなので振れない。AとCは，電流を強くするほど，N極の向きが矢印の向きに近づいていき，N極が矢印と同じ向きになると，電流を強くしてもそれ以上振れない。Bは，N極の向きと矢印の向き（電流による磁界の向き）がまったく逆なので，電流が小さいときはまったく振れず，電流を強くしていって，方位磁針にはたらく電流による磁界が地球による磁界より強くなると，急に180度回転して，N極が導線の磁界と同じ，矢印の向きを指す。

▸**136**

ア

解説 フレミングの左手の法則を使う。左手の中指，人さし指，親指をたがいに直角にし，中指を電流の向き，人さし指を磁界の向き（N極→S極）に合わせると，力の向きを示す親指はアの向きを指す。

▸**137**

ウ

解説 ①乾電池の＋極から出る電流の向きをたどっていくと，図の向きにコイルを見たときにコイル上を反時計回りに電流が流れるので，P点ではBの向きとなる。

②③S君の見た向きから時計回りにコイルが回転するので，P点が受ける力の向きはCとなる。フレミングの左手の法則を使って，中指の指す向きをBの向き（電流の向き），親指の指す向きをCの向き（力の向き），人指し指の指す向き（磁界の向き）はEの向きとなる。

▸**138**

イ

解説 ①図2は，図1と比べてコイルの巻く向きと近づける磁石の極が異なる。どちらか一方だけであれば電流の流れる向きが逆になるが，2つが逆になっていると，逆の逆になるため，電流の流れる向きは図1と同じであるPの向きとなる。

②①と比べて，磁石を動かす向きが逆なので，①の逆のQの向きに電流が流れる。

誘導電流の向き 最重要
誘導電流は，それまでの状態を保とうとするような磁界を生じる向き（磁石の動きをさまたげる向き）に流れる。

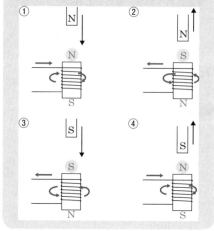

▸**139**

(1)**右に振れる。**

(2)**強くした。**

(3)**下向き**

(4)**左向き**

解説 (1)磁石の極と，磁石を動かす向きの両方は逆になっているので，コイル内の磁界の変わり方もはじめと同じとなるため，電流の流れる向きもはじめと同じになる。

(2)導線 AB を流れる電流が強くなると，導線 AB のまわりに生じる磁界が強くなり，コイルの中の上向きの磁界にも変化を及ぼすため，コイルに電流が流れる。

(3)コイルに流れる電流が，はじめの電磁誘導によって流れる電流の向きと逆になる。また，はじめの電磁誘導では N 極を上から近づけているので，誘導電流によって生じるコイルの内側の磁界の向きは磁石による磁界の向きと逆向きの上向きとなる。これに対して，誘導電流の向きと逆向きに電流が流れるように電池をつなぐと，コイルの内側で生じる磁界の向きも逆向きの下向きとなる。

(4)(3)より，コイルの内側で下向きの磁界が生じているので，導線 AB があるコイルの外側では上向きの磁界が生じている。よって，フレミングの左手の法則を使うと，中指を A から B の向きに合わせ（電流の向き），人指し指を下から上に向けると（磁界の向き），親指は左を指すので，導線 AB を流れる電流にはたらく力の向きは左向きであるといえる。

▶ *140*

(1)あ

(2)**b**

(3)①イ　②エ

(4)①オ　②カ

解説　(1)電流が流れていく向きに向かって右まわりの磁界ができるので，図 1 のように電流が流れこむ側である上側から見ると，左まわりの磁界となるので，導線 A の位置の磁界の向きはあの向きとなる。

(2)フレミングの左手の法則を使い，左手の人差し指をあの向き（導線 B を流れる電流による磁界の向き），親指をえの向き（磁界から受けた力の向き）に合わせると，中指の向き（導線 A を流れる電流の向き）は上向き（b の向き）となる。

(3)検流計の針が右に振れたということから，電流が A 端子を出て B 端子に流れこむ向きに流れたことがわかる。また，発光ダイオードは，あしの長いほうから入って短いほうから出ていく向きにしか電流が流れない。

①赤の発光ダイオードは短いあしが A 端子側につながっているのでつかないが，黄の発光ダイオードは長いあしが A 端子側につながっているのでつく。

②どちらも短い端子が A 端子側につながっているので，どちらもつかない。

(3)コイルを流れる電流の向きが短時間で変化をくり返す。

①A 端子から B 端子へ電流が流れるときは黄だけがつき，B 端子から A 端子へ電流が流れるときは赤だけがつくので，赤と黄が交互に点滅する。

②A 端子から B 端子へ電流が流れるときはどちらもつかず，B 端子から A 端子へ電流が流れるときはどちらもつくので，赤と黄が同時に点滅する。

▶ *141*

(1)**N 極**

(2)①イ　②エ

(3)①ア　②エ

(4)**エ**

解説　(2)コイルを流れる電流の向きに指の向きを合わせて右手をにぎると，親指はコイルの左側を指す。よって，コイルの左側が N 極となるような磁界ができ，方位磁針の N 極はそのときできた磁界の向きと同じ向きに振れる（下図）。

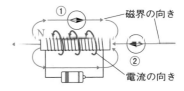

(3)①磁界の向きは，N 極→S 極。

②フレミングの左手の法則を使う。

(4)(2)と同様にして電磁石に生じる磁界の向きを求めると，アの方向であることがわかる（上が電磁石の N 極になる）。(3)②と同様に，フレミングの左手の法則を使って解くと，力の向きはエの向きとなる。

トップコーチ

●**コイルに流れる電流により生じる磁界の向き**

コイルに電流を流したとき，右手の4本の指をコイルを流れる電流の向きに合わせてコイルをにぎって親指をのばすと，親指の指す向きはコイル内の磁界の向き（N 極のある向き）と一致する。

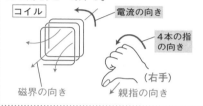

▶**142**

(1)**B** (2)**イ** (3)①**○** ②**×** ③**×**

(4)①**h** ②**e** ③**b** ④**c**

解説 (1)方位磁針の N 極が真北より少し東（図2の上向き）に振れていることから，導線の上（向かって手前側）で図の下から上向きの磁界が生じていることがわかる。そして右ねじの法則より，電流の向きは q_1 から p_1 の方向である（右図）。

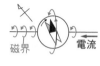

(2)電源装置の B が＋極なので（(1)より），q_2 から p_2 に向かって電流が流れる（図3の矢印アの向き）。磁界の向き（N 極から S 極へ向かう向き）は矢印カの向き。フレミングの左手の法則を用いて，左手の中指を矢印アの向き，人さし指を矢印カの向きに合わせると，親指は矢印イの向きを指す。

(3)次の図のように，コイルが縦になって左右の磁石と引き合う直前にコイル部分がショートして勢いで回転し，少し傾いたらすぐにコイルに逆向きの電流が流れてコイルの磁界が変化しなければならない。

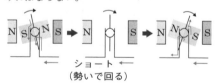

(4)①，③は右ねじの法則，②，④はフレミングの左手の法則を利用する。

▶**143**

(1)**カ** (2)**ウ**

解説 (1)導線のまわりに，電流が流れていくほうへ向かって右まわり（問題は流れてくる側から見ているので左まわり）に磁界が発生する（右ねじの法則）。また，導線に近いほど磁界が強いので，磁力線は密になる。

(2)ア：コイルにすると，同じ向きの磁界が重なるコイルの内側のほうが強くなる。よって，Q 点より P 点の磁界のほうが強い。

イ：P 点での磁界の向きは北向き，Q 点での磁界の向きは南向きである（右ねじの法則）。

ウ：コイルの巻き数を増やすと，同じ向きの磁界が増えるので，どの点でも磁界が強くなる。

▶**144**

(1)①**ア** ②**キ**

(2)**イ** (3)**イ** (4)**ウ**

解説 (1)①コイルから S 極を「向こう」へ遠ざけたのと同じなので，コイルの「向こう」側が N 極となるような磁界が生じるように，D→C の向きに誘導電流が流れる。よって，D→C→B→A→D という順に電流が流れる。

②B→A の向きに電流が流れるので，フレミングの左手の法則より，コイルは「向こう」へ動きだす。

(2)左側のコイルに「向こう」からS極を近づけたのと同じなので，コイルの「向こう」側がS極となるような磁界が生じる。このような磁界を生じる誘導電流の向きはA→B。よって，A→B→C→<u>D→A</u>という順に電流が流れる。

(3)(1)のときは，右側のコイルによって生じた誘導電流によって左側のコイルが「向こう」へ動く。左側のコイルが「向こう」へ動くと，(2)より左側のコイルで逆向きの誘導電流が生じる。これは，エネルギーが熱エネルギーなどとして多少逃げるぶん，右側のコイルの動きによって生じる誘導電流より小さいが，右側のコイルの動きによって生じる誘導電流を弱める。これに対して，左側のコイルを動かないようにすると，左側で逆向きの誘導電流は生じないので，(1)のときより大きな誘導電流が流れる。

(4)回路にならないので電磁誘導は起こらず，誘導電流は流れない。電気エネルギーを生み出さないので，コイルを動かす力は小さくてすむ。

(3)スイッチを切りかえても，コイルで発生する電圧の大きさは変わらない。並列につながっている2本のニクロム線について，全体の電圧は変化しないが水温上昇が2倍になったということは，回路全体に流れる電流が2倍になったことを示す(状態1のときと同じ大きさの電流が2本のニクロム線にそれぞれ流れ，その合計が電流計の値となる)。

(4)①磁石の移動に対して反発する(打ち消す)向きにコイルの誘導電流および磁界が生じるので，回転方向と同じ向きに力を加え続けなければ，棒磁石は回転しない。

②状態3のときは，抵抗が非常に小さいため，コイルに流れる誘導電流が非常に大きくなる。よって，生じる熱量が最も大きい。生じる熱量の大きさを比べると，状態3＞状態2＞状態1となる。大きな熱量を生むには大きなエネルギーが必要なので，棒磁石を回転させるために必要な力も大きくなる。

▶**145**

(1)X…電圧計　Y…電流計

(2)カ

(3)ウ

(4)①　1…ア　2…エ　3…イ　4…エ

②状態**3**＞状態**2**＞状態**1**

解説　(1)コイルを流れる電流と電圧を測定するので，電流計はコイルに対して直列につなぎ，電圧計はコイルに対して並列につなぐ。

(2)1分間に60回転するということは，1秒間に1回転する。問題の図より0～0.5〔秒〕の間はコイルの右側からN極が遠ざかってS極が近づいてくるので，コイルの右側がS極となるような磁界が生じるように，AからDの向き(正の向き)に誘導電流が流れる。この誘導電流の向きは0.5秒ごとに変わるので，0.5～1.0〔秒〕は負の向き，1.0～1.5〔秒〕は正の向きに誘導電流が流れる。よって，**カ**が適している。

▶**146**

(1)下図　　　(2)下図

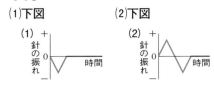

(3)ウ

(4)エ

解説　(1)棒磁石のN極をA側に近づけたときと，棒磁石のN極をAの側から遠ざけたときとでは，逆向きの誘導電流が流れる。

(2)棒磁石のN極が左側からコイルに近づいているときは，コイルの左側がN極となる磁界が生じる向きに誘導電流が流れるが，棒磁石がコイルをくぐりぬけて，コイルの右側から棒磁石のS極が遠ざかるようになると，コイルの右側がN極となる磁界が生じる向きに誘導電流が流れる。

(3)C点はB点より高い位置にあるので，台車がB点を通過するときよりC点を通過するときのほうが位置エネルギーが大きい。この差のぶんだけ運動エネルギーが変換されているので，B点を通過するときよりC点を通過するときのほうが運動エネルギーが小さくなっている。そのため，台車の速さがおそくなり，生じる誘導電流も小さくなっている。

(4)コイルに生じる誘導電流は，はじめの磁界の状態を保とうとする向き，つまり棒磁石の運動を妨げようとする向きの磁界が生じるように流れる。そのため，棒磁石をのせた台車がコイルを通過するときは，そこが水平面であっても，運動の向きと逆向きに力がはたらくため，台車の速さは減少する。これは，棒磁石のもっていた運動エネルギーの一部が(棒磁石と台車は一体であると考える)電気エネルギーに変換されるので運動エネルギーは小さくなるという考え方からも導き出せる。

3編 実力テスト

1

① $\dfrac{5}{3}$　② **18**　③ **8**

④ **4.8**　⑤ **0.4**　⑥ $R+nr$

⑦ $\dfrac{nE}{R+nr}$　⑧ $\dfrac{nRE}{R+nr}$

解説　①電流〔A〕= $\dfrac{\text{電圧〔V〕}}{\text{抵抗〔Ω〕}}$　よって，

$\dfrac{10〔\text{V}〕}{6〔\text{Ω}〕} = \dfrac{5}{3}〔\text{A}〕$

②aのグラフで，乾電池の本数が12本のときの電圧計の値 y を読み取る。

③ $18-10=8〔\text{V}〕$

④電流は $\dfrac{5}{3}〔\text{A}〕$ なので，

$8〔\text{V}〕 \div \dfrac{5}{3}〔\text{A}〕 = 4.8〔\text{Ω}〕$

⑤ $4.8〔\text{Ω}〕 \div 12〔\text{本}〕 = 0.4〔\text{Ω}〕$

⑥ $r〔\text{Ω}〕$ の乾電池 n 本の電気抵抗は $nr〔\text{Ω}〕$ なので，抵抗器の抵抗 $R〔\text{Ω}〕$ に $nr〔\text{Ω}〕$ を足したものが，全抵抗であるといえる。

⑦1本の電圧が $E〔\text{V}〕$ の乾電池を $n〔\text{本}〕$ だけ直列につないだときの電圧は，$nE〔\text{V}〕$ なので，流れる電流は，

$\dfrac{\text{電圧〔V〕}}{\text{抵抗〔Ω〕}} = \dfrac{nE〔\text{V}〕}{(R+nr)〔\text{Ω}〕} = \dfrac{nE}{R+nr}〔\text{A}〕$

⑧電圧〔V〕= 抵抗〔Ω〕×電流〔A〕

$= R〔\text{Ω}〕 \times \dfrac{nE}{R+nr}〔\text{A}〕$

$= \dfrac{nRE}{R+nr}〔\text{V}〕$

2

(1) **7.5 Ω**

(2) **ウ**

(3) **6.7V**

(4) **1.10A**

(5) 電流計…**Y**　電圧計…**ア，イ**

解説　(1) $\dfrac{6.0〔\text{V}〕}{0.8〔\text{Ω}〕} = 7.5〔\text{Ω}〕$

(2)問題文のグラフのように，横軸に電圧，縦軸に電流をとったとき，グラフの傾きが小さいほど抵抗は大きくなる。Bの電球のグラフは，電圧が大きくなるほど傾きが小さくなっているので，抵抗は大きくなっているといえる。

(3)グラフより，0.60Aの電流が流れるためには，電熱線(A)の両端に4.5V，電球(B)の両端に2.2Vの電圧が加えられていなければならない。したがって，電源の電圧は，

　　4.5 + 2.2 = 6.7〔V〕

(4)グラフより，電熱線の両端に3.0Vの電圧が加えられると0.40Aの電流が流れ，電球の両端に3.0Vの電圧が加えられると0.70Aの電流が流れることがわかる。したがって，電源から流れている電流の強さは，

　　0.40 + 0.70 = 1.10〔A〕

(5)X＝0.50Aの場合：アイ間に加わる電圧は，グラフより3.75Vなので，<u>アイは不適</u>。(4)でイウ間と同じ配線に1.1Aの電流が流れるときに加えられている電圧が3.0Vであることから，0.50Aの電流が流れるときに加えられている電圧は3.0Vより小さいので，<u>イウも不適</u>。アウ間に加わる電圧が5.5Vになるときは，イウ間に1.75Vが加えられている。グラフより，電熱線に1.75Vが加えられると約0.23Aの電流が流れ，電球に1.75Vが加えられると約0.53Aの電流が流れるため，Xには約0.76Aの電流が流れることになり，<u>アウも不適</u>。

Y＝0.50Aの場合：電球の両端に加わる電圧は約1.7Vである。よって，イウ間に加わる電圧も約1.7Vなので，<u>イウは不適</u>。イウ間に1.7Vの電圧が加えられると，電熱線の両端にも1.7Vの電圧が加えられる。グラフより，電熱線の両端に1.7Vの電圧が加わると約0.23Aの電流が流れるので，アイ間に流れる電流は，約0.73A（0.50 + 0.23 = 0.73）となる。グラフより，電熱線に0.73Aの電流が流れるとき約5.5Vの電圧が加えられているので，<u>アイは適当</u>。ここで，答はYとアイであることがわかったが，確認のために，ほかの場合も試してみる。Y＝

0.50Aの場合，アイ間に約5.5V，イウ間に約1.7Vの電圧が加わるので，アウ間には約7.2V（5.5 + 1.7 = 7.2）の電圧が加わるので，<u>アウは不適</u>。

Z＝0.50Aの場合：グラフより，電熱線Aの両端に加わる電圧は3.75Vなので，イウ間に加わる電圧も3.75Vとなるため<u>イウは不適</u>。グラフより，電球Bを流れる電流は約0.77Aなので，アイ間を流れる電流は，0.50 + 0.77 = 1.27〔A〕となる。グラフより，電熱線Aに1.27Aの電流が流れるときに電熱線Aの両端に加わる電圧は，明らかに5.5Vより大きいので，<u>アイは不適</u>。よって，<u>アウも不適</u>。

▶ **3**

(1)①ア　②イ　③ア

(2)①**左向き**　②**左向き**

解説　(1)①同じ極をコイルの同じ側に近づけるときと遠ざけるときとでは，誘導電流の向きが逆になる。

②前問①と極だけが違うので，誘導電流の向きも①と逆になる。

③コイルの右側からN極を遠ざけることになるので，誘導電流の向きは①と同じになる。

(2)①コイルBに流れる電流の向きに合わせて右手でコイルをにぎって親指をのばしたとき，コイルBの中に，親指が指す向きと同じ向きに磁界ができる。この磁界の向きは左向きになるが，コイルAはコイルBの近くにあるので，コイルA内にも同じ向きの磁界ができる。

②コイルBを流れる電流がコイルA内につくる左向きの磁界が強くなるため，コイルAには右向きの磁界をつくろうとする誘導電流が流れる。このとき，右手の親指をのばして親指の向きを右向きにしてコイルAをにぎったとき，コイルAの中をほかの指が指す向きに電流が流れる。

▶ 4

(1)エ　(2)①2A　②30V

(3)32℃　(4)5Ω

解説　(1)電圧計はウとエで，アとイは電流計である。また，電源装置の＋極からの導線（図のb）は＋端子に，－極からの導線（図のa）は－端子につなぐ。

(2)① R_1 に流れる電流の大きさは R_2 と R_3 に流れる電流の和となるため，

$$\frac{10\,(V)}{10\,(\Omega)} + \frac{10\,(V)}{10\,(\Omega)} = 2\,(A)$$

② R_1 の両端に加わる電圧は，

$$10\,(\Omega) \times 2\,(A) = 20\,(V)$$

条件より ab 間に加わる電圧は 10V なので，電源の電圧は，

$$10\,(V) + 20\,(V) = 30\,(V)$$

(3)電源装置の電圧を2倍にすると，R_3 の両端に加わる電圧も2倍となるため，R_3 に流れる電流も2倍となる。電熱線から発生する熱量は電力に比例し，電力は，電流と電圧の積に比例するので，電源装置の電圧を2倍にすると，R_3 から発生する熱量は，$2 \times 2 = 4$〔倍〕となるため，2分後の水温は，

$$20 + (23.0 - 20.0) \times 4 = 32\,(℃)$$

(4)電圧は 10V のまま一定なので，電熱線で発生する熱量は電熱線を流れる電流の大きさに比例する。表3の温度変化は表2の温度変化の2倍になっているので，R_4 を流れる電流は R_3 を流れる電流の2倍である。電流は抵抗に反比例するので，R_4 の抵抗は R_3 の $\frac{1}{2}$ 倍である。したがって，R_4 の抵抗は，

$$10\,(\Omega) \times \frac{1}{2} = 5\,(\Omega)$$

4編 気象とその変化

1 気象要素と大気中の水の変化

▶ 147

(1)イ　(2)エ　(3)エ

解説　(3)巻雲は，温暖前線が近づいてくる前ぶれとして発生することが多い。

露点 最重要

水蒸気を含んでいる空気が冷やされて，水蒸気が凝結して水滴ができ始める温度。
露点に達したときに空気が含んでいる水蒸気量は，その温度における飽和水蒸気量に等しく，湿度は 100% である。
また，空気中の水蒸気量が大きくなるほど，露点は高くなる。

148

ア

解説　空気中の水蒸気量が大きいほど露点は高くなる。

▶ 149

イ

解説　28℃のときに，1m³ の空気中に含まれていた水蒸気の量は，4℃まで冷やしたときに出てくる水滴の量（空気 1m³ あたり）と 4℃のときの飽和水蒸気量の和に等しいので，

$$\frac{72\,(g)}{10\,(m^3)} + 6.4\,(g/m^3) = 13.6\,(g/m^3)$$

よって，28℃のときの湿度は，

$$\frac{13.6\,(g/m^3)}{27.2\,(g/m^3)} \times 100 = 50\,(\%)$$

湿度〔%〕＝
$$\frac{空気\ 1m^3\ 中に含まれる水蒸気量}{その気温での飽和水蒸気量} \times 100$$

▶*150*

(1)**9.4g**

(2)**54.3％**

(3)**ア…10　イ…100　ウ…52**

解説　(1) $23.0 × 0.409 = 9.407 = $ 約9.4〔g〕

(2) $\dfrac{9.4}{17.3} × 100 = 54.33\cdots = $ 約54.3〔％〕

(3)ア：表より，飽和水蒸気量が9.4gになっている温度は10℃である。

イ：気温が，その空気の露点以下になると，湿度は100％となる。

ウ：$(9.4 - 6.8) × 20 = 52$〔g〕

▶*151*

(1)②のほうが，スポンジが受ける圧力が大きくなるため。

(2)**ア**

解説　(1)全体の力が等しいとき，力がはたらく面積が小さいほど圧力は大きくなる。

(2)①と③では，スポンジと接する面積が大きい①のほうが深くへこんでいるので，物体Ｘは物体Ｙよりも重いといえる。①と④では，スポンジと接する面積は同じで，①のほうが深くへこんでいるので，物体Ｘは物体Ｚよりも重いといえる。

圧力の単位 （最重要）

①1m² あたりにはたらく力〔N〕は，
　N/m²（ニュートン毎平方メートル）や
　Pa（パスカル）で表す。
　　　　1N/m² ＝1Pa

②1cm² あたりにはたらく力〔N〕は，N/cm²
　（ニュートン毎平方センチメートル）

③1hPa（ヘクトパスカル）＝100Pa

▶*152*

(1)①下図

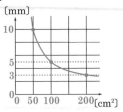

②スポンジのへこみの値は，力を受ける面積にほぼ反比例する。

（別解）スポンジのへこみの値は，スポンジが受ける圧力にほぼ比例する。

(2)上空へいくほど空気がうすくなっていくので，気圧の減り方は一定ではなく，上空へ行くほど減り方は小さくなっていく。また，大気が**700km** 上空まであるということから，標高**10320m** で気圧が**0hPa** になったり，さらにその上空で負の値になったりしない。

解説　(1)①Ａのように，面積が最も小さいａの面を下にして置いたとき，スポンジが受ける圧力も最も大きくなり，へこみの値も最も大きくなるはずなので，Ａのへこみの値は1mmではなく10mmであると考えられる。

②へこみの値はスポンジと接する面積にほぼ反比例（スポンジが受ける圧力にほぼ比例）しているが，完全に反比例（比例）してはいないので注意すること。

(2)上空の空気も地表の空気と密度が同じであれば気圧の減り方も一定となるが，上空へいくほど空気の密度が小さくなっていくので，100m上昇するごとの気圧の減り方も小さくなっていく。そして，気圧の減り方も０に近づいていき，やがて上空700kmで気圧が０になると考えられる。

▶*153*

(1)**81%**

(2)**13.2g**

(3)**露点**

(4)**イ**　(5)**ウ**

解説　(1)表1の湿度表で乾球の示度が19℃，乾球と湿球の示度の差が2.0℃の湿度を読み取ると81％になっている。

(2)表2より，19℃の飽和水蒸気量は16.3g/m³なので，16.3×0.81＝13.203≒約13.2〔g〕

(3)空気中の水蒸気が凝結し始める温度を露点という。

(4)この空気の露点は15℃〜16℃の間であると考えられる。したがって，15℃まで下がると結露が始まっている。よって，空気の温度が4℃下がればよいので(19－15＝4)，雲ができ始める高さは，

$$100〔m/℃〕×4〔℃〕＝400〔m〕$$

付近である。

(5)800〔m〕－400〔m〕＝400〔m〕

$$15〔℃〕－0.5〔℃〕×\frac{400〔m〕}{100〔m〕}＝13〔℃〕$$

▶*154*

(1)**露点**

(2)**熱を伝えやすいから。**

(3)**10.0g**　(4)**78%**

(5)**①高い　②高い**

解説　(1)空気中の水蒸気が凝結して，水滴になり始める温度を露点という。

(2)金属は熱を伝えやすいので，コップの表面の温度は中の水の温度とほぼ同じと見なせる。また，まわりの空気からも熱をうばいやすい。

(3)露点が11℃なので，実験室の空気1m³あたりに含まれる水蒸気の量は11℃のときの飽和水蒸気量に等しい。

(4)$\frac{10.0〔g〕}{12.8〔g〕}×100＝78.125$

$$＝約78〔％〕$$

(5)①気温が高いほど飽和水蒸気量が大きいので，湿度が等しければ，空気中に含まれる水蒸気量は気温が高いほど大きくなる。よって，露点は高くなる。

②気温が同じであれば飽和水蒸気量も同じなので，湿度が高いほど空気中に含まれる水蒸気量も大きい。よって，露点は高くなる。

▶*155*

(1)**線香の煙**

(2)**①イ　②水滴になった**　(3)**ウ**

解説　(1)ペットボトル内の水蒸気が凝結して水滴になるとき，線香の煙を凝結核として小さな水滴となる。このような凝結核がないと，露点に達しても凝結は起こりにくい。上空で雲ができるときも，空気中の小さなちりが凝結核として必要である。飛行機雲ができるのも，露点に達した空気中でジェットエンジンから排出される細かい粒子が凝結核となるためである。

(2)ペットボトルBを押した状態から手をはなすと，ペットボトルA，Bの中の気圧が下がる。気圧が下がると空気の温度も下がる。ペットボトルAの中の温度が露点まで下がると，水蒸気が凝結して水滴になり，白くくもる。

雲のできるしくみ

上空のほうが気圧が低いため，空気が上昇すると，膨張して気温が下がる。気温が露点まで下がると，水蒸気が凝結し始め，小さな水滴や氷の粒が生じて雲になる。

(3)気圧の大きな変化をともなうのはウのみ。

トップコーチ

●**断熱膨張**

気体が急激に膨張すると，外部との熱の出入りがなく，気体の膨張に気体のもっている熱エネルギーが使われて，気体の温度が下がる。これを断熱膨張という。

▶ **156**

(1)**11℃**　(2)**露点**　(3)**ア**　(4)**エ**

解説　(1)上昇気流の中では，100m 上昇する
ごとに 1℃ の割合で空気の温度が低下し，雲は
海抜 400m くらいの高さからでき始めている
ので，雲が生じ始めたときの空気の温度は，

$$15〔℃〕-1〔℃〕×\frac{400〔m〕}{100〔m〕}=11〔℃〕$$

(2)水蒸気が凝結して水滴ができ始める温度を露
点という。

(3)露点が 11℃ なので，11℃ のときの飽和水蒸
気量をグラフより読み取ると約 10g であるこ
とがわかる。

(4)15℃ のときの飽和水蒸気量は目盛りの 10 分
の 1 まで読むと約 13.0g である。空気中の水蒸
気量は約 10.0g なので湿度を求めると，

$$湿度=\frac{10.0}{13.0}×100=76.92…〔%〕$$

最も近いのはエである。

▶ **157**

(1)**右図**

(2)**B＞A＞山頂**

(3)**カ**

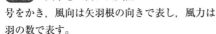

解説　(1)中心の円に天気記
号をかき，風向は矢羽根の向きで表し，風力は
羽の数で表す。

(2)(3)空気が下降していくと気圧が上がるので，
空気自体は圧縮され，それによって空気の温度
は高くなり，飽和水蒸気量も上がっていく。

▶ **158**

ア…0.116　イ…433

ウ…50　エ…953

解説　ア：1000m で気圧が 116hPa 小さく
なっているので，1m あたり

$$116〔hPa〕÷1000=0.116〔hPa〕$$

ずつ気圧が小さくなっている。

イ：$P=1013-0.116x$ の x に 5000 を代入する
と，$P=433〔hPa〕$ となる。

ウ：大気柱 AB の空気の質量を求めると，

$$C〔kg/m^3〕×500〔m^3〕=500C〔kg〕$$

$500C〔kg〕$ の空気にはたらく重力の大きさは
$5000C〔N〕$なので，この大気柱 AB の底にはた
らく圧力の大きさは，

$$5000C〔N〕÷1〔m^2〕=5000C〔N/m^2〕$$

この分だけ P_2 より P_1 のほうが大きくなるので，

$$P_1-P_2=5000C〔N/m^2〕=50C〔hPa〕$$

エ：高度 500m での大気密度を $y〔kg/m^3〕$とす
ると，大気中 AB の平均密度 C は，

$$\frac{y+1.09}{2}〔kg/m^3〕$$

地表から A までの大気柱の平均密度 C'は，

$$\frac{y+1.25}{2}〔kg/m^3〕$$

$P_1-P_2=C×50$ と $P_0-P_1=C'×50$ の 2 式に，

$$P_2=897,\ C=\frac{y+1.09}{2},\ C'=\frac{y+1.25}{2}$$

を代入すると，

$$\begin{cases} P_1-897=\dfrac{y+1.09}{2}×50 & ……① \\ 1013-P_1=\dfrac{y+1.25}{2}×50 & ……② \end{cases}$$

という 2 式ができる。①と②の連立方程式を
解くと，$P_1=953$，$y=1.15$ となる。

▶ **159**

(1)**水蒸気が凝結するときに熱を放出する
から。**

(2)**右図**

(3)①**露点**

②**600m**

③**3.3g**

④**38.1%**

⑤**フェーン現象**

(4)**空気が上昇して気圧が下がると，膨張
して露点が下がるため。**

解説 (1)水蒸気が凝結して水になるときに熱を放出する。そのため，雲が発生し始めると，温度が下がりにくくなる。

(2)20℃で湿度が70％の空気 1m³ 中に含まれる水蒸気の量は，

$$17.3〔g/m³〕×0.70＝12.11〔g/m³〕$$

よって，この空気の露点は，表より約 14℃ であることがわかる。したがって，空気の温度が 14℃ になるまでは 100m 上昇するごとに 1℃ ずつ空気の温度が下がっていき，高さが 600m になって空気の温度が 14℃ になると雲ができ始めるので，ここからは 100m 上昇するごとに0.5℃ずつ空気の温度が下がっていく。また，グラフの横軸の 1目盛りは 2℃，縦軸の 1目盛りは 200m であることに注意。

(3)②(2)のグラフにもあるように，同じ条件の空気が 600m 上昇して，露点である 14℃ に達すると雲が発生し始める。

③(2)でかいたグラフからも読み取れるが，次のような計算でも求めることができる。

高さ 600m のときの空気の温度は 14℃ で，ここからは 100m ごとに 0.5℃ ずつ空気の温度が下がっていくので，1600m まで上昇したときの空気の温度は，

$$14〔℃〕-0.5〔℃〕×\frac{(1600-600)〔m〕}{100〔m〕}=9〔℃〕$$

表より 9℃ のときの飽和水蒸気量は 8.8g/m³ で，14℃ のときの飽和水蒸気量は 12.1g/m³ なので，空気 1m³ あたりで雨として降った水滴の質量は，12.1-8.8＝3.3〔g〕

④山頂での空気 1m³ あたりに含まれる水蒸気の質量は 8.8g である。また，B 点での空気の温度は，

$$9〔℃〕+1.0〔℃〕×\frac{1600〔m〕}{100〔m〕}=25〔℃〕$$

25℃ のときの飽和水蒸気量は 23.1g/m³ なので，B 地点での湿度は，

$$\frac{8.8〔g/m³〕}{23.1〔g/m³〕}×100=38.09…$$
$$=約38.1〔％〕$$

⑤水分を多く含んだ空気が高い山をこえるとき

に雨を降らせ，山をこえたあとに一気に空気が下降して温度が上がり，標高の低い平地の気温が高温になることをフェーン現象という。

(4)空気が上昇して気圧が下がると，その空気が膨張して，同体積あたりに含まれる水蒸気の量が減少するため露点が下がる。したがって，さらに上昇して空気の温度が下がらないと，露点に達せず，雲ができなくなる。

▶ *160*

(1)**13g**

(2)a…**2000**　b…**露点**

(3)**地面や海面が熱せられることで，そのまわりの空気があたためられて軽くなり，上昇気流が生じ雲ができる。　など**

解説 (1)グラフより，海面からの高さが 0m のときの空気の温度は 25℃ である。表より，25℃ のときの飽和水蒸気量は 23g/m³ なので，海面からの高さが 0m で，湿度が 57％ の空気 1m³ 中に含まれる水蒸気の質量は，

$$23×0.57=13.11$$
$$=約13〔g〕$$

(2)空気 1m³ 中に含まれる水蒸気の質量が 13g なので，表より露点は 15℃ である。グラフより，空気の温度が 15℃ となるのは海面からの高さが 2000m のときである。

(3)地面や海面が熱せられると，地面や海面からの放射熱によってその上にある空気があたためられて膨張し，密度が小さくなる(軽くなる)ため，上昇気流が生じる。そのほか，冷たい空気とあたたかい空気がぶつかる所(前線)でも上昇気流が生じて雲ができる。

上昇気流が起こるとき 最重要
①局地的にあたためられたとき。
②空気が高い山をこえるとき。
③冷たい空気とあたたかい空気がぶつかるとき(前線)

2 気圧と風

▶*161*

ウ

解説 低気圧の中心付近では上昇気流が起こっている。また、北半球では、地表付近の空気は低気圧の中心へ向かって反時計回りに吹き込んでくる。

▶*162*

空気が上昇するとまわりの気圧が下がり、空気が膨張するため気温が下がる。

解説 気体は、膨張するときにエネルギーを消費する。空気のかたまりが膨らむとき、もっている熱を膨張のためのエネルギーとして使ってしまうため、温度が下がる。

▶*163*

(1)エ　(2)温暖前線　(3)イ　(4)ア
(5)F　(6)下図　(7)ア　(8)ア

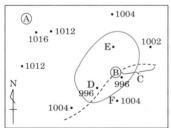

解説 (1)日本の上空では、1年中、偏西風という強い西風が吹いているため、低気圧や移動性高気圧およびそれにともなう雲などは西から東へ流されていくことが多い。
(2)低気圧の中心から東～南東へのびる前線は温暖前線である。寒冷前線は、低気圧の中心から南～南西へのびる。
(3)雨の天気記号はアとイである。また、天気記号の左側には気温、右側には気圧の下2桁を書く。

(4)イは風力4、ウは風力5の風が吹いているときのようすである。
(5)(7)F地点は暖気におおわれていて寒冷前線が通過する前で、D地点は寒冷前線が通過して寒気におおわれているので、F地点のほうが気温は高い。
(6)996hPaと1004hPaの中間、996hPaと1012hPaの間を1：3に分ける点、996hPaと1002hPaの間を2：1に分ける点を通る曲線を結んだ輪をかく。
(8)高気圧の中心では下降気流が起きていて、北半球では、地上付近で高気圧の中心から時計回りに吹き出す。

> **高気圧** 最重要
> まわりより気圧が高い所。中心では下降気流が生じており、地表付近では風が時計回り(北半球の場合)に吹き出している。高気圧におおわれると晴れることが多い。
>
> **低気圧**
> まわりより気圧が低い所。中心では上昇気流が生じており、地表付近では風が反時計回り(北半球)に吹き込んでいる。低気圧におおわれるとくもりや雨になりやすい。

▶*164*

(1)ア　(2)ウ
(3)福岡から東京へ向かう飛行機のほうが飛行時間が短いことから、日本上空では常に強い西風が吹いていると考えられる。
(4)カ　(5)ウ

解説 (1)衛星画像の雲の広がりから、低気圧の大きさは経度12°ぶんぐらいであることがわかる。よって、低気圧の大きさは、

$$100 (km/度) × 12 (度) = 1200 (km)$$

また、気圧が生じる対流圏の厚さは、
10000m = 10km なので、

$$1200 (km) : 10 (km) = 120 : 1$$

(2)日本上空では，1年中，偏西風という強い西風が吹いているため，雲は西から東へ流されやすい。よって，A～Dを時間の経過にしたがって並べかえると，B→C→A→Dの順となる。

(3)羽田発－福岡着の便の飛行時間は1時間40分かかっているのに対して，福岡発－羽田着の便の飛行時間は1時間30分となっている。

(4)北半球では，低気圧付近の地上の風は，低気圧の中心に向かって反時計回りに吹き込む。

(5)(4)の解説にもあるように，低気圧の中心に向かって反時計回りに風が吹き込むため，Pの位置に低気圧があると京都付近の風向は西よりとなり，Rの位置に低気圧があると京都付近の風向は北よりとなる。京都付近の風向が東よりとなるのはQの位置に低気圧があるときである。よって，Qの位置にある低気圧は，このあと東へ移動して京都に近づいてくると考えられるので，京都の天気はくもりや雨になると予想される。

3 │ 前線と天気の変化

▶ **165**

(1)**イ**

(2)**ウ**

解説 (1)冬の季節風が海面上を通るときは，海面から蒸発する水蒸気を冷やすので，風の吹く向きにそったすじ状の雲ができやすい。このような雲は日本海だけではなく，太平洋上でも見られる。

(2)温暖前線は，低気圧の中心から東～南東へのびることが多い。寒冷前線は多くの場合，低気圧の中心から南西～西へのびて，温暖前線を追いかけるように西から東へ移動する。

温暖前線 最重要

①あたたかい空気が，冷たい空気の上にはい上がるようにして進む。

②地上では広い範囲で長時間おだやかな雨が降り続く。雲は乱層雲。

③前線通過後は，あたたかい空気におおわれるため気温が上がり，風は南よりに変わる。

寒冷前線

①冷たい空気があたたかい空気を押し上げながら進む。

②あたたかい空気の激しい上昇気流が生じるため，地上では激しい雨が降るが，その時間は短い。雲は積乱雲。

③前線通過後は，冷たい空気におおわれるため気温が下がり，風は北よりになる。

▶ **166**

記号…**エ** 理由…冷たい水のほうが密度が大きいため。

解説 あたたかい水より冷たい水のほうが収縮していて密度が大きいので，あたたかい水の下にもぐり込むように移動する。

▶*167*

(1)ウ　(2)ウ

解説　(1)Aの時刻を含む日は，気温の日較差（にちかく）が大きいので晴れていると考えられる。Aは，晴れの日の気温が最高になっている時刻なので，午後2時ごろである。

(2)Bの前後は気温がほとんど変化しておらず，湿度は非常に高いため，雨が降っていたと予想される。Cの時刻を含む日は，気温が急激に上がり，湿度が下がっているため，前日の雨があがり晴れたと考えられる。

▶*168*

エ

解説　A地点は，温暖前線が通過しようとしている地点なので，乱層雲におおわれて，おだやかな雨が長時間降り続いている。B地点を通過する前線は寒冷前線で，寒冷前線通過後は積乱雲におおわれるため強いにわか雨が降り，寒気におおわれるため気温が下がる。

▶*169*

(1)①キ，コ　②カ，キ　(2)**720000 kg**

解説　(1)①積乱雲は寒冷前線にともなう雨雲，乱層雲は温暖前線にともなう雨雲である。②寒冷前線付近には，積雲や積乱雲などの縦長の雲が生じる。

(2)30000〔cm〕×24000〔cm〕×1〔cm〕
　　= 720000000〔cm³〕

よって，質量は720000000〔g〕= 720000〔kg〕

▶*170*

上空で偏西風が吹いているから。

解説　日本やロサンゼルスを含む中緯度地域の上空では，常に偏西風という強い西風が吹いている。そのため，この緯度あたりを東に向かって進む（成田→ロサンゼルスなど）ときは追い風になり，西に向かって進む（ロサンゼルス→成田など）ときは向かい風になる。飛行機は，向かい風のときよりも追い風のときのほうが速

くなるので，同じ距離の飛行時間は短くなる。

▶*171*

(1)イ　(2)ア，イ，エ，オ

解説　(1)フィリピン海や南シナ海などの赤道付近の海上で発生した熱帯低気圧で，風力が8以上（最大風速が17.2m/s以上）になったものを台風という。南方では東から西へ進み（少しずつ北上している），そのあと北上し始めることが多いが，季節によっても台風の進みやすい進路は異なり，同じ季節でも，1つ1つの台風の進路はさまざまである。ただし，日本付近にくると，偏西風の影響を受け，北東へ移動していき，温帯低気圧になることが多い（前線をともなわない熱帯低気圧にもどることもある）。

(2)台風による被害には，強風による建造物の破壊，強い低気圧による高潮，大雨による洪水や土砂くずれなどが考えられる。津波は地震によって起こる波で，なだれは「雪崩」と書き，雪が土砂くずれのように流れ落ちる現象。

▶*172*

(ア→)ウ→エ→イ

解説　春や秋では，偏西風の影響を受け，低気圧や移動性高気圧は西から東へ移動していく。天気図の変化は，前線をともなった低気圧の位置に注目するとわかりやすい。アの天気図の西にある前線をともなった低気圧の位置は，ウ→エ→イの順に東へ移動している。

▶*173*

ア

解説　温暖前線が通過する前（東側）の地域では乱層雲が広い範囲で広がり，寒冷前線が通過したあとの地域（西側）では積乱雲がせまい範囲で発生している。

▶*174*

(1)**寒冷前線**　(2)ウ　(3)ウ　(4)ア

解説　(2)寒冷前線は，寒気が暖気の下にもぐり込み，暖気を押し上げながら進むときにでき

る前線である。

(3)矢羽根の向きが風向を示す。東京の天気図の矢羽根（天気記号の右側にかかれている）は南西に向いているので，東京でのこのときの風向は南西であったといえる。

(4)(2)の解説でも示したように，寒冷前線は，寒気が暖気の下にもぐり込み，暖気を押し上げながら進むので，激しい上昇気流が起こり，積乱雲が発生して，短時間だが激しい雨を降らせることが多い。

▶**175**

(1)ア…寒冷前線　イ…温暖前線

ウ…停滞前線

(2)① **B**　② **A**　③ **B**　④ **A**　⑤ **A**

解説 (2)①③温暖前線が近づいてくるとしだいに雲の高さが低くなり，乱層雲が発生する。すると，しとしととおだやかな雨が降り続き，温暖前線が通過すると雨は止み，南よりの風になって気温が上がる。これから温暖前線が通過するのは B 市である。

②④⑤寒冷前線が通過すると積乱雲が発生するためにわか雨が降り，雷をともなったり突風が吹いたりすることもある。また，風向は北よりになり，寒気におおわれるため気温は急に下がり，湿度が上がる。これから寒冷前線が通過するのは A 市である。

▶**176**

(1)気温　(2)カ　(3)エ　(4)**8℃**

(5) 前線名…寒冷前線

理由…前線通過後，短時間に強い雨が降っている。

前線通過後，気温が急激に低下している。

解説 (1)B は短時間の強い雨が降りだして，急激に下がっているので気温であると考えられる。A は雨のときに高いので湿度，C は雨のときに低いので気圧である。

(2)(5)カで急激に気温(B)が下がっているので，このとき寒冷前線が通過したと考えられる。

(3)5 日の午前 6 時の気温と湿度をグラフ 1 から読み取ると，気温は 15℃，湿度は 84%（縦軸の湿度の 1 目盛りは 4% なので注意すること）である。湿度表で，乾球の示度が 15℃ で湿度が 84% になっているところの示度の差を読み取ると 1.5℃ になっている。このことから，湿球の示度は 13.5℃ であったこともわかる。

(4)5 日の 18：00 の気温と湿度をグラフ 1 から読み取ると，気温は 15℃，湿度は 58% である。また，グラフ 2 より 15℃ の飽和水蒸気量を読み取ると約 12.0g/m³ なので，このときの空気 1m³ 中に含まれていた水蒸気の質量は，

$$12.0〔g/m^3〕×0.58＝6.96〔g/m^3〕$$
$$＝約7〔g/m^3〕$$

グラフ 2 より，露点（飽和水蒸気量が 7g になっている温度）を読み取ると，8℃ である。

▶**177**

(1)**13 日の 9 時～ 12 時**

(2)**風向が北西から南に急変したから。**

(3)**14 日の 9 時～ 12 時**

(4)**寒冷前線が通過したから。**

解説 (1)(2)13 日の 9 時～ 12 時にかけて，気温は 7.8℃ から 13.2℃ に 5.4℃ も高くなっている。これは，風向が北西から南に急に変化したことにより暖気が入りこんだためであると考えられる。

(3)(4)14 日の 9 時～ 12 時にかけて，気温は 15.6℃ から 12.4℃ に 3.2℃ も低くなっている。この時間帯は，ふつう気温が上昇する時間帯で，風向も南南西から北に急変しているので，この間に寒冷前線が通過したと考えられる。

▶**178**

(1)① **ウ**　② **イ**　③ **ア**

④ **エ**　⑤ **イ**　⑥ **ウ**

(2)**台風による風向と進行方向が同じ向きだから。**

(3)**エ**

解 説 (1)①北半球の低気圧は(台風も含む)中心に向かって反時計回りに風が吹きこむ。②台風の眼の周囲に激しい上昇気流がある。③～⑥台風の位置を固定して，各地点を北から南へ移動させたほうがわかりやすい(下図)。

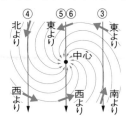

(2)台風の中心の東側では，台風による風の向きと台風の進行方向が同じになるため，台風の進む速度の分だけ風速が速くなる。反対に，台風の中心の西側では，台風による風の向きと台風の進行方向が反対になるため，台風の進む速度の分だけ風速が遅くなる。

(3)台風の中心付近では下降気流が起きていて雲ができていない。この部分を台風の眼といい，この中では風が弱い。台風の中心に向かって吹きこんだ風は，台風の眼の外側のふちあたりで上昇気流となる。

▶ **179**

(1)下図　(2)②→①→③

 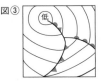

(3)A…積乱雲　B…乱層雲
(4)北東　(5)**974 hPa**
(6)X－X′…オ　Y－Y′…イ　Z－Z′…カ

解 説 (1)(ア)図⑫のような停滞前線であったものが，図①のように低気圧の中心の東側が温暖前線，西側は寒冷前線となるように変化する。その後，中心から順に寒冷前線が温暖前線に追いつき，図③のように中心付近に閉塞前線（へいそく）がで

きる。

(3)Aの寒冷前線が通過したところでは積乱雲が発生し，Bの温暖前線が近づいているところでは乱層雲が発生している。

(4)低気圧の中心に向かって吹きこむが，等圧線に対しては垂直より少し右にそれる。

(5)天気図では海抜 0m の高さに気圧を修正して表示しているので，実際の測定値はもっと低い。地点 D は 992hPa となっているので(等圧線が 2hPa ごとに引かれている)，測定値は，

$$992 (hPa) - 12 (hPa) \times \frac{150 (m)}{100 (m)} = 974 (hPa)$$

(6)X－X′ は寒冷前線の断面，Y－Y′ は温暖前線の断面，Z－Z′ は閉塞前線の断面である。

▶ **180**

(1)湿度…**75%**，水蒸気量…**22.5g/m³**
(2)イ　(3)気温も湿度も高い場合

解 説 (1)表より，②の乾球温度（気温）は 30.0℃，湿球温度は 26.5℃ となっているので，乾球温度と湿球温度の示度の差は 3.5℃ である。これを，資料 1 の湿度表から読み取ると，湿度は 75 % となっている。資料 2 より，気温 30.0℃ のときの飽和水蒸気量は約 30.0g/m³ と読み取れるので，空気 1m³ あたりに含まれる水蒸気量は，

$$30.0 \times 0.75 = 22.5 (g/m³)$$

(2)条件より，$X + Y + 0.2 = 1$　なので，
$X = 0.8 - Y$　である。
表の②の数値を使って式に代入すると，
$(0.8 - Y) \times 30.0 + Y \times 26.5 + 0.2 \times 29.6 = 27.5$
$Y = 0.69 \dots = 約 0.7$
よって，$X = 0.8 - 0.7 = 0.1$　となり，$X < Y$ と求められる。実際の X, Y も $X = 0.1, Y = 0.7$ で，湿球温度の影響が大きい。

(3)乾球の示度と湿球の示度のどちらも大きくなればよい。乾球の示度が大きいということは気温が高いということである。湿球の示度が大きいということは乾球の示度に近づいていくということなので(湿度 100%のときは乾球の示度

と等しくなる），湿度も高いときであることが
わかる。このことから，気温と湿度の両方が高
いと熱中症の危険が高くなるということである。
WBGT が 28℃ 以上なのは，問題文中の表では
④であり，気温も湿度も高いといえる。

▶ *181*

(1)あ…南高北低　い…小笠原気団
う…偏西風
(2)空気中の水蒸気が冷やされて凝結する。
(3)イ　(4)ア
(5)①停滞前線　②D　③南西

解説　(1)あ，い：夏になると日本の南側にあ
る小笠原気団がせり出してきて，日本の南側に
高気圧，北側に低気圧が発達する。
う：日本の上空には，偏西風という西風が 1 年
中南北に蛇行しながら吹いている。
(2)空気が上昇すると，空気中の水蒸気が冷やさ
れて凝結し，雲をつくる。
(3)積乱雲はたて長の雲で，上層部の標高は高く
て気温は −30℃ くらいと低いため，雹が降る
こともある。
(4)高気圧におおわれたところでは下降気流が発
生している。
(5)② D 地点は台風による風向と台風の進行方
向が同じなので，台風の速度の分だけ風が強く
なるが，C 地点は台風による風向と台風の進行
方向が逆なので，台風の速度の分だけ風が弱く
なる。
③地球の自転の影響で，等圧線に対して垂直な
方向より右にそれる。

▶ *182*

(1)①…ケ　②…エ　③…サ
(2)A…ク　B…オ　C…ア
(3)ウ　(4)ア
(5)計算…$33 - 1.0 \times \dfrac{500}{100} - 0.5 \times \dfrac{13000}{100}$
$\qquad = 33 - 5 - 65 = -37$
答…**−37℃**

解説　(1)空気が上昇すると膨張して冷却され，
露点に達すると空気中の水蒸気が凝結して水滴
となる。
(2)北半球の台風などの低気圧の地表付近では，
中心に向かって反時計回り吹きこみ，上昇して，
上空で時計回りに吹き出す。また，日本の上空
では，1 年中，偏西風という西風が吹いている。
(3)水蒸気が凝結して水になるとき熱を放出する
ため，空気の温度が下がりにくくなる。
(4)空気の温度がまわりより高いと膨張して密度
が小さくなり，雲を上昇させる力が増す。
(5)高さ 500m での空気の温度は，
$$33（℃）- 1.0（℃）\times \frac{500（m）}{100（m）} = 28（℃）$$
雲ができ始めてから，さらに 13000m 上昇し
て 13.5km まで上昇したときの空気の温度は，
$$28（℃）- 0.5（℃）\times \frac{13000（m）}{100（m）} = -37（℃）$$

4編 | 実力テスト

▶ *1*

(1)**5000Pa**　(2)**1013g**

解説　(1)A 面の面積は，
$$0.03 \times 0.04 = 0.0012（m^2）$$
また，600g の物体にはたらく重力の大きさは 6N。
したがって，床にはたらく圧力は，
$$\frac{6（N）}{0.0012（m^2）} = 5000（N/m^2）= 5000（Pa）$$
(2)1hPa = 100Pa なので，1013hPa = 101300Pa。
また，1cm² = 0.0001m²，1N は 100g の物体に
はたらく重力で，海面 1cm² 上に加わる力がそ
の上にある空気の重さなので，
$$101300（Pa）\times 0.0001（m^2）\times 100（g/N）$$
$$= 1013（g）$$

2

(1)イ

(2)ウ

(3)**5.3g/m³**

(4)**4℃**

(5)**10.5℃**

解説 (1)昼頃の湿度が低いので晴れていたと考えられ，晴れの日の最高気温が 17℃ぐらいであるのは，春か秋であると推定できる。

(2)昼過ぎから湿度が高くなっているので，気圧が下がり，空がくもってきたと考えられる。

(3) 13.6×0.39＝5.304＝約5.3〔g/m³〕

(4) 14.5×0.45＝6.525＝約6.5〔g/m³〕

飽和水蒸気量が 6.5g/m³ 以下になるのは，4℃のときである。

(5)乾球の示度は気温と同じ 14℃ で，表3の乾球の示度が 14℃ になっている列の 62％ となっているところを見ると，乾湿計の示度の差が 3.5℃ となっているので，湿球の示度は，

14−3.5＝10.5〔℃〕

3

(1)風向…西北西　風力…4

天気…くもり

(2)**1012hPa**

(3)イ

(4)エ

解説 (2)この天気図の等圧線は 4hPa ごとに引かれている。

(3)低気圧の中心から東側にのびる前線は温暖前線，西側にのびる前線は寒冷前線である。

(4)温暖前線が近づいてくるとおだやかな雨を降らせる乱層雲におおわれる。

4

(1)**寒冷前線**　(2)イ

(3)**A**　(4)オ

解説 (1)15 時から 17 時にかけて急激に気温が下がっているので，この間に寒冷前線が通過したと考えられる。

(2)積乱雲による激しい雨がせまい範囲に降る。

(3)(1)の解説より，17 時には観測地点を寒冷前線が通過したあとである。

(4)気温と露点が近いときほど湿度は高い。

5

①エ　②イ　③ア

④イ　⑤ア　⑥ウ

解説 停滞前線がはじめにでき，その後温暖前線と寒冷前線に分かれる。寒冷前線が温暖前線に追いついたところでは閉塞前線ができる。

6

(1)①乾燥　②水蒸気　③上昇

(2)イ

(3)冬の季節風は北西で，日本海で水蒸気をふくんだ空気が列島の中心を通っている山脈を越えるときに水蒸気を雪や雨として放出するので，太平洋側に来たときは乾燥していて，晴れの日が続く。

解説 (2)水は温度が変化しにくいので，夏は空気より冷たく，冬は空気よりあたたかい。

(3)日本海側で大雪を降らせ，太平洋側では乾燥した晴れの日が続く。